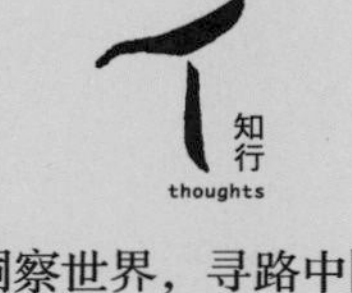

洞察世界，寻路中国

废物星球

从中国到世界的天价垃圾贸易之旅

[美] 亚当 · 明特 —— 著
刘勇军 —— 译

ADAM MINTER

JUNKYARD PLANET

重庆出版集团 重庆出版社

版贸核渝字（2014）第63号

图书在版编目（CIP）数据

废物星球：从中国到世界的天价垃圾贸易之旅 /（美）明特著；
刘勇军译. -- 重庆：重庆出版社, 2015.3
书名原文：Junkyard planet

ISBN 978-7-229-09480-5

Ⅰ.①废… Ⅱ.①明… ②刘… Ⅲ.①废物回收—环
保产业—社会化—研究—世界 Ⅳ.①X24

中国版本图书馆CIP数据核字（2015）第031315号

废物星球：从中国到世界的天价垃圾贸易之旅
FEIWU XINGQIU CONG ZHONGGUO DAO SHIJIE DE TIANJIA LAJI MAOYI ZHI LV

［美］亚当·明特　著
刘勇军　译

出 版 人：罗小卫
策　　划：华章同人
出版监制：陈建军
责任编辑：李　洁　何彦彦
责任印制：杨　宁
封面设计：崔晓晋

重庆出版集团
重庆出版社　出版
（重庆市南岸区南滨路162号1幢）
投稿邮箱：bjhztr@vip.163.com
三河九洲财鑫印刷有限公司　印刷
重庆出版集团图书发行有限公司　发行
邮购电话：010-85869375/76/77转810
重庆出版社天猫旗舰店
cqcbs.tmall.com
全国新华书店经销

开本：787mm×1092mm　1/16　印张：20.25　字数：290千
2015年6月第1版　2015年6月第1次印刷
定价：48.00元

如有印装质量问题，请致电023-61520678

知行书系总序

洞察世界，寻路中国

知行书系缘起于我们对当下中青年知识阶层精神需求的关注。

当下中国的中青年知识阶层敏感于自身正处在多重维度的过渡与转型当中，对于自我和外部世界的关照角度也随之变得多维和复杂化：从世界格局说，全球化的浪潮席卷我们身处的社会，并深入到个人生活与选择当中，如何突破狭隘的民族、种族甚至物种的限制，关照宏大至生态平衡、世界和平和社会公平，幽微至个人权利伸张、人性完善等命题？从国家和民族文化的角度说，如何重新审视“国”与“民”的关系，如何剔除深烙于我们心性中傲骨与奴性交织的矛盾，如何重新认识责任与权力的真义，舒展成有着自由和独立精神的“公民”？从个体角度说，国人对自身精神世界的追求和对社会公共领域的关注度都空前高涨，面对的困境也是严重的，最突出的莫过于社会价值标准混乱、社会阶层差距拉大，对公平正义的叩问迫切，社会各个角落弥漫诚信危机，令道德规范失序，众多个体感受到人生意义迷失，我们正经历着西方社会也曾经历的“现代性之隐忧”，如何认识“隐忧”，如何突破自身的“限制”，如何以自我的小革命为社会添加向上的力量，以在世俗和精神上都找到信仰和自在？

这些“如何”令我们寻找洞察世界的出口。我们发现，当下急需探讨的种种问题很多也曾出现于欧美社会，欧美思想家的研究较为深入，留存了不少传世的著作，给当今中国的读者以重要启示；当今国内思想文化界也活跃着不少积极的知识分子，他们探讨的范围涵盖了从社会现状分析到个人精神重建的方法和方向，提出的问题切中社会与个体之要害，不少作者与作品都值得我们参照。

知行书系正是基于上述缘由而生，我们将尽量保有大人文的视野，从国内外知识分子纷繁复杂的著作中探察普世价值；我们将打破地域与时代的界限，不拘学科和作者身份，深入经典与前沿，寻找契合当代中国社会及个体处境与出路的著作。知行书系集思想性和可读性于一身，它们经典，但绝不会面目严肃、高高在上；它们会满足追求文明与自由的阅读者对各种根本问题和时代动向的追问，也可满足对创新和人生意义的探索。

基于上述的多重维度，我们通过三个子系列建构知行书系：

“经典”系列包涵中外不同时期重要学人与文化大家的著作；

“视界”系列包涵思想学术界紧扣现实意义的各种学术观点的著作，特别是中西方思想文化前沿著作；

“问道”系列遵循不拘于作者专业和身份的原则，无论哲学、历史、宗教甚至自然科学，只要观点和内容本身对当今社会在宏观和微观上有重要意义即可，它涵盖了国内外当代公共知识分子与学者的论著和小品。

身为编者和深度阅读者，我们能做的是不断发现和深入地阅读，将能够深刻影响和指引我们的好书集结起来，建构成洞察世界的出口，让寻路的你我找到方向和希望。

这或许能现出知与行的真义吧。

知行书系编委会

（主编　陆建德）

谨以此书献给我的祖母贝蒂·泽曼
她把一生都献给了废品回收业。

关于统计数字

与工业有关的书籍中总离不开统计数字。因此，本书亦收录了有关废品回收业的统计数字。这些数字有的是由政府统计得出，有的则来自各家公司，还有的是出自个人之手。然而，其中绝大部分都只是估算结果。

正如我在后文中说明的那样，全球废品回收业是一个极难总结出准确数据的行业。这在某种程度上是由产品属性造成的。废品就是类似副产品的东西，很少有人对其进行精确计数。而发展中国家几乎从未统计过有关数量。

有时人们会计算废品数量，比如按集装箱数来统计，但也有其他问题存在。举例来说，装有金属废品的集装箱中往往混杂着许多不同种类的金属，其中一些从未得到过精确统计。此外，为了逃税，集装箱中混杂在一起的废金属往往以不实的信息申报给政府。这种情况广泛存在，严重削弱了全部废品进出口统计数字的可信度。

最后，请读者注意一点，我很少引用由环保机构统计的数字，虽然这种数字常见于新闻媒体的报道中。原因很简单：废品循环再用是一个行业，只有真正参与收集、航运和处理可循环再用废品的公司才能提供最佳数据——现存数据中最准确的。

廉价白兰地装在钻石酒杯中，

万物皆由梦想创造……

——汤姆·韦茨《诱惑》

致《废物星球》的中国读者：

2002年9月，在搬来上海两个月之际，我受邀参观上海宝山区的一个废品站。我本以为此行尽在掌握。毕竟，从小到大，我家都是做废金属回收生意的，而且我以为，我们在明尼阿波利斯市做的和中国上海人做的一样，只是他们的规模要大一些而已。事实上，据统计，早在2002年，废金属、纸和塑料已经成为美国向中国出口最多的物品（大豆排第一），美国的回收商因此获利数十亿美元。

但中国如何赚钱呢？在美国的时候，年少的我渐渐对介绍美国企业在发展中国家剥削工人的报道习以为常。确实，大学期间，涉世未深的美国大学生经常呼吁耐克和盖璞（GAP）这样的美国公司"改革"他们在中国的工厂，以便能够给中国工人更好的薪水和待遇。新闻媒体会提供一些证明文件，说明低成本运营的中国废品回收工厂在某种意义上和当时美国媒体笔下的耐克工厂差不多，都有类似的问题。然而，作为明尼阿波利斯市一个小型废品回收商的儿子，我无法认同，这样一个产业能够发展壮大到一定规模，以至于会出现与生产"飞人乔丹"运动鞋及iPad时遇到的类似问题？

事实上，正如我在本书中引用的证明材料所显示的那样，从20世纪90年代到21世纪，中国废品循环业大规模工业化，相比珠江三角洲最常见的制鞋厂和制衣厂，这个行业为工人们提供了更好的机遇，能让他们赚到更多的钱。在那个时候，废品回收工厂工人的薪水平均要比高科技工厂工人的多20%。某种程度上是因为这工作又脏又累；另外一个原因则是我后来才领会到的，废金属工人能摸索出在纺织厂根本学不到的众多独特技能，因此拿到了较高的薪水。长时间以来，一直如此。2014年，中国大学毕业生的第一份工作，工资约是3680元（如果他们能找到工作的话）；而珠江三角洲废金属回收企业的工人可以赚到4000～5000元。那么，在中国，谁的价值更大？

在2002年10月，我对此却一无所知。在上海宝山区的一个废品回收工厂里我看到800名身着青色工作服的女性工人，她们正在用手将切碎的美国汽车碎片进行分类。这些汽车碎片是被装在数百个集装箱里运到上海的，每个集装箱重20吨，现在都堆在仓库里，而且很快就会变成制造新汽车的原材料。在本书的第十二章，我详细描述了在走进这家大分类仓库时受到的震撼。

尽管相隔15米，仓库里发出的声音依旧清晰可闻：像风雨交加的强劲台风——事实上，这种声音比我们刚才冒雨走进来时听到的雨声还要大。这声音听起来很刺耳，带着金属质感，像是模拟电视台间静电干扰的声音，但要更为缥缈。我们在装货间的门口停了下来，眼前的一切让我大吃一惊：数百名身材瘦小的人身穿青色工作服，蹲在一堆堆废金属碎片边上，安安静静地将各种金属分门别类，并装进不同的塑料箱子里，每个碎片就像一个雨点，汇聚在一起，便形成了那种刺耳的暴雨声。我小心翼翼地走进去，被眼前的宏大规模惊得目瞪口呆。仓库足有数百米，两边堆满了深色的废金属碎片，从地面流向操作台，然后再流向地面，如此循环往复。仓库中间有一条狭窄的通道，像条溪流一样将废金属分隔两边，身穿青色工作服的工人推着装满废金属的独轮手推车穿梭其中，有时把废金属从车上倒下来进行分类，有时把分好类的废金属装车推走。

我一边谨慎地向仓库里面走，一边俯身察看工人们在做什么。

只见她们飞快地挥舞着双手，一刻不停：抓起一块废金属，扔进一个箱子里；抓起另一块废金属，扔进另一个箱子里。这是机械性的工作，很有节奏，而且工人们很有把握，没有一丝犹豫。我站在那里，根本认不出这些废金属都是什么，而工人们却能清楚分类——这就好像是有人叫我把废金属碎片随意扔进箱子里，并且要表现得很在行。

那天，我用随身携带的相机把眼前的场景拍了下来，后来展示给了全世界的读者。无论是在美国、欧洲各国，还是在中国，人们看到那些工人和她们“卑微”的工作，第一反应总是心生怜悯，甚至感觉害怕。对于发达国家的人来说，那些照片使人联想到一个习惯说法，即富人把他们不想要的废品“倾倒”给穷人。在中国，这些照片让人们开始反感富有且自私的西方世界的轻蔑行为。

然而，十年来我在参观发展中国家废品循环设施的过程中了解到的真相，比宝山那家工厂里的情况要复杂得多，对中国有利得多。确实，表面上看来是发达国家在向中国“倾倒”，但其实却是精明的中国商人买下了这些废金属，并运送到中国某些地方，在这些地方，废品得到了循环再利用，被制造成新产品，随后又被运送回美国、欧盟和其他发达国家。在这样一个关系链条中，受到剥削的并不是中国，反而是富有的国家没有从他们扔掉的大量废品中看到价值。中国的商人并没有向他们的工人倾倒废品，相反，他们进口价值被低估了的原材料，然后优化升级，这样中国的工厂就能获得巨大的利润。

就拿从深圳运往洛杉矶买家手中的一双耐克鞋来说吧。洛杉矶买鞋的顾客会把鞋盒扔进回收桶，随后，鞋盒将被送上南加利福尼亚港口的一艘集装箱船。鞋盒从那里被运回中国，然后进入造纸厂，经过循环再造，旧鞋盒变成了新鞋盒，并被出售给耐克这样的制鞋厂。最后，这个盒子将再一次被中国、法国甚至是美国的消费者买走。这是一个完美的循环，一个有效的绿色循环，在这个过程中，中国及其贸易伙伴都是赢家。然而，在我看来，中国得到的好处要多一些，因为从循环再利用和重新销售鞋盒的过程中赚到利润的是中国，而不是发达国家。

在许多方面，全球废品回收业就是如此运转的，一些国家扔掉的东西太多了，他们认为其毫无价值，或无法自身循环再利用，于是废品就从这些国家流向了缺少原材料的国家。这个循环和环境没有多大联系，却和制造业有着莫大的关系。的确，如果中国不是世界上最大的制造国，这些从全世界运来的废品对他们也就没有多大用处了。如今，中国需要大量原材料制造其自身和全世界所需的物品，这使得中国也开始从发达国家购买大量的废品。事实上，据2013年的数据显示，中国主要的可循环废品进口国依次是美国、欧盟、日本和东盟国家。为什么是东盟？原因在于，尽管这是一个由发展中国家组成的组织，其制造业规模比中国小得多，但随着整个东南亚经济的繁荣发展，他们的可循环废品也流向了中国的工厂。

现如今，中国近一半的铜，超过一半的纸和将近30%的铝都来自于可循环再用的废品。总体而言，使用可循环资源能降低温室气体排放量和其他污染物（包括大气和水污染），用地数量也比较少（有了再生金属，就不需要挖矿），而且还可以在更大程度上保护自然资源（有了再生纸就不需要砍伐森林）。节省下这些资源不只是让中国受惠，还可以惠及全世界。因为在经济方面，我们的世界对中国的依赖达到了前所未有的程度。然而，尽管中国经济用掉了大量可循环资源，中国本身却没有因为这个绿色产业而得到很好的声誉。为什么呢？

在某种程度上是因为中国政府官员或机构并没有大力发展国家的回收产业。中国之所以形成了全球化的回收产业，是因为制造业的企业家有需要。特别是在中国经济改革初期，相比从偏远的西部地区开矿挖掘原材料，企业家在浙江和广东这样的地方进口废金属的成本要低得多。确实，只是近十年来，中国政府才开始关注回收产业，与该行业的高级专家和企业家建立联系。第十一个和第十二个“五年计划”都提出要对这个产业提供强力的政策支持，包括在财政上支持技术升级，我将在本书后面几章里讨论这一点。

这个产业遭到忽视的另一个原因是，在中国，终日从他人扔掉的垃圾中赚钱的工人和企业家往往受人轻视。正如本书前面所提到的，我的一个中国好朋友告诉我，父母警告他，他必须好好学习，不然就只能去捡垃圾。从那以后，我就经常听到其他中国朋友说起类似的话。然而，在我看来，这是在忽视这些工人（正如本书中所说的那样，他们都拥有高超的技能）带给中国的巨大经济和环境利益。但是，即便公众不明真相，回收企业却心如明镜，所以会付给工人较高的薪水，而在制造 iPad、汽车和名牌服装公司里打工的工人却赚不到这么多。

作为这一行业从业者的儿子，我深深为中国废品回收业数百万劳动大军取得的成就而骄傲。我的曾祖父从俄国移民到美国，几乎身无分文，从合肥到上海打工的外来务工人员也同样拮据。与从合肥来的务工人员一样，曾祖父也不会说当地的方言，也不能接受教育。所以他做了他唯一能做的工作：从街道上捡垃圾，然后卖给别人循环再用。七十年之后，先辈的辛勤工作，让我可以去读在美国排名前十的大学，在一家美国最好的新闻机构里找到了工作，还写出了你现在正在阅读的这本畅销书。我在上海街头曾碰到一个外来务工人员推着一辆手推车，上面装满了旧纸箱，但在我眼里，他并不是一个外来务工人员。在我看来，他是我在废品回收业中的手足，有一天，他的儿子或孙子很可能会成为复旦大学新闻学院的学生。

不管是在小城市的大街小巷，还是在大型工厂里的分类线上，中国废品回收业的工人都表现出了不凡的智慧，我在上海住了十一年，几乎时时都能见识到这份智慧，并且对此赞叹不已。对于在中国受到忽视有时候甚至是被中伤的回收产业，我希望中国的读者在读完这本书后能和我一样欣赏这一行，甚至为这一行而骄傲。毫无疑问，还有很多问题需要解决，还有许多方面需要改进。但即便存在着这样那样的问题，全球化的废品回收业对中国的发展都起到了至关重要的作用，而且，如果没有全球化的回收产业，中国和全世界都将变得更脏、更差。

亚当·明特

中国上海

2014年6月

目录

前言 / 1

第一章　煲汤工厂 / 1
第二章　翻掘黄金 / 19
第三章　蜂蜜，大麦 / 33
第四章　飘洋过海 / 51
第五章　载货返航 / 75
第六章　肮脏的繁华 / 95
第七章　掘金美国 / 109
第八章　废金属行家霍默 / 125
第九章　影子行业 / 137
第十章　“再生党” / 153
第十一章　垃圾变黄金 / 177
第十二章　金属分拣 / 203
第十三章　风险投资 / 225
第十四章　坎顿与广州 / 235
第十五章　废物星球之都：中国 / 243

后记 / 259
致谢 / 263

前言

一串烧坏的圣诞树彩灯拿在手中，几乎轻如鸿毛，可一堆干草垛大小的圣诞树彩灯又重达几何呢？据废金属加工商雷蒙德·李估计，这些圣诞树彩灯约重1000千克。雷蒙德面带稚气，为人却似钢铁一般强硬，是中国南方石角镇某加工公司的总经理。他的确了解个中详情。

我站在他和三捆圣诞树彩灯之间，或者说站在他和3000千克圣诞树彩灯之间。美国人不是把这些彩灯扔进回收桶，就是交给救世军，或是卖给开着印有“我们买垃圾”字样卡车的废品回收者。最后，这些彩灯来到一个废品站，在这里，它们被挤压成一个立方体，并被装上船运到了雷蒙德的圣诞树彩灯回收厂。

雷蒙德迫切希望向我展示这家工厂的加工过程。

不过他首先需要为我说明一件事：在中国的一个小村庄里，3000千克美国圣诞树彩灯看上去应该数量不算小，可为什么事实并非如此？11月中旬其实是购买进口废旧圣诞树彩灯的淡季。旺季从新年之后开始，春季时达到顶峰，每逢这个时候，美国北部各州的居民都开始把这些乱成一团的讨厌东西清理出他们的房子和车库。有些人把彩灯送到当地回收中心或卖给当地废品站，但这些人并不知道它们下一站将去往何处。可我知道：就在这里，在中国石角镇，一个人口约2万人的小镇。雷蒙德告诉我，他的工厂每年回收约10万千克进口圣诞树彩灯，而且，据他估计，石角镇至少还有9家工厂在进口和加工如此庞大规模的彩灯。因此，保守估计，这里每年的进口和加工量达到了900万千克。

一个中国南方的无名小镇如何成了世界圣诞树彩灯的回收之都？一个答案是：石角镇附近有数千个需要用铜制造电线、电源线和智能手机等产品的工厂，开车即可到达。这些工厂可以选择使用遥远的环境敏感区如巴西亚马孙河流域出产的铜矿石，也可以选择石角镇从进口圣诞树彩灯里提取的铜。

对于石角镇地位如此奇特的原因，雷蒙德的答案更为简单明了，“人们想赚钱，”他轻声说，并没有看着我，而是有些出神，“仅此而已。”

和所有人一样，对于那段历史，雷蒙德也一清二楚，他实事求是地简要讲述了那段发展史。20世纪90年代初，石角镇的赚钱机会有限：要么务农，要么离开。这个地区，没有像样的公路，也没有受过教育的劳动力，更没有原材料。这里唯一真正拥有的就是空间——一片巨大且偏远的空间。一开始，只需要一块偏僻的场地、一盒火柴，再加上一些燃料，人们便可以从一堆废旧圣诞树彩灯里提取铜。先浸泡电线，然后在火上烤，在绝缘材料逐渐烧尽的过程中注意不要吸入燃烧所产生的烟雾。

雷蒙德带我来到一间狭小的办公室，办公室模糊不清的窗户正对着加工厂的车间。我被让到了一张落满灰尘的皮沙发上。坐在我右手边的是雷蒙德的妻舅姚先生，也就是雷蒙德妻子姚烨（音译）的弟弟，姚烨坐在我对面。为人低调的石角镇土著雷蒙德在他妻子旁边落座。他们告诉我，这里是一个家族企业，每个人都在尽自己的一份力。

我看着窗外的车间，可我所坐的沙发太矮了，只能看到雷蒙德几天前进口的另外几堆价值数万美元的废旧电线（不是圣诞树彩灯）。如果雷蒙德愿意，他可以每个月斥资数百万美元购买美国的废金属。这个数目看起来非常可观，可事实并非如此。全球回收业每年的营业额高达5000亿美元，约等于挪威的国内生产总值，是全球雇员人数仅次于农业的行业。雷蒙德是石角镇的大人物，可在中国回收业真正的大本营广东省，他这样的企业家还有很多。

我们接着聊了石角镇的发展史。这里的电线回收商，是在成千上万的人不再务农后干起这一行的，当地人的生活也随之发生了变化。随后，雷蒙德的妻舅姚先生突然说起他毕业于一所名牌大学的工程专业。他并未选择传统的制造业，而是回到了石角镇，和雷蒙德一起做起了废品回收生意。他本可以去其他地方，做其他任何工作。毕竟中国提供给工程技术人员的机会多得是。可在寻找机会的过程中，他看到了一个更胜一筹的好机会——废金属回收。在他和雷蒙德注意到这个行业的时候，中国经济正在飞速发展，政府决策者和商人都在迫切寻找铜、钢、纸浆和其他原材料，以满足各家工厂的需要，从而带动经济发展。铜矿固然可以赚大钱，可雷蒙德和他的家人没钱也没关系，无法开办铜矿。再说了，美国的废品站和回收桶里有取之不尽、用之不竭的可回收再利用的铜废料，这可是价值数十亿的生意，他们为什么还要去开办铜矿呢?

雷蒙德点了一根烟，对我说，他并不像姚先生那样拥有众多的选择。十五年前，他二十七岁，在一家油漆化工厂做工人，那是一份永无出头之日的工作。“我渴望赚大钱，渴望成功，”他轻声说道，“所以我进入了废品回收业。”当时他妻子的家人已经在从事小规模的废品回收生意了。他们知道如何以及从何处得到可循环再用的废品，而且更为重要的是，他们知道：外国人的废品必定能让他家发大财，会让他们变得比种水稻的农民、零售店店主和上班族有钱得多。

自从雷蒙德做出了改变命运的决定，中国对原材料的需求也一路上涨，从不曾有减弱的时候，而雷蒙德的生意同样获得了飞跃式的发展。从中国对原油的需求就可见一斑。2009年，去石角镇的人看到的都是大堆燃烧的电线，滚滚黑烟翻腾而起（不光有圣诞树彩灯电线，还有别的）。橡胶绝缘材料曾经一钱不值；那时候所有人朝思暮想的都是铜，所以焚烧橡胶绝缘材料是获取铜的最快捷方式。接下来，一件重要的事情发生了。中国人开始购买汽车，原油和原油制品（如用来制造圣诞树彩灯绝缘材料的塑料）的价格因此一路飙升。塑料价格飞涨，于是中国的制造商开始寻找其他材料，用以替代原油制造的新塑料。最简单的办法也是最便宜的选择：不要把包裹铜线的塑料烧掉，而是想办法将之剥下来重复使用。电线的绝缘材料算不上品质最高的塑料，不过也足以用来制造简单的产品，如拖鞋鞋底！近来，雷蒙德的圣诞树彩灯绝缘材料最大的买家就是拖鞋鞋底制造商。

当然了，从圣诞树彩灯到拖鞋鞋底，这个转化过程并非易事，或者说不是一件轻而易举的事。姚先生耗时一年多进行整修和测试，才让公司的圣诞树彩灯回收再利用系统正常运转。我环视这个办公室，然后询问是否可以参观一番。雷蒙德带我来到外面的车间。

加工程序第一步是每月工资多达500美元的工人抓起一把把圣诞树彩灯扔进小型破碎机（看上去很像木材切削机）。发出响雷般轰鸣声的破碎机把这些缠结在一起的东西粉碎成毫米长短的塑料和金属，然后把它们喷吐出来，看上去很像泥浆状黏糊糊的东西。这些破碎机边上放着三张不停震动的3米长的桌案。工人们把大量黏腻腻的彩灯碎渣放到桌面上，这时就会有薄薄的一层流水冲刷这些东西，紧接着就会迸发出非常特别的金、绿色条痕。我走上前观看：绿色条痕的是塑料，它们被水冲离桌案边缘；金色条痕的是铜，它们沿着桌案慢慢移动，从另一端掉进一个篮子里，这些铜的纯度达到了95%，随时可以再次熔化。

这项工作的基本原理非常简单：想想遍布碎石的河床吧。流动的水流会把较小的石子冲走，把它们快速带到下游，但较大的碎石，也就是石块，则会留在原地，偶尔才移动一下。同样的物理现象在雷蒙德的桌案上也奏效了，只是这里被冲刷走的不是碎石，而是圣诞树彩灯绝缘材料。

回收再利用，上一代美国人将此定义为：把金属、塑料罐、玻璃瓶、纸板和报纸分门别类，然后放在路边或垃圾房里，以便有人将之收走。这是一种极具信念的行为，是一个赌注，输赢都取决于当地的回收公司或垃圾清理员是否会像最初把这些可循环再用之物进行分类的人那样，真正致力于环保。可怎么做才正确？就算将仔细分类的报纸、金属、塑料罐和玻璃瓶运送到亚洲，就算是真正的废品循环再用了吗？

定义非常重要，从回收业的立场来看，大多数美国人都认为“循环再用”这个概念其实更接近于收获的概念。也就是说，家庭回收者从垃圾中收获纸板和其他可循环再用之物，然后造纸厂利用废旧纸板制造出新纸板。循环再用就是在回收桶离开你所在的街区后发生的事。家庭回收——你最可能做到的事情——只是第一步。然而，这却是非常关键的一步：没有机器能够像你那样，如此轻易且有效地从你的垃圾里面收获可循环再用之物。

事实上，与收获相比，真正的循环再用往往是比较容易的一部分。毕竟把废旧报纸转变为新报纸的工艺古已有之；把旧电脑变成新电脑难度较大，不过这只是因为这些机器非常复杂，不易拆分。用足够多的旧报纸来维持一家造纸厂的运转，十分困难。找到足够的废旧计算机，从而证明可以做计算机回收再用的生意？或许会更困难。

废品循环再用是一个长链条，从你家中的回收桶或当地的废品站收获可回收之物是起点，而本书旨在说明：为何全球化循环再用这个隐秘世界是这个链条最合情合理（也是最绿色环保）的终点。没有道德因素可以保证这一点，但有一点不会错：如果投入回收桶里的东西有利用价值，全球废品回收业就会想方设法把它们送到可以利用它们来实现利益最大化的个人或公司手里。通常情况下，这个有利可图的选择往往也是最可持续发展的选择，只不过并非总是如此。可以肯定的是，并非每个回收商都是环保主义者，也不是每一处回收场所都是那种可以带幼儿园里的小朋友去校外考察旅行的地方。然而，处在一个铺张浪费的时代里，全球回收业肩负重担，既要清理人们弃若敝屣的废品，还要将之转变成人们趋之若鹜的精品。

在后面的章节里，我要讲一个故事，说说为何最简单的人类行为，即重复使用一件物品，会逐步发展形成一个全球化产业，而且这个产业在近三十年世界经济全球化过程中还发挥了举足轻重的作用。这是一个晦涩难懂的故事，即便那些非常关注被自己扔进回收桶里的东西有何命运的人也会感觉困惑。正如大多数起码有一部分遮遮掩掩的故事一样，回收业全球化这个故事不仅揭露了一些令人不快的事实，还会让我们认识一些人，这些人堪称怪人，却也聪明至极，他们代替我们去挖空心思地解决废品循环再用这个难题。

和雷蒙德一样，这些人大都很有天赋，能变废为宝，从别人扔掉的东西里发现价值。在殖民时代的美国，保罗·列维尔就表现出了这种天赋，他十分聪明地从邻居那里购买废金属，然后在他的铁匠店里熔化再铸。在20世纪50年代末的美国，有人运用这样的才能，通过循环再用遍布美国乡村的数千万辆报废汽车来谋生。到了今天，这种天赋则被用在中产阶级像扔糖纸一样扔掉的智能手机、电脑和其他高科技设备内稀有和价值巨大的元件上。然而，通常情况下，这些天才都是为了赚钱，而不是为了搞技术。相比其他任何全球产业，当今的回收业所具有的风险与回报相比即便不会更高，也算是旗鼓相当。如硅谷一般令人吃惊的巨额财富之所以能积累起来，便是因为人们找到了方式，把回收箱里的废旧报纸送到了最需要它们的国家。

当然，对于大多数美国人和其他生活在富有发达国家里的人来说，循环再用是一个必须履行的环保责任，而不是生意。从这个角度来看，相比使用新原料的制造和生产，废品循环再用降低了树木的消耗量，减少了挖洞的数量，消耗的能源也少了（比起采用新矿石来制造啤酒罐，选用循环再用的啤酒罐可以减少92%的能耗）。然而，若没有利润刺激，没有任何道德体系会把旧啤酒罐转变成新啤酒罐。

无论多么可持续发展或绿色环保，全球回收业都纯粹依赖消费者购买用其他材料制成的物品。原材料需求、消耗和循环再用三者之间牢不可破的联系是随后章节里的主要主题之一。这个错综复杂的组合其实非常简单：能回收再利用的唯一原因就是消耗，你能消耗某些商品就是因为有人回收再利用了废品。在全世界范围内，我们循环再用我们所购买的东西，而我们购买的东西很多。

然而，尽管回收公司都会告诉你，很多废品如智能手机仅能部分循环再用，一些废品，如纸制品，循环再用的次数有限。从这层意义上来说，循环再用只不过是让垃圾清理工晚一点来的一种手段罢了。如果你的第一优先目标是环保，那么循环再用只是每个美国小学生都学过的那个著名金字塔图表顶端的最佳选择：减少使用，重复利用，循环再用。唉，大多数人都对减少使用或重复使用他们的物品兴致寥寥。因此，总体而言，循环再用算是最糟糕的最佳解决方案了。

可这是个多好的解决方案啊！据美国华盛顿特区贸易机构废料回收工业协会（ISRI）统计，2012年美国共回收了4635万吨纸和纸板，节省11.7亿立方米垃圾填埋空间；7519万吨回收钢铁节省了0.85亿吨铁矿和0.48亿吨煤炭资源（约60%的美国钢铁产量来自废金属）；545万吨回收铝节省了7600万兆瓦时发电量。在中国，工业发展所带来的污染要比美国严重得多，相关数字更为惊人，而且可以说也更为重要。根据中国有色金属工业协会的统计资料显示，在2001至2011年间，金属回收再利用为中国节省了1.1亿吨煤炭资源，并减少了90亿吨矿产资源的开采。同样是在这十年里，中国大力回收铝废料，因此减少释放5.52亿吨二氧化碳。现在，中国是世界上最大的铜消费国，整整一半的铜需求均由回收再利用资源满足。只要是有回收业存在的地方——现而今这个产业已经遍布世界的各个角落，都可以看到范围涵盖各类可循环再用的废品，从衣物到汽车电池，莫不如是。

如果本书取得预期效果，也就无须说服你接受回收业这个铁一般的现实，不过本书有助于读者理解为何废品站是其现在的模样，为何废品站其实并不招人讨厌。根据我个人的经验，条件最差、最肮脏的废品回收再利用也比把森林砍光光或最环保的露天采矿强得多。

尤其值得注意的是，在雷蒙德的加工厂里，根本不存在蓝色或绿色的回收桶，没有海报鼓励人们“减少使用，重复利用，循环再用”，复印机旁边亦没有摆放装有使用过的办公用纸的纸板箱。这是一个粗犷的工厂，坐落在一个粗犷的工业城镇里，曾几何时，这里曾是一片片农田，而这家工厂里的工人都是来寻找更好生活的外来务工人员。至少从表面上看来，这里与美国人整齐堆放在路边或在公寓垃圾房里分好类的金属、塑料罐、玻璃瓶和报纸似乎没有多大关系。

有一点很重要，雷蒙德的成功无关剥削，并不会比美国废品站压榨员工更严重。雷蒙德是一个机会主义者，他很久之前就意识到了一个简单的事实：中国很快就会发展成为世界上最大的经济体，随之而来的巨大需求只能由进口废金属、纸张和塑料来满足。如果中国不进口这些废品，那他们就只能不停地挖，挖，挖。

站在雷蒙德的工厂里，看着工人从圣诞树彩灯中提取铜，一个问题立刻迎面而来：为何不能在美国循环再用圣诞树彩灯？

十年来，我去过全球多个回收厂，据我所掌握的信息，这个问题的原因不在技术（雷蒙德的水床只不过比淘金者曾用来从碎石中分离金块的淘金盘设计得更精良一些而已），还要从商业角度来看：截至2012年，快速发展的中国对铜资源的需求占全球铜需求总量的43.1%，而发展缓慢的美国仅占8.5%。这就是中、美的差别所在，中国的中产阶级人数越来越多，大量建筑物和基础设施亟待建设，而美国的居民收入陷入停滞，几十年前基础设施建设支出就已经到达了极限。如果现在你打算在世界上找个地方建铜材厂，那么你很可能会选择中国。如果你打算建回收厂来满足某个铜材厂的需求，那么你或许也会选择石角镇。

不过这并不意味着回收业在美国毫无发展前景。事实上，美国的制造商（总产量仅次于中国，居第二位）依然用掉了约三分之二美国本土产生的回收材料。问题（如果你将这种情况视为一个问题的话）在于美国人并不只是购买美国制造的产品，他们还进口大量的制成品。结果，美国经济体消耗掉和扔掉的东西要比他们本国生产的产品多得多。过剩的可回收再利用废品就不得不另觅出路。出口是一个选择，填埋是另一个选择。因此也就无怪乎中国既是向美国输出新产品的最大出口国，也是美国的可循环再用废品的最大进口国。

本书讲述的故事解释了为何中国会成为美国可循环再用资源的出口目的地，以及为何这是对环境保护的一项有利之举。毕竟，中国和其他发展中国家愿意并且有能力循环再用美国回收业不会或者不能循环再用的本国可回收资源（圣诞树彩灯只是其中一个小例子而已）。如果中国不再购买美国的可回收废品，这些东西就会开始流向垃圾填埋地；2008年，中国工厂因为全球经济危机而纷纷倒闭，致使大量美国可循环再用的废品只能被填埋。因此，本书大部分内容都与中美两国有关。但本书也不仅限于此：全球回收业具有真正的全球性，而且接下来的内容会涉及多个国家，特别是发展中国家。

废品回收业走在了全球化的前列；的确，在人们第一次化剑为犁并尝试把犁卖掉的时候，这个行业就出现了。因为循环再用非常容易实现，是一个从业门槛比较低的行业。在发展中国家里，从垃圾桶回收再利用玻璃瓶、金属瓶或塑料瓶，是为没有资本的人提供的为数不多的创业机会。这一行业的消极影响，如污染、对健康及安全的威胁等，确实存在，可相比其他选择，如回归到自给农业，或无力支付学费等情形，这一行业往往会被视作一个并不合意却也公平的权衡取舍而为人们所接受。对于发达国家里的回收商而言，这样的利弊权衡可谓难以想象；然而，在印度，在中国的南方偏远小镇，在洛杉矶低收入的地区，相比于对良好的营养、安全的食物、洁净的空气和清洁水源的追求，这些危害就不那么重要了。在这样的情况下，循环再用他人的垃圾也就不能始终算是最糟糕的事情了。在随后的章节里，我将继续探索这些妥协。

只要某个领域有人消耗和扔掉东西，回收业就会把触角伸向这个领域。近十年来，我一直在追踪报道这个行业，因此参观了大量企业，他们致力于购买、销售和循环再用金属、纸张、塑料、石油和纺织品。我还参观了一些世界上最先进和最原始的回收厂，很多都致力于翻新和重复利用特定的产品，包括汽车、电视机、日本的弹珠机和印度的教科书等。

本书将覆盖所有这些领域，不过焦点集中在废金属上。我基于几个原因选择了这一领域，最重要的一个原因在于，世界上循环再用产品（在重量方面）堪称之最的既不是报纸，也不是笔记本电脑，更不是塑料水瓶，而是美国的汽车，要知道美国的汽车大部分是由金属构成的。2012年，美国循环再用了将近1190万辆汽车（这一年经济不景气，因为经济疲软，美国人使用同一辆汽车的时间增长了），因而产生了数百万吨金属，这些金属快速且高效地被全世界用于制造各种新产品（大部分被用来制造新汽车）。和报纸、可乐罐及电脑不一样，汽车很少会被填埋。相反，它们的最后一站几乎全都是回收厂，因此汽车的回收再利用率几乎达到了百分之百，这个比例是其他产品无法企及的（比如，在美国和欧洲，纸张和纸板的回收再利用率只有65%）。

但事实并非总是如此。正如我将在本书后面章节中用资料证明的那样，仅仅是在五十年前，汽车还几乎不能被回收再利用，因此，数百万辆报废的汽车杂乱无章地堆满了美国的城市和乡村，并且给这些地方造成了污染。这些废旧汽车是造成美国最严峻的环境危机的祸首之一，随后，由于废品站的创新，这个问题便迎刃而解了。现如今，拥有急切的汽车买家的中国和其他发展中国家采用了美国用来解决报废汽车问题的方式和方法。

我把关注点放在废金属上，还希望把关于回收再利用的探讨拓展到家庭回收桶以外，而且回收再利用家庭回收桶里的东西所采用的方法和市场，与回收再利用被扔进当地废品站里的破旧汽车的方法和市场是一模一样的。事实上，从统计数字来看，从美国家庭和办公室里收获的可回收再利用废品的数量往往只占美国回收废品总量的一小部分。

就拿铝来说吧。据美国环境保护署（USEPA）的最新资料显示，2010年，美国从家庭和办公室废品中收获了68万吨铝，大部分都是啤酒罐和汽水罐。这个数字听起来或许十分巨大，也的确是不小，可事实上，这只占当年美国所收获的铝废料总量的14.7%！据美国废料回收工业协会（ISRI）的资料显示，其余的392万吨的铝废料均是从工厂、矿场和农场中得来的，其中有输电线、汽车、废旧机器，以及与家庭和办公室回收桶无关的无数其他来源。若要了解你的回收桶里的铝为何会被回收，以及在何处循环再用，就也需要了解所有其他铝废料的去向。

而我之所以会关注废金属，还有一个个人原因：我是一个美国废品站业主的儿子。那项生意（依旧在明尼阿波里斯市北部地区维持着，规模不大）和这个产业（全世界范围内）让我形成了根本的人生观，本书通篇都会对此进行探讨。在某种程度上，你即将看到的故事就是我自己的探险故事，在这个故事里，一个小型废品站的孩子离开家，随着他家人运往亚洲的废品，开始了探险。

最后强调一个应该已经显而易见的事实：我钟爱祖母口中的那个“废品生意”。我最早的也是最快乐的回忆，就是徘徊在各类家庭垃圾之间寻找宝藏，这时候祖母往往会陪在我身边。每到假期，如果有废品站接受我的参观请求，我往往会欣然前往（所以很对不住我的妻子）。当我到了废品站，不论是在班加罗尔、上海，抑或圣保罗，我都能体会到回家的感觉。相信我，我很了解这个行业的缺陷，并会在本书中进行详细探索。不过，即便这个行业问题多多——也是普遍存在的问题，可如果没有了废品站，这个世界就会变成一个更肮脏、更无趣的地方。

第一章
煲汤工厂

无论何时，有一个真理放诸四海皆准：人越富有，受教育程度越高，扔掉的东西就越多。在美国，富人不仅买的东西比较多，而且其中更多的是可回收再利用的东西，比如盛放东西的可回收的罐子、瓶子与盒子。因此，如果你在废品回收日开车经过受过高等教育、高收入邻居的门口，一定会看到蓝绿两色的回收桶里装满了整齐分类的报纸、iPad包装盒、红酒瓶和健怡可乐罐。同时，如果你开车经过一个并不富有的邻居家，一定不会看到那么多的回收桶和可回收利用之物。

比较有钱的邻居所进行的垃圾分类，使人可从中收获可循环再用之物，这说明他们是非常称职的垃圾管理员。可如果他们不是大量消费的消费者，就无法成为优秀的垃圾管理员（正如穷人买的东西少，在某种程度上便无法收获可回收的废品并进行再利用一样）。下面的统计资料便可支持这一观察结果：在1960至2010年间，据美国环境保护署（USEPA）所提供的最新数据，美国人从家中和办公地点收获的可回收废品数量从560万吨上升到6500万吨。然而，在同一时期内，垃圾总量则增长了三倍，从8810万吨上升到了2.499亿吨。毫无疑问，美国人在废品循环再用方面做得十分出色，但他们制造垃圾的能力同样不逊色。人数越多，财富越多——从1960至2010年，堪称积累财富时期——扔掉的垃圾就越多。事实上，在过去的五十年里，只有一年垃圾总量出现了锐减，而这还要归功于2008年的金融危机和经济衰退。

收入和循环再用之间的关系业已存在了几十年。以明尼苏达州人口为116.8万的亨内平县为例。我出生在亨内平县的最大城市明尼阿波里斯市，2010年，其回收利用率为36%，平均年度家庭废品回收量为153千克，而亨内平县各社区的回收利用率则为41%。同时，在明尼阿波里斯市西部的富人社区明尼唐卡湖畔园，其年度家庭废品回收量为175千克，在亨内平县排名第一。为什么？其中一个原因在于，2010年，明尼唐卡湖畔园的家庭年均收入为168868美元，而拥有大量贫困人口的明尼阿波里斯市的家庭年均收入仅为45838美元。当然，这其中还有其他原因（在采集这个数据时，明尼阿波里斯市要求市民把可回收废品按照七个不同的类别进行分类，因此垃圾分类成了讨厌又耗时的工作，但明尼唐卡湖畔园的居民则无须分类），可有一个事实很难忽略，相比明尼阿波里斯市的低收入住宅区，像明尼唐卡湖畔园这样的地方，无疑会贡献更多整洁的可回收的白色 iPad 包装盒和周日版的《纽约时报》。

从前住在美国时，我有蓝绿两种颜色的回收桶，在道德动力的驱使下，我会把可回收废品扔进这两个桶里，而且如有可能，我塞进这两个桶里的东西要比扔进垃圾桶里的东西还要多。废纸丢进其中一个回收桶，其他可回收废品丢进另一个，然后把这两个桶放在路边，可是，因为小时候在家里经营的废品站待过，所以我感觉这么做是在自欺而已。我很清楚，铝罐可以按重量卖钱，学校放暑假时，我经常都会被委以重任，给流浪汉、大学生和节俭的家庭回收者送到我家废品站的铝罐称重。祖母经历过经济大萧条时期，因此觉得所有可再利用之物都有价值。她在晚年依然坚持开车把她那些为数不多的铝罐送到我家的废品站，而不是免费送给城市回收处。

通常情况下，在美国和其他发达国家，对于如何利用扔出家门的垃圾问题，必须要搞清楚答案的应该是各个城市和少数大型废品回收公司，而不是那些在自动售货机上买铝罐饮料的青少年。在某些情况下，他们别无选择，只能收走我们扔进回收桶里的东西。而在有选择之际，他们只会接收那些可卖掉获利的废品，譬如祖母不愿意交给他们的铝罐。那些可卖掉获利的东西一般均可轻易翻新，制造出全新的物品。将用过的铝罐重制成新的铝罐非常简单；然而，要想把皮箱重制成其他东西可就困难了。

在美国，偶尔在废品回收日开车经过邻居家，我都会注意那些装满旧皮箱之类东西的回收桶，人们把这些东西放在那里的初衷既算是误信，也算是正当的认知：废品回收公司也需要采用合适的方法去“再利用”它们——无论所谓的再利用意味着什么。废品回收公司绝不会白白放弃采取合适方法的机会。他们只是尚未找到有利可图的途径，譬如如何分类制成皮箱手柄和皮箱箱体的两种塑料。这种工作只能由可从中获利的人来完成，而迄今为止，收走蓝绿两色回收桶里东西的大型回收公司尚未找到这样的生财之道。然而，他们已经开始了解如何深层挖掘回收箱，从而得到那些回收起来有利可图的东西。这既不是最吸引人的活，往往也不是政客和环保主义者在讨论

“绿色工作”时会谈论的话题。可对于某些人而言，这意味着一个机会，它与硅谷人的梦想一样，拥有无尽的潜力。

艾伦·巴克拉克就是这样的人。作为北美最大的家庭废品回收商——南得州区废品管理公司的回收经理，他是废品回收的专业人士，对这一行充满兴趣，认为其有利可图。与全球废品回收业的很多同行一样，不再年轻的他依然具有青春活力，这样的朝气蓬勃只能说明一点，他是真的真的很喜欢那些分类垃圾的机器。有人会因为自己所做的是处理别人家垃圾的工作而觉得羞耻，可艾伦并没有这样的感觉，他热爱这一行。

我们是在2012年1月认识的，相识的地方就在废品管理公司斥资1500万美元兴建的超大型废品回收厂的访客区。艾伦是这家工厂设计工作的中流砥柱，现在是这家工厂的负责人。即便我们非常愉快地聊着天，艾伦的目光也不在我身上，他关注的对象是厚玻璃窗另一面的车间以及下面两层楼里的车间：塑料瓶、纸板、废纸快速移动（速度为A级），被传送带运上运下，挤压，来回往复，然后那些塑料瓶、纸板、废纸就会被整齐分类，堆成干草捆大小的一堆，并用不锈钢扎带捆绑好。“对于这份工作，你要么是爱，要么是恨，”关于这一行从业者的心情，他是这样告诉我的，“你或许会在六个星期后离开，也许到不了六个星期你就不干了，否则，这一行将会成为你的终生事业。”

在某种意义上而言，这里可以说是一个绿色天堂，在废品回收日被清理出来的家庭可回收物，如人们细心收藏的报纸、瓶子和铝罐等物，最后都到了这里。如果说艾伦是守在天国之门的圣彼得或许并不准确，可他的确是指挥链条中的一环。然而，如果休斯敦材料回收厂堪称绿色天堂的话，那么必须得说，休斯敦市肯定就是绿色地狱了，如果你注意到这里的家庭废品和回收利用状况，一定会觉得这个说法并不过分。

数字最能说明问题。2010年，美国回收再利用了将近34%的“城市固体废品”。也就是说，在家庭、学校和办公地点（不包括工业设施、建筑工地、农场、矿厂等场所）产生的废品中，有34%并没有进入垃圾填埋地，而是被送到了废品回收工厂中，在那里，它们得以被再利用，得到了“重生”。在长期废品回收工程的帮助下，纽约、明尼阿波里斯市和其他美国城市的废品回收再利用率也大致如此，只是上下稍有浮动。可休斯敦呢？2008年，休斯敦只回收再利用了2.6%的城市固体废品。其他的97.4%呢？总的来说，它们都进了垃圾填埋区。艾伦尴尬地告诉我，自2008年以来，这个比率已经提升至6%或7%。无论从何种定义来说，这都不是一个拿得出手的数字。如何解释呢？

对于住在旧金山这种地方（废品再利用率超过70%）的人来说，一个比较流行的解释是，乡下人不喜欢循环再利用废品。这种解读并不仅仅体现了城市人的优越感，从中还可以看出，对于旧金山如何做到以及为何废品回收再利用率这么高，人们怀有巨大的误解。

毫无疑问，对于一个人或一个地方回收再利用废品的实际数量，文化、教育和收入必定起到了一定的作用。可根据我的经验来说，没有哪一种文化能像穷人的文化那样，如此鼓励提高回收再利用率。大体而言，如果一个人没钱买新东西，往往就会多次利用现有的东西。因此，在旧金山，乔氏超市装意式烤面包片的玻璃罐很可能会被直接丢进回收桶；而在孟买的贫民窟，同样的玻璃罐——如果那里的人买得起的话——或许会成为厨房里的盛物工具。孟买贫民窟的废品再利用率远高于旧金山郊区，原因有二：一是他们的消费并不多，比如说，没有iPad包装盒可供回收再利用；二是日常生计需要他们节俭度日。然而，不论某一人群多么贫穷或具有环保意识，他们的废品再利用率归根结底还是取决于是否有人能从废品再利用中获得经济利益。在孟买，这样的经济利益基本上都与个人利益有关；而在富裕的旧金山，很少有人会在乎卖了一堆废报纸得到的那几个小钱，收走别人的废品是否有利可图只是废品回收公司必须要找出答案的问题。

和大多数美国人一样，休斯敦人也没有兴趣尝试孟买式的节俭。如此一来，压力就转嫁到了废品回收公司身上，而这些公司很不幸地发现在休斯敦做废品回收这一行极难获利。问题是多方面的。休斯敦的面积很大，人口密度却很低，每平方千米只有1270人，而旧金山的人口密度则为6540人。从人口学角度来说，旧金山每平方千米土地上的回收桶要多于休斯敦，因为那里每平方千米土地上的住家数多。从废品回收业的角度来看，也就是说，为了收集同样重量的废报纸，废品回收公司的卡车在休斯敦开出的距离要比在旧金山的远。换句话说：休斯敦的废品回收公司必须付出更多的劳动、更大的成本，才能获得与旧金山的废品回收公司同样的收入。

有一种方法可以克服这一问题，即当地政府给予废品回收公司补贴或采取类似措施。可在反对税收和收费的休斯敦，这是个棘手的问题，特别是得克萨斯州的垃圾堆填费用在美国是最低的。通情达理的纳税人或许会询问原因（政客更是会借此大做文章），如果以较低成本便可以填埋处理同样多的垃圾，为什么还要求他们支付更多的税金去进行循环再用。

另一种解决问题的方法是鼓励休斯敦的居民贡献更多可循环再用的废品，如此一来，每一辆小卡车都可以为废品回收公司带去更多潜在的获利机会。不管你相不相信，这个方法做起来非常容易（而且不必鼓励增加消费即可实现）。做法如下：拿走两三个，有时候甚至可以是七个小回收桶（美国家庭都是通过这些小桶来分类可循环再用废品的），然后换上一个大回收桶，所有可回收再用之物都可扔进去。这种做法被称为单流循环再用法（与双流循环再用法截然不同，这种方法要求把废纸装在一个回收桶里，其他可回收废品装在另一个回收桶里）。在试行这一方法的社区，废品回收率提高了30%。为什么不找机会试一试呢？无论你喜欢与否，即便具有环保意识的人有时也会因为太忙而懒得分类垃圾，然后扔进不同的回收桶里（我喜欢把这种情况称为“玩垃圾”）。因此，废品管理公司数年来一直在休斯敦推行单流循环再用法。

可如果休斯敦的居民不对他们扔进废品管理公司卡车里的所有额外可循环再用之物进行分类，那废品管理公司应该如何从中获取更多的可回收再用废品呢？这就是艾伦和一群工程师负责研究的课题，也是投入了1500万美元的项目。

高中生都会到麦当劳找工作，也有些很喜欢做剪草坪的工作。艾伦却不是这样的学生。他是那种极富创业精神的孩子，他寻找的是那些可低价买入、高价卖出的东西。他找到了两种这样的东西：一是电脑打孔卡，在20世纪60年代末之前，这是向大型主机输入数据的主要工具；另一种就是连续式电脑打印纸。这两种东西很受当地纸废品站的欢迎，而且可以现金交易，纸废品站会把这些东西整理好，以便加工成新纸。因此，艾伦在高中时就成了一个小富翁。事实上，他可能比当时的大多数人都有钱。

是什么吸引他进入废品回收这一行的呢？他这么告诉我："我很幸运，我很有这方面的天分，而且这一行也很适合我的注意力缺失症和强迫症。"与许多年轻企业家很早就感受到强烈的使命感一样，艾伦的大学生涯也没有持续很长时间，退学后，他便到朋友的一家垃圾搬运公司上班。在那里，他建议垃圾工人把可循环再用的废纸和纸板卖给废品站赚钱，而在接下来的三十年里，他一直致力于回收再利用休斯敦地区各家公司（而非家庭）的废纸和纸板。不过，2008年事情出现了翻天覆地的变化，废品管理公司当时正在寻找一家合适的废品回收公司，帮他们在休斯敦开展家庭废品回收生意，他们认为拥有近三十年废品回收经验的艾伦就是他们一直在寻找的合作伙伴。这可谓一个大好时机。艾伦当时正好希望海湾废品回收公司进军家庭废品回收业，可他们接触不到大量可循环利用的废品。"那些废品都是由垃圾公司回收的，"他解释道，"因此，如果没有充足的废品可供使用，也就没有理由斥资1500万～2000万美元去购买设备。"

"你需要规模。"我说。

废品管理公司负责公关的副总裁林恩·布朗站在我身边高声说道："或者说，你需要的是一份与休斯敦市政府合作的合同。"

艾伦露出了灿烂的笑容："在这一行里，规模相当重要。"

废品管理公司于2008年收购了海湾废品回收公司，2010年，该公司开始着手把海湾公司转型为单流循环再用废品加工厂，并于2011年2月正式营业。时至今日，该厂每天可分类272～318吨的单流循环再用废品。而这大约是一架空客A380客机的重量，只是构成这一重量的都是报纸、塑料奶罐、啤酒罐和鞋盒。我请艾伦粗略估计一下，这些废品来自多少个家庭，他告诉我，一个休斯敦家庭平均每月提供的单流循环再用废品为23千克。然而，并非每个人都会循环再用废品，也不是每个人都会一个星期倒一次他们家的回收桶，而有些人倒回收桶的频率则要高于平均水平，比如艾伦的家人每星期会倒六个回收桶！与此同时，在这家工厂处理的废品中，有一小部分来自商业场所，如超市后面装满纸板的大垃圾桶。然而，根据粗略估算可知，休斯敦废品加工业每日的加工量约等同于1.2万个休斯敦家庭一个月回收再利用的废品总量。

“准备好去转转了吗？”艾伦问我，他的脸上带着孩子般的光芒。废品管理公司负责发展和商品销售（销售废品制品的部门）的副总裁马特·科茨和林恩·布朗随行。他们两个人经常出入工厂，还亲自参与了工厂的规划工作，可对于再次参观的提议，我没有感觉到他们有丝毫的不情愿。

我们四个人走到外面，绕过工厂大楼，走进了一个封闭收货区，一辆卡车正在那里把回收回来的废品倒在混凝土地面上。倾倒单流循环再用废品时，相比哐啷声，更常听到的是嘶嘶声，这在很大程度上是因为其中七成都是废纸：废弃的信件、报纸和办公用纸。一辆前端装载机开了过来，而大部分人都是习惯看到这样的机器在建筑工地里挖土。装载机将前臂伸进这些饱含善意的废品中，举起，然后倒进一个设备里，据艾伦说，这个设备会以平稳且均匀的速度把这些东西送到传送带上。“这一环很重要，”艾伦说，“关系到你即将看到的其他环节能否正常且持续地运转。”

我们走进了那个我从楼上看到的超大型车间里，我发誓，我脑海里闪现的第一个画面就是威利·旺卡（电影《查理与巧克力工厂》中的角色。——编者注）的巧克力工厂：废品传送带急速向上行进，把废品送进旋转的星形机器中，这个机器抛掷废品的方式我只能用“有趣”这个词来形容，就像是爆米花在煎锅里蹦跳一样。有些废品被继续运走，有些则掉了下去。我不仅看到洗涤剂和洗发水的瓶子以超过每秒122米（艾伦请我不要透露真实速度，因为这是商业机密）的速度急速行进，还看到奶瓶从未知的几个点掉到了一个巨大的笼状物里。我忽然想到那句台词，“孩子们一定会喜欢这个地方”，然后把这句话对他大声说了出来，可他没有任何反应，或许因为这是明摆着的事情，或许因为他没听到我的话，因为我的声音已经被彻底淹没了，毕竟，机器的轰鸣声、废纸的嘶嘶声，以及玻璃、铝和塑料废品撞击时发出的咚咚声是这样嘈杂。

走上一道楼梯，来到了艾伦口中的“预分类区”。这里有两个工人站在一条快速运转的传送带边，而带子传送的都是刚刚运到、尚未分类且需要进行循环再用的“可循环再用之物”！其中一个工人伸出手，从一堆乱七八糟的东西中抓住一个棕色塑料袋，然后，这个塑料袋飞快地消失了，原来是被正上方的一个大真空管吸了进去，太像威利·旺卡的工厂了。随后他开始重复刚才的工作。“并非每个人都能忍受这份工作，”艾伦靠过来，冲着那条快速传送乱糟糟废品的带子点点头说，“有些人被搞得头晕目眩，呕吐不止。”

然而，我对此并不感兴趣：“那些塑料袋呢？”

“塑料袋是最麻烦的东西。”艾伦冲我大声喊道，“它们会把轮轴缠住，我们得花费数小时才能把它们拉下来。”

我在心里告诉自己：绝不再用塑料袋盛放我那些用过的啤酒罐。“你们仍旧能再利用那些塑料袋？”

“当然！”

其中一个分类工人抓住了一个东西——速度太快了，我没看清——然后将之扔进了一个方形斜槽里，可这个斜槽通向何处呢？据我所知，有可能通往地球另一边（中国？）。“另一个工作环节是挑拣出大块塑料和垃圾。”他指了指远处那些我刚才在底下看到的旋转着的星形机器。最终我没来得及问问那个斜槽连接着什么地方。

传送带进入星形机器后，报纸在星形机器顶端弹跳起来，很像一层泡沫，仿佛翻腾海浪里的泛白的海水。那些星形机器采用特种塑料制成，十分耐用，中间设有间隔，这样一来，塑料、玻璃和铝制品就会掉到另一条传送带上。与此同时，报纸则跳跃着跨过星形机器，出现在另一端，从而实现了分类。下面那些从星形机器中掉下去的材料（含有更多的废纸）被传送进了另外几台星形机器中，这些星形机器之间的间隔较窄，可以过滤出更多较小的废纸，而塑料、玻璃和铝罐则继续向下掉落。这很像瀑布，每一个环节的角度都比下一个环节更加倾斜，每一个环节都可以分离出废纸和塑料。对于清理65%～70%都是报纸、办公用纸和邮寄宣传品的废品而言，这是一个关键步骤，也许还是最关键的步骤。

下方有一个装置可发出电流，阻挡金属物，毫不夸张地说，铝罐就是从这个设备中喷涌而出的。在我看来，这有点像铝罐要从废纸和塑料的洪流中跳出来自杀，结果却掉进了一个笼状物里，它们在那里汇聚在一起，等待被再次熔化。同时，得益于玻璃比废纸重这一明显特点，经过了几个环节后，玻璃便被分离了出来。这样想象一下：如果把一个啤酒瓶放在一堆报纸优惠券边上，用吹风机对准它们猛吹，最后剩下的，可能只有啤酒瓶。这与废品管理公司用来分离这两种物质的物理原理大致近似。

必须承认，我对此真的很感兴趣，这时候，一直在嘎啦嘎啦行进的传送带突然“吱呀”一声，全部停了下来。我转头看着艾伦：“怎么了？”

“大概是有东西卡住了，”他挥挥手说，由此可见这种情况已经司空见惯，“这东西可能很大。所以所有机器都停了。”

等着机器重新运转时，我伏在栏杆上，这才意识到我现在的位置大概有六米高，而且我们才刚刚开始参观这个庞然大物。艾伦告诉我，废品从头到尾在这些机器上过一遍大约需要十二分钟。我看到下面有一辆铲车拖着一大捆足有成千上万张像是邮寄宣传品的东西快速驶过。这捆东西将被放进集装箱里，随后很可能会被运往中国制造成新纸。

机器突然又开始呼啸起来，传送带动了，那个巨大的循环再用机械慢慢转动起来，先是远处一条传送带开动，然后是星状过滤器，接着是振动台，天知道后面一个接一个运转起来的机器叫什么名字。“不能同时开启所有机器，”艾伦解释道，“很复杂，所以得分阶段开启。”如果我感觉没错的话，只过了十五秒钟，那些传送带就又动了起来。

我们又上了几级台阶，来到了设备的更高处，废纸早已被分离了出来，所以这里已经看不到废纸了。现在这里分类的是不同种类的塑料。“这是工人们最喜欢的。”艾伦冲一个悬挂在很多瓶子上方的黄色设备抬抬下巴。该设备装有两百个传感器，其发出的红外线光照射在下方经过的废品上。比方说，红外线光照在红色汰渍清洗剂瓶子上，没有反应；照在白色美汁源橙汁瓶子上，仍然没有反应。可如果在嗖嗖经过的废品中，红外线光照到了透明的可口可乐瓶子，电脑就会准确地自动记录下这个瓶子在具有精确计时功能的传送带上的位置。

“听到了吗？”艾伦带着顽皮的笑容大声问道。

在一片喧闹声中，我听到一声很不寻常且非常尖厉的压缩空气的爆裂声。在距离传感器几米远的地方，一个阿夸菲纳水瓶摇摇晃晃地向后被运到了另一条传送带上，仿佛被击毙了一样，它后面是一个可乐瓶子，同样也像是被击毙了似的。电脑十分清楚这些瓶子的位置，以及它们到达气枪处所需要的时间。现在我可以看到气枪喷嘴，这些小小的针尖可把空瓶子刺破。这样的发射速度，让我似乎有置身于密集枪炮射程范围内的感觉。砰砰，两个瓶子爆了。砰砰砰，又有三个瓶子爆裂。据艾伦说，这个带传感器和气枪的设备可代替六到十个分类工人，这些工人和机器不一样，看到塑料在下方旋转，他们会累，会呕吐。

然而，这些红外线传感器因为本身复杂精密的特性而具有局限性。据艾伦说，其中一个局限便是“它们无法从带颜色的聚乙烯瓶中辨识出白色聚乙烯瓶”。用外行的话来说，这就是区分红色汰渍清洗剂瓶和白色美汁源橙汁瓶子的过程，但无须担心：“我们拥有最精密的设备——人。”果然，三个人站在一条传送带边，抓起白色瓶子，然后扔到下面的斜槽里。人类的“分类”极限是每分钟四十五次左右，这个成绩还不赖，可一排气枪和传感器能做到每分钟数百次，二者没有可比性。由于尚未研发出分类这类塑料的技术，所以目前只能由人工完成。

然而，尽管艾伦开玩笑把人比作机器，他却一直非常尊重厂里分类工人所做的工作。如同一直以来我所认识的废品回收业的创业者，他与分类工人有感情共鸣。毕竟，他们都是分类他人废品行业中的一分子。“我会为这些人挡子弹，这些工作非常棒……”他犹豫了片刻，随后激动起来，“在人们眼里，这些工作的收入即便不是最微薄的，也是非常低的，所以人员流动率肯定非常高。可是，我这里的员工有的做了十年、十五年，还有的一干就是二十年。”

这或许不是收入最高的工作，或许不是那种你的孩子愿意向小伙伴们炫耀的刺激工作。可如果你寻找的是一份稳定工作，有养老金可拿，而且几乎从未有过裁员，那么，再也没有比从事美国废品回收业更长久的工作了。在休斯敦这样一个尝尽了经济起伏滋味的城市，这样一份稳定工作可并不仅仅意味着能拿到薪水。“我的老板，”艾伦再次灿烂地笑了，“也就是废品管理公司本区域的负责人，之所以会从事这一行，是因为他的父亲是做石油的，看着父亲在那一行起起伏伏，因而他下定决心，‘我要找一个永远都很稳定的行业’。”

在远离休斯敦的丹佛、密尔沃基、波士顿和芝加哥的办公室中，有三十五位男女职员每天都来此上班，他们的工作就是为休斯敦和废品管理公司数十个遍布北美的其他回收厂分类过的可循环再用的废品找到一个家。对他们来说，一捆可循环再用的清洗剂瓶子与最初制造它们所使用的一桶桶石油同样具有经济价值。他们所做的不是一份富有情感的工作，也称不上特别绿色或具有环保意识。说白了，他们的工作就是把废品卖个高价。举例来说，如果中国阜阳的一家工厂出高价买下那些塑料瓶，那么那些塑料瓶很可能就会被运至阜阳；如果一家美国制造商更需要它们——这很有可能，而且愿意花钱来证明这一点，那么塑料瓶就会留在美国。这只是生意，能对其产生影响的只有海运成本，以及美国和废品管理公司希望的出口国的法律法规。

曾经陪同我和艾伦参观休斯敦回收厂的负责发展和商品销售的副总裁马特是市场营销方面的负责人，我们来到高处的一个房间内，在这里，一捆捆曾经的可循环再用废品、现在的合格商品高高地堆在一起，足有五米高。“看看这些铝罐，”马特指着一捆闪闪发亮的东西对我说，“送到这里的废品不计其数，这只是其中的一小部分，却在这个工厂的总产值中占一大部分。”换句话说：每千克废报纸价值两三美分；而在北美市场上，每千克铝罐则价值约一美元。现在想象一下吧，你拥有数吨这种铝罐，得到它们的成本却非常低：这就是废金属收购商和废品回收商的获利之道。

我回头看了看主厂房，只见一辆铲车正拖着一捆废报纸离开，随后我把注意力放回到这个库房。我注意到，在一堆堆塑料清洗剂瓶子中间，有几捆看上去像是废品管理公司的大塑料回收桶和轮胎等东西。

“我没看错吧？”

艾伦笑了：“司机把回收桶里的东西倒进卡车，有时候就会失手把桶掉在车里。这种情况时有发生。”

我走近其中一堆。这些回收桶看上去很新，但事实却是它们都被压扁了，和同样被压扁的桶、洗衣篮和很多奶瓶捆绑在一起，仿佛处在一堆蛤壳化石中的恐龙骨骼化石。这使我想起了一件事：2008年，包括强纳森·法兰森在内的旧金山的几位作家举行了一场募捐活动，他们买了276个回收桶，作为礼物送给了休斯敦那些没有循环再用意识的乡巴佬。虽然这么做有那么点恩赐的态度，但绝对是善意之举，可我非常肯定，如果此刻我眼前所见有代表性的话，那么那些回收箱很久以前就已经被压扁运去了中国，并且制造成洗衣篮卖给了上海那些日趋重要的中产阶级。在全球废品回收业中，实用性和利润几乎总比好意重要得多，不论这份好意中是否夹杂着盛气凌人的气焰。

“不把它们挑选出来吗？”

“不值得这么做，”艾伦答道，“它们在被运送到此处的过程中就已经破损了。所以不值得关闭机器，把它们挑出来，再送回居民区。”

在废品管理公司不断发展壮大的兵工厂中有三十六条单流废品分拣线，休斯敦的这条则是由最新和最先进设备组成的分拣线之一。也就是说，这十之八九也是世界上最先进的家庭废品分拣线之一。休斯敦这条分拣线具有强大的功能，却也存在一项缺陷，那便是太过静态，而这一点非常重要。一定要改进这一缺陷：休斯敦人的消费习惯在不断变化，因此废品也在不停地变化。这条单流废品分拣线也应该随之不断改进。

现在这条分拣线的设计和调整功能是分拣约七成都是报纸、杂志和邮寄宣传品之类的单流废品。可情况发生了变化：越来越多的休斯敦人都选择用电子阅读器看报纸。很多有力的统计数字均可说明这一改变确有其事，根据亚特兰大废纸循环再用咨询公司摩尔联合咨询公司提供的数据：2002年，美国人循环再用了1049.2万吨报纸；2011年，他们循环再用的报纸数量为661.5

万吨。这一变化导致的直接结果便是，邮寄宣传品在可循环再用废品中的比例增加了。从机械分拣线的角度来说，这可以说是一个巨大的转变：邮寄宣传品比报纸分量轻，价值低。等到报纸在废品中所占总体比例再降低五个百分点，艾伦和废品管理公司的工程师们就不得不对机器稍作调整了，或许是再增加一两个星状过滤器，或许是改变几条传送带的速度，以便可以赶上时代的步伐。

“我喜欢将这一行比作煲汤，”艾伦告诉我，“可以在汤里放一点辣椒、一点大蒜，但一锅汤里不能只有辣椒和大蒜。煲汤是一个需要持续融合的过程，真算是一种手艺。”“这一行”分类的对象是美国人扔掉的东西，如果美国人懒得亲自分类，艾伦和废品管理公司的工程师们则乐于耗资数百万美元研发技术，为他们做分类工作。“我们爱这一行的这个特点，因为我们中大多数人都有注意力缺乏症，并且需要这一行不断发展，”他告诉我，“如果这一行停滞不前，你肯定会觉得无聊。”

碰巧的是，中国对报纸的需求量也在不断增加，对宣传印刷品亦是如此。可你在中国找不到像艾伦这样“煲汤”的人，在印度、肯尼亚、越南和约旦，同样也找不到这样的人。原因在于，这个世界的大部分地方依旧非常贫穷，因此找不到理由雇佣工人去做艾伦凭借星状过滤器及气枪所做的事：分类，收获可循环再用之物。同样地，如果一个地方十分贫困，没有合适的理由建立艾伦那样的分类厂，那么很有可能的是，这里也产生不出足够的可循环再用之物来为投资建立这样一个工厂提供正当的理由。

想想看，我住了九年的上海高层建筑庭院中，每天晚上都会发生的情况：午夜刚过，你可能会听到瓶子弹跳着从水泥地面上翻滚而过时发出的当啷声。如果倒退回去寻找瓶子的来源，你将会来到一个比单车车库大不了多少的水泥小屋，那里堆满了气味“芬芳”的垃圾，而且垃圾已经溢出了一两米远，落到了狭窄的柏油路上。这些垃圾看起来与美国的垃圾不同：很少有盒子、铝罐、瓶子，或任何坚硬到可以装东西的物体。大部是垃圾都是食物残渣——皮、壳和骨头。

走近一点，你或许会看到在那些已经外溢的垃圾堆上面，有两三个弯腰驼背的影子，肩膀上挂着摇摇晃晃的帆布包，正用赤裸的双手在垃圾堆里翻找金属罐、塑料瓶，或者更好的东西——被别人丢掉的硬币。他们并不是上海人，骄傲的上海人永远不会被人看到去翻邻居家的垃圾箱，即便午夜时分也是如此，这些人往往是外地人，来自欠发达省份中的农村，很穷，正在尽全力地讨得最好的生活。我有充分的证据相信，为了得到特许进去翻垃圾，他们会给我所在公寓的前台接待员一点好处，并且要保证天亮时把一切都收拾整齐。这两项要求都得到了毫无怨言的执行，后者尤为不存在任何问题：要想过上像样的生活，以此类提拣原材料工作为生的家庭需要在夜里去好几个小区翻捡垃圾。他们需要量的累积。

中国并不缺少给这些移民家庭翻找的垃圾。事实上，在2008年左右，中国产生的垃圾要比过度浪费的美国还要多，每年约3亿吨，而美国只有大约2.5亿吨。然而，如果按照人均来看，美国是中国四五倍（美国人更有钱）。举例来说，美国每人每年消耗296千克纸，在中国是45千克，而印度的人均耗纸量只有8.5千克，低到令人难以想象。即便考虑到这两个发展中国家的人口相对较多，从而导致总耗纸量相对较高，可正是因为较低的人均消耗量，这些国家中的家庭和收废品的小贩在分类可循环再用的废品时才省事得多。

如果你关心资源保护，就会觉得这种趋势十分不利。中国消费者正陆陆续续地加入全球中产阶级行列，逐渐适应随着这一地位而产生的消费习惯。举例来说，在2000至2008年这一段中国历史性经济增长时期，中国的预包装食物产业增长了10.8%。从购买生鲜食物到购买装在塑料、铝罐和玻璃容器的食物，这一转变对午夜时分我所居住的公寓楼后面发生的事情产生了深远影响，对每一天中国的垃圾填埋地亦同样影响重大。

目前也有好消息，中国很少会把可循环再用的废品送进垃圾填埋地或垃圾焚化炉中。半夜三更捡垃圾的人家只是这个有利可图的捡垃圾过程中最后一个分拣环节，如果你一整夜在我所居住的大楼外面等着，就会看到，天刚亮，捡垃圾过程的第一个环节就在门口开始了。一个矮胖敦实的女性从街道对面走过来，看上去年岁稍大，实际上却只有三十多岁，挎着一个装满零钱的腰包，还拿着一个小手秤。如果中国有人能和艾伦相提并论，管理着一个从垃圾中收获可循环再用废品的体系，那么她就是这个人。她的目标是一堆用麻绳系着的纸板，以及一个及腰高、可在市场里看到的秤。她把那个大秤拉出来，这时候公寓楼里起得很早的老太太们就会蹒跚地走下楼，她们有时提着一些塑料瓶，有时是一两个小纸盒，还有时拿着一个装有铝罐的小塑料袋。塑料瓶和铝罐分别计价；而纸盒则被钩在手秤的一个小钩子上称量。这些东西价值几角钱，而这些早起的老太太就会带着这些钱去菜市场买一天所需的蔬菜。

天色渐亮，路上的车多了起来，这个收废品的女人和她身材瘦小的丈夫会合在一起。接下来由丈夫来负责收购普通楼房里的废品，而妻子则冒险走进了我所居住的公寓楼，在警卫室的传唤下到楼里收购废品：有人买了台新电视，想处理掉装电视机的大纸箱；还有人积攒了好几个星期的废报纸，因为配偶不厌其烦，一直在催促，所以现在想卖掉。整个早晨，她乘着电梯上上下下，按照市场价格，支付几角钱买下所有可回收再用的废品。然后她会把这些东西搬到楼下，分类码放。

在她忙活的时候，骑着三轮车的人就来了。有些人是来收废报纸的，有的则是想买那些铝罐。不管他们所需何物，他们付给她的钱都比她付给公寓楼住户的钱要多，然后他们把收到的废品捆在三轮车上，骑着离开，赶在天黑前把收来的废品卖给一家小型废品回收厂，这家工厂拥有仓库，并不是那种街角生意。不过他们的生意经都是一样的：低价买，高价卖。在这家小型废品回收厂里，这些蹬三轮车的废品回收者会碰到其他同行，他们每个人都有一辆样子差不多的中型三轮车，上面装满了等待出售的废品，稍后，这些废品将被捆扎成较大的捆垛，卖给纸厂、铝冶炼厂和其他需要原材料的制造厂。

尚无可靠的统计资料显示中国有多少家庭废品得到了循环再利用，因为中国很多地区都是乡村，且经济欠发达，收集这样的统计资料即便不能说不可能，代价也是极其昂贵。可有件事得到了从政府官员到午夜拾荒者在内的所有人的认同：在中国那些被送到垃圾填埋地里的垃圾中，很少还有可回收再用之物。休斯敦和旧金山要是也能这样就好了。

然而，上海并不会为居民提供回收桶；当地并没有像休斯敦材料回收厂这种投资上千万美元的回收厂；亦没有红外线传感器，以及气枪，去射击快速运转的传送带上的塑料瓶子。然而，这里有成千上万的小生意人，他们从数百万居民手中收购纸板、废报纸和铝罐，并以此为生，这些居民绝不会分文不取便把那些可循环再用的废品拱手送人。剩下的可循环再用之物则被午夜拾荒者全部搜走。在中国的各个城市，无须用单流机制来提升废品循环再用率，因为说到底，我的中国邻居们拥有一个大部分美国人都没有的特质：他们认为，“废品循环再用”不仅仅是美德，还可以换回金钱。

第二章
翻掘黄金

不仅中国人知道废品循环再用除了有关道德，还带来利益。世界上最大的废品回收业，也就是美国的废品回收业，亦是在自我获利动机的驱使下诞生的，一个多世纪以来，这一行业一直在繁荣发展，进行着废品循环再用工作，从未引人注意，直到20世纪60年代，一场新兴的美国环保运动才重塑了这个行业的新形象。

环保主义者无论过去还是现在都有非常在理的主张。资源稀缺是一个严峻的问题，随着中国、印度和巴西等发展中国家通过各种方式开始享受美国式中产阶级的消费方式，这个问题也就越来越重要。除非月球和其他地球以外的天体上的采矿业能取得巨大进步，那么次佳选择就是重复利用现有资源。

然而，重复利用和循环再用向来不是一件容易事。这不仅要求心灵手巧，还要求有创业精神。近来，这些特质常见于亚洲的发展中国家，在这些地方，消费量正在急剧增加，由此产生的可循环再用废品也在快速增加。根据我的经验，对于想方设法从日益增长的回收业市场中获利的亚洲人来说，拯救地球并不是他们的主要目标。不过这并不是新鲜事：在美国，企业家们也不是在慈善动机的激励下开创出全球回收业的。

现如今，美国废品回收业的业界巨头占据着董事会的会议室和宝马豪车。可他们掌管的生意并非始于董事会的会议室。相反，这些生意是靠着背包、小货车，或许还有一两个互不连接的后院才逐渐发展起来。经过了数年的发展，他们已经发展壮大，组成了股份公司，或者说被收购，并入了股份公司。然而，无论如何，增长的驱策力都是相同的：有人缺乏某种资源，其他既心灵手巧又具有创业精神的人则拥有创意，提供前者所需的资源。

伦纳德·弗里茨坐在办公室里，他可谓一个奇观：那一头几乎全白的头发向后梳成大背头，早晨10点左右的阳光穿透窗户照射在他的头发上熠熠生辉。他身着一条白色便裤、一件白色短袖衬衫，里面套一件白色T恤衫，身上带颜色的东西只有脖子上的一条金链子，以及脸上一副琥珀色的大太阳镜。因为工作和年龄的关系，他长脸上的五官早已经软化，变得十分慈祥。他称不上大块头，却有宽阔的肩膀，不难想象曾经支撑双肩的一定是一具钢铁般的身躯。握手的时候，我注意到他的手很有力，而且因为工作关系还留下了很多伤疤。

他身后的窗外有一座废弃钢厂的构架黑乎乎地矗立在地平线上。这家工厂曾是当时十分繁荣的底特律汽车工业的一个供应商，他回想起了年轻时在那里打杂工的日子，整天翻找废品堆，寻找被钢厂认可的废品碎片。已是八十高龄的他大部分工作时间都是在这栋二层建筑的二楼办公室里度过的，这栋建筑曾经属于另一家钢厂，现在则属于这家他在大约九岁时就创立起来的企业。他的企业取得了非凡成就：2007年是美国工业废品回收业史上发展势头最强劲，也是最有利可图的一年，这一年，他创办的休伦谷联合钢铁公司收购了超过5亿千克可供循环再用的废旧钢料。2011年，该公司的加工量为3.5亿千克。世界上很少有回收厂能达到如此规模。

“我出生于1922年10月12日，”他飞快地说着，还有点口吃，“和哥伦布的生日是同一天。当时正是经济萧条时期。”他告诉我，他的母亲是收售旧布的，她把家用和工业用的二手旧布分成洗涤可再用的废布和扯碎后可用于造纸业的旧布。在20世纪前半叶，旧布业发展得十分繁荣，甚至拥有行业期刊，而且对没有其他技能的人来说，这也是他们最后的选择。现而今，除了经历过的人，那些岁月早已被人们遗忘了。“每星期赚2美元，”伦纳德回忆道，“每小时赚五六美分。”

循环再用在当时并没有特别之处。事实上，recycling（循环再用）这个单词被创造出来的时间并不长。根据《牛津英语辞典》所载，这个词最早出现于20世纪20年代，当时石油公司需要一个单词来描述他们把原油送进精炼装置以减少杂质的过程。这也是一种循环再用，却绝非这个词当今所代表的含义。又过了半个世纪，这个代表石油循环提炼的词则演变成了一种具有公德心行为的同义词：积攒废旧报纸和铝罐，把它们进行再加工，生产出新产品。

我们把这种行为称为循环再用，伦纳德和他的家人则称之为“翻掘”。在你没本事做其他工作的时候，这是你唯一的选择。九岁的伦纳德很想要一件新校服，于是在1931年的夏天，他去工作了，也就是在底特律郊外的垃圾场中“翻掘”。他特别向我强调，那可不是“贵族”垃圾场，而是为穷人准备的垃圾场。

“垃圾堆边上的情形宛如流浪汉村，”他解释道，“旧沥青纸搭成的棚屋，50加仑的圆桶式锅，诸如此类。那里没有别的孩子……”垃圾场本身就设在一个深坑里，上面有岩架，运垃圾的卡车就把车上的垃圾从那里翻倒下去。如伦纳德所说，卡车一到，包括流浪汉和九岁大的他在内的所有人全都聚拢过来，随时准备扑过去抓住所有可以再出售的东西。12个瓶子可以卖3美分，不过伦纳德清楚地回忆道，真正值钱的是一种罗马清洁剂的瓶子，一个就能卖5美分。“在那里，人们会为了这样的瓶子大打出手。”伦纳德叹了口气。他口中的那些流浪汉会拿着没有墩布头的墩布把出现在垃圾场。原本用来钩住墩布头的挂钩裸露在外，变成了武器，可以钩住人的手，“他们才不在乎你的年纪、你的身份。这是真真正正的血腥金钱”。

再也没有人会去翻掘美国的垃圾场了（人们现在会把瓶子分类好，扔进蓝色和绿色的回收桶）。可在伦纳德年轻时，人们确实会这样做，发展中国家的人们也依旧在这么做。我在印度、巴西、中国和约旦都见过伦纳德所说的那种垃圾场，里面星星点点地分布着一些穷人，一般都是母亲和小孩，他们真的会为了生计而打架。最著名的垃圾场自然是在孟买，《贫民窟的百万富翁》这部电影已经惟妙惟肖地演绎了那里。在电影里，孤儿翻掘垃圾，寻找可循环再用的废品，换回食物。我就曾见过伦纳德所说的打架的情形，只是打架的双方是孩子。成年人往往会分开翻掘垃圾，而大多数情况下所有人翻掘垃圾都是为了维持生计。

1931年，伦纳德为了新校服和一个渐渐清晰的未来而去翻掘垃圾。通过这种方式，他比在那个垃圾场谋生的大部分人赚得都多，到了夏末，他赚到了12.45美元。“那个时候，对一个小孩子的暑期工作而言，这可是相当丰厚的一笔报酬啊。”

那么，一个人是怎么从翻掘垃圾转而经营起了废品回收生意呢？人们若有其他更好的选择，一般不会把时间浪费在分类他人的垃圾上。美国废品回收业史学家卡尔·齐姆林指出，这是外地人才会干的职业。他的经典作品

《垃圾换现金》(*Cash for Your Trash*)一书认为，19世纪的废品回收业是一个门槛很低的行业。“从事废品回收业，只需很小一点投资即可。这种工作肮脏、危险，而且地位低下，有其他工作可干的本地人很少会选择这一行，即便只是暂时的也不愿意。启动成本低，没有根基比较稳固的本地人的竞争，使得移民有可能在这一行获得立足点。”

齐姆林利用美国人口普查数据推测，1880年，美国废品回收业超过七成的从业人员都是欧洲人，大多来自爱尔兰、波兰和德国。在这些人中，绝大多数都是东欧犹太移民，之所以会从事这一行，除了齐姆林列出的原因外，还因为反犹太主义，这些移民被挡在了其他行业之外。许多人选择在包括纽约在内的东岸城市定居。事实上，根据一项调查显示，1900年，居住在纽约的犹太人中有24.5%活跃在废品回收业。我的曾祖父亚当·莱德于20世纪初才从俄国来到了得克萨斯州的加尔维斯顿市，可他的经历与齐姆林描述的19世纪末在东海岸从事废品回收的犹太先辈们的命运如出一辙。在臭名昭著的反犹太城市明尼阿波里斯，因为教育和种族划分的限制，外曾祖父根本无法从事其他职业，于是，他开始收集那些被早已扎根下来的当地人扔出家门的东西。这是一份非常值得付出努力的工作：我的祖母，也就是亚当的五个孩子中的老二，很喜欢回忆一件事：他们能有钱给大哥莫特举行成人礼，得益于她和几个兄弟姐妹付出的劳动：把铁从废旧铜管里“清理”出来。“那是父亲的银行，”她带着得意的笑容这样告诉我，“我们坐在地下室的台阶上清理那家银行。”

齐姆林对19世纪美国废品回收业从业条件的描述，对我的祖母、外曾祖父以及伦纳德来说肯定十分熟悉：“废品回收总是与肮脏密不可分，因此有其他工作可做的本地人都不愿从事这一行，识别和收集可用的废品并非一项简单或快乐的工作。成功收集废品，需要分类整理一堆堆垃圾，并且有能力辨别出具有价值的废品。这项工作需要在很不舒服的环境中付出体力劳动，如在城市的垃圾场、工厂的废料堆，以及其他被认为是不健康和不卫生的环境。”

齐姆林采用过去时创作了关于美国废品回收业发展史的书，可他真该谈谈21世纪的中国和中国数百万收废品的小贩，他们在大城市里骑着速度十分缓慢的大三轮车，从事着这份工作。在外行人看来，他们肯定毫无组织可言，而且分布随意。然而，如果你能像我在2011年9月末所做的那样，在北京随便一条街道上找一个小贩打听一下，便会了解到更多的内幕："做收垃圾生意的都是四川人。"一个身着格子羊毛夹克、一脸皱纹的人停下三轮车，坐在车座上这么告诉我。四川距离北京1600千米，存在很多亚文化群，有自己的方言和饮食，从四川来北京的务工人员很多，而像我那位从俄国来明尼阿波里斯市的曾祖父一样的移民也很多，二者的数量不相上下。"做废品回收生意的小贩都来自河南，"这个收废品的小贩又说，"那些买下所有我们收来东西的商人都是河北的。"

和我在一起的是北京一家非营利性环保组织"达尔文自然求知社"的年轻研究员陈丽雯（音译），她大部分时间都在想方设法提高北京人的环保意识。"北京人怎么样？他们对废品循环再用感兴趣吗？"

小贩看了一眼大街和一个正盯着他的警察说道："没兴趣，年轻人对这种工作不感兴趣。他们只对大事感兴趣。"

别过小贩，我对丽雯讲起了我的一个朋友，他是湖南人，据他讲，他小时候不喜欢做作业，为此，他的父母便感觉受到了很大的威胁："你长大以后要当个收破烂的吗？"

丽雯摇摇头："有些拾荒者赚了大钱。比那些好好做作业的人强多了。"

不消说，伦纳德肯定不爱做作业。他虽缺少书本上的智慧，却收获了更多垃圾场带给他的智慧。

在刚开始聊天的时候，他说起了1931年12月12日那一天，那是个周六，犹太历新年哈罗什·桑纳节的第一天。之所以清楚地记得那一天，是因为有个犹太人肖蒂是那些流浪汉翻掘垃圾场可循环再用之物的大买家，可他在罗什·哈桑纳节不收东西。没有了肖蒂的现金，垃圾场那些"嗜酒如命"的流浪汉就开始不好过了。当时仅有九岁的伦纳德刚刚因为暑假去翻掘垃圾和早熟的心智赚了12.45美元这么"大"一笔钱，于是他就带着一个自从工业革命开始便驱策着旧货商的问题去找他的父亲："如果我们买了，能卖出去吗？"

父亲告诉他答案是肯定的，于是九岁的伦纳德就大干起来。“我认识特别多醉鬼，他们在那一天会把价值1美元的东西以5分镍币卖掉。”可能是意识到谈论一个九岁的孩子和一群醉鬼打交道并不太好，他又忙着岔开话题，“噢，这不是说我买的是便宜货，但我只有这么多钱。”

买下了醉汉的东西，伦纳德和他父亲利用周末把这些物品运到当地一家废品站，卖了36美元，这几乎是他们投资的三倍。“我们一辈子也没见过这么多钱，”他回忆道，“经济萧条，这成了非常诱人的生意。”他父亲立刻就让伦纳德和他的兄弟姐妹去了其他垃圾场，收购废品，再转手卖出。这并非一项可以赚大钱的生意，比如说，他们家连室内抽水马桶都没有，可伦纳德回忆说他们非常幸运，是穷人堆里最有钱的。

到了1938年，伦纳德便不再和那些流浪汉一起翻掘城市里的垃圾场了。他去了钢厂的废料堆，有时是他一个人干活儿，有时候是和他父亲雇来的几个人一起。就这样，此时他不再寻找瓶子、铝罐和骨制品，转而寻找起了炼钢过程中产生的残余物，这些东西的数量很多。这一步无疑非常明智。对于这个有抱负的拾荒者来说，钢厂的废料堆才能帮助他建立属于他的生意王国，城市里的垃圾场可做不到这一点。当时和现在一样，制造企业和其他大型公司扔掉的废品可比家庭废品要多很多。而且和家庭废品不一样，在将之捡走之前，这些金属已经都按照等级和种类分类好了。无须坐在地下室的台阶上，像祖母和她的兄弟姐妹在哥哥莫特的成人礼前所做的那样。把众所周知的铁和铜分开，有一点更加有利，一个家庭一个星期才会扔掉0.5千克铝废料，而一家工厂一分钟可能就会扔掉这么多。因此，这个聪明、资本不多的拾荒者没有挨家挨户寻找500千克铝质废品，然后卖给再熔厂，而是一直在寻找一家可以一次性给他这么多废品的工厂，即便必须为此付出代价。

然而，正如伦纳德很快就将学到的，一个有抱负的拾荒者从垃圾堆或其他地方的谋生能力与别人愿不愿意买他从垃圾堆里挖出来的东西成正比（这一点众所周知，可以说是一个真理）。在伦纳德开始干的时候，钢厂里有垃圾堆，垃圾和炼钢残渣都会被扔进去。后者之中主要包括沙粒、砖块和炼钢过程中掉落的钢铁碎片。在这些钢铁碎片中，数量最多的是热钢在冷却过程中其表面所形成的一种薄片。

在1938年的时候，这些被称为“轧屑”的薄片毫无用处，既无法将之熔解成新钢，也确实没有其他用途。随着时间的推移，这种情况发生了变化：现在，轧屑既可以和混凝土混合，也可以用来制造合金和新钢铁。

可在1938年根本不存在这样的技术，于是，由于没有用处，各个钢厂都把轧屑扔进垃圾填埋地。然而，伦纳德很走运，一些废品站会廉价收购这种东西，用来和其他废品混合在一起。这个市场没有巨大的潜力，也带不来巨额利润，且乏人竞争，只要有一两个人像伦纳德那样苦干，肯定有薄利可图，而且不必担心其他翻掘者削价竞争。

然而，向废品站提供轧屑却是非常辛苦的体力劳动，所用工具不过是一把铁铲和几个筛子。据伦纳德描述，过程很简单：铲起一铁铲轧屑、泥土和砖块的混合物投进筛子里，然后摇晃筛子。剩下来的是理论上具有一半价值的轧屑。这种工作会让一个男孩子成长为男人，而年近九旬的伦纳德满怀激情地回顾着那段时光：“十五岁的时候，我的样子可和现在坐在这里的样子不一样。我当时的体重有85千克，身高1.73米左右，腰围2.2尺，壮得像头牛！”

我别转目光，看到伦纳德右边的架子上几乎空无一物，只有一些小摆设和一小幅耶稣画像，上面写着：“我就是道路（I am the way）。”他办公桌上的摆设和那些架子不一样：上面只有一部电话、一碗糖果和一盏带有绿色玻璃罩的小灯。我突然想到，如果可以，他肯定会把采访地点选在垃圾场，而不是这里。撇开那条信仰宣言不谈，这个空荡荡的空间与伦纳德之间的联系似乎并不大。

1917年11月24日，《科学美国人》（*Scientific American*）杂志出版了第2186期副刊，在328页上有一篇短文，名为《垃圾是美国最富有的战时新娘：惊人浪费衍生的结果》（*Junk Is America's Richest War Bride: The Result of Amazing wastefulness*）。这篇文章刊载时正赶上美国介入第一次世界大战，主要原材料在战争期间都处于短缺状态，当时一些受过教育的读者看了这篇文章后，惊讶地了解到一个事实：毫无疑问，那些形形色色吃苦受累的外地人通过翻找他们的垃圾发了财，还建立了同业协会，并在华尔道夫酒店举行周年晚宴，“在战争之前，美国废品商的总交易金额平均为1亿美元。最近，废弃材料经销商大会在纽约举行，会议称美国废品商现在每年的交易总额就超过10亿美元”。

在外行人看来，废金属回收业的规模和收益率总是作为惊喜存在的，如果这不算侮辱的话。在某种程度上，这与大众认知之间肯定存在着一定的关系，一般人都觉得干这一行的主要是流氓、流浪汉和小偷。这种认知往往是由阶级偏见引起的（在20世纪初的美国，这种认知还带着反犹太主义的意味），但可以肯定的是，废品回收业的企业家正是来自于较为贫穷的阶级。果不出所料，《科学美国人》杂志上那篇文章的作者詹姆斯·安德森显然与那些不是从废品站起家的阶级是一国的：“从这一行里赚得盆满钵满的废纸大王在百老汇大街上没有摩天大厦，在华尔街大楼里也看不到他们。如果你想找废纸大王的工厂，就沿着码头区一直走，找到最破烂的建筑就是了。”

十五岁的伦纳德与父亲闹翻了，然后带着3美元离开了家，但无处可去。出走后的第一天，他一整天都沿着铁轨无所事事地向南闲逛，后来，他来到了迪尔伯恩的萨德勒煤厂。伦纳德回忆道，他需要一份工作，可埃尔·萨德勒并没有工作给他做。然而，萨德勒在伦纳德身上看到了特殊品质，于是提出卖给他一辆已经开过两年的雪弗兰卡车，售价300美元，从伦纳德开始做废品生意起，每天支付1美元。“我简直不敢相信，”伦纳德回忆道，“我脑子里想的都是可以捡废品的各个地方。”他再也不用花钱雇人把他每天收集的废品送到废品站了，现在他自己就可以做到了。而且他还能运得更多，这意味着他可以卖得更多。

在伦纳德看来，拾荒者的工作就是从别人认为毫无价值的东西里找出值钱的东西，或者从垃圾中找出别人懒得亲自寻找的有价值之物。“你知道，我之前最早做过的工作，就是把章克森大街上翻倒在地的烟囱里的钢铁加固梁弄出来，”他告诉我，“我得使劲敲击巨大的烟囱，才能把横梁弄出来。过去那种大锤子，抡起来真费劲。”他当时的薪水是每天4～6美元。

在底特律的其他地方，作为该市汽车业的主要供应商，阿姆克钢厂正在试验一种新型炼钢炉。可阿姆克钢厂面临着一个代价昂贵的问题：炼钢炉预烧矿石的价格约为每吨100美元。这种新炼钢炉的设计师是一位冶金学家，也是那个钢厂董事长的女儿，经过一番计算之后，她发现，如果在矿石里加入含有轧屑的化学合成物，预烧时间就能缩短，成本就可以减少99美元，仅为1美元。可阿姆克钢厂到底要到何处去搜寻这么多的轧屑填进炼钢炉呢？不知为何，寻找轧屑的工作落到了这位冶金学家丈夫的头上，这个年轻人于1938年7月2日去了底特律附近的凯尔瑟海斯车轮锻造厂。

碰巧的是，那一天伦纳德正在这家锻造厂的停车场里忙着筛选一堆重300吨的轧屑，并可以按照每吨1.25美元的价格将之卖出去。下午3点左右，当他从那堆轧屑中抬起头来，只见那位阿姆克钢厂冶金学家的丈夫正朝他走来："他头戴霍姆堡毡帽，穿一件真正上好的骆驼毛外套。我连衬衫都没穿，你知道的，因为我正在大院里抡铁铲工作。他是哈佛大学毕业生，但当时有些摸不清门路，'年轻人，你这堆轧屑有多少？'"

"我看大约有300吨。"

"不够。"

"噢，你需要多少？"

"我要3000吨。"

伦纳德当时只有十五岁，可他已经知道了很多事，其中一件就是：底特律有一个垃圾场，而炼钢厂常年都把轧屑丢到那里。"你得把轧屑挖出来过筛，"这个戴毡帽的男人解释道，"可除此之外就不要做别的了。"如果这个人真愿意和他签下购买3000吨轧屑的合同，他就需要雇人去挖，即便按照当时每吨1.25美元这个价格，他也肯定能赚到3750美元，而且雇几个能干的帮手绝对用不了这么多钱。"我想我可以挖，但你准备出多少钱？"

那个冶金学家的丈夫犹豫了一会儿："大约每吨32美元。"

伦纳德自然有点蒙。"多少？"他大声道。

坐在企业总部这个绝佳的位置上回顾将近七十年前的往事，伦纳德因为那位冶金学家的丈夫接下来的话哈哈大笑起来："他认为我说'多少'的意思是'你在胡说八道'。"

那位冶金学家的丈夫显然没有意识到他谈判的对象在这一刻之前还相信轧屑每吨只值1.25美元，然后抬高了那个在他眼里是故意压低的价格：“好吧，36美元。”

“于是我赶紧说，‘成交！’”

轧屑市场开始重新组合。自从1938年7月2日开始，这个市场就取决于钢厂可以利用轧屑在炼钢过程中节省了多少钱；而轧屑也从几乎与垃圾别无二致的东西变成了重要的原材料。伦纳德不仅知道从何处得到轧屑，在获取这种物质的方法方面也很有经验。而正是因为方法和源头，像伦纳德这样的人才能从小贩中脱颖而出，跻身到少数创业者的行列，从而可以积累大量可循环再用材料和巨额财富。

然而，这是一项艰巨的工作，特别是对一个十五岁的少年而言，伦纳德利用预付款3600美元雇了几个朋友，还购买了一些额外的设备，包括两辆自卸卡车。借贷也无所谓；几个月之后，他十六岁生日没过多久，阿姆克钢厂交给了少年伦纳德一张18.6万美元的支票。

那是1938年。

1942年夏初，美国即将加入“二战”战圈，纽约经历了这个国家最初几次“拾垃圾热”中的一次。这股热潮的目的在于获取铝这种轻型金属，用来制造飞机。旧的坛坛罐罐是主要的收集对象，而窗框、炊具，甚至儿童玩具也在需求之列。一旦收集起来，这些铝制废品将被送到铝厂再熔化。

在传统上，旧货商是中间人，他们挨家挨户收来废金属，然后送到工厂再熔化。小型旧货商知道从何处收购旧的坛坛罐罐，市价几何，最重要的是，他们知道把废品送到再熔厂前如何做好准备工作，以及谁可以进行再熔化工作。他们拥有耐心、经验，而且因为利益驱动，他们还会按照类型和形状，把铝废料和非铝制零件分类，比如拆掉壶上固定提手的钢螺丝，否则会污染炼铝炉。祖母和她的兄弟姐妹们在她大哥的成人礼前做的就是这种工作。

平时，纽约人可以接受旧货商利用他们的废旧物品谋生。可战争期间这种态度发生了变化。在美国，外国人都是受怀疑的对象，特别是那些废品商，他们在过去三十年里通过出口废金属到世界各地发了大财，而出口国中还包括臭名昭著的轴心国。于是，包括纽约市市长法瑞罗·拉嘎迪亚在内的纽约人出于善意，自然也就不再有热情把他们的坛坛罐罐交给废品回收业。在疑心的驱使下，拉嘎迪亚要求由业余爱好者组成的社区委员会负责收购废品，并送到铝品再熔厂。在影响深远的社会史著作《废物与需求》(*Waste and Want*)一书中，历史学家苏珊·斯特拉瑟对由此产生的灾难进行了最简明扼要的叙述："(那些再熔厂)一般购买的都是经旧货商分类过的废旧铝制品，而这股热潮送来的都是整台的电冰箱和婴儿车，这些东西可能整体重23千克，所含的铝却不过只有0.06千克。"换句话说，没有了利益的驱动，没人会把那0.06千克的铝从婴儿车上分离下来，社区委员会只是送来了一堆又一堆的好意——"为了帮助打赢战争，我把我的冰箱都捐出去了呢！"——那都是些十分相似的垃圾，除了一点点价值(铝)之外，别无其他价值可言。这也就无怪乎一堆堆含铝的废品闲置在再熔厂里了。这些在绝大程度上毫无价值的慷慨赠予物的受益人，也就是再熔厂，只能雇人把上面的铝拆下来，即翻掘这些废品，把无价值的东西和有价值的金属分开。如果纽约人能听其自然，旧货商会更加有效地完成这项工作，或许成本也会更低。

毫无疑问，在"二战"期间，家庭废品处理者在把垃圾扔进收集桶里让别人去分类时感觉很惬意。事实上，现在家庭垃圾分类者把苹果手机盒扔进蓝色回收桶，然后把桶放在路边，也会感觉良好，这二者的感觉可能是一样的。可他们的行为对真正的废品回收商并没有多大帮助，这些回收商就是把那些废品转化成新物质的公司。或多或少就是因为这一点，在灾难性的1941年收铝热后，联邦政府便转而要求传统的废品收购商和拾荒者在战争期间负责收购可循环再用废品。

20世纪上半叶，废品回收业得到了快速发展，交易的废品包括旧布、报纸、金属、骨制品和其他物品。根据齐姆林提供的数据，在伦纳德的家乡底特律，废品回收业像气球一样膨胀发展：1890年有60家废品回收公司，1910年有127家，到了1920年，就发展到了296家。根据美国政府当年工商业普查的结果，截止1948年，美国已拥有3044家废旧钢铁回收公司，销售额将近17亿美元。但相比“二战”后的美国废品回收业，这可谓小巫见大巫了。“二战”后期，美国的繁荣创造出了历史上最富裕的消费者阶层，以及随之而来的垃圾。已经存在了一个世纪之久的美国废品回收业刚刚开始大展宏图。

伦纳德将卖轧屑所赚的18.6万美元，大部分都投资在了那些今后价值高昂的废品上，正是这些废品，使得美国的废品回收业发展成了当今每年至少能带来300亿美元的产业。把薪水付给他弟弟雷和两个在学校认识的孩子后，已经是有钱人的伦纳德买了三辆福特A型车。“警察自然拦住我们警告一通，他们以为我们没钱，”他说着爆发出粗哑的笑声，“他们拦下这些孩子，因为他们认为我们干了什么偷鸡摸狗的事儿。这其实算不上大事。我自己开的可是一辆全新的林肯轿车。”伦纳德给他的母亲买了一栋房子和一辆旁蒂克敞篷车。剩下的钱——那可是一大笔钱——他放在了香烟盒里，“我不相信银行。”

可是他相信他的商业意识。有了卖轧屑的钱，他买了卡车和设备，雇了员工，投标请求承包规模更大的废品。赶上生意好的几个礼拜，能赚1800美元，赶上不好的几个礼拜，收入会降低到七八百美元。那是一段很惬意的生活，可在“二战”爆发之后，他却毫不犹豫地从军了。“这让我觉得自己很像个英雄，你知道的。”在为时两个小时的采访中，他头一次找不到语言来确切解释他为何要做一件事。“那种激动——你知道的，我的身体消失了，骨骼消失了，可那种激动依然存在于我的灵魂中。”他又顿了顿，这次停顿的时间较长，“一定会有更好的机会，我们可以做不一样的事。”

在出发前往欧洲前，伦纳德把他的生意交到了家人手上。两周后，他们就把生意转手他人，卖了5000美元。回首往事，他说仅那些设备就价值2.5万美元。可他什么都做不了。在战争期间，他每星期赚52美元，并把其中一部分寄回家供养母亲。1944年，退伍归来，只留下了严重的肾结石病和乐观的态度。“我的运气好到让人无法相信。”他说着微微一笑。这是肯定的。战后美国经济开始蓬勃发展，如果底特律有一个人知道如何从别人源源不断扔掉的垃圾中生财，那这个人就是伦纳德。

美国的汽车制造了规模最大且泛滥成灾的废弃物，这也为世界所共知。伦纳德的休伦谷联合钢铁公司最终从中积累了巨额财富。可这种发展要在一二十年后才会到来。与此同时，伦纳德一直靠钢厂扔进垃圾堆中的东西赚钱。到了20世纪50年代末，伦纳德告诉我，他雇了127个人在“全国”挖垃圾。

这是一项艰难的工作，可像伦纳德这样的小规模企业家因此才可以和世界上最大的铁矿矿主竞争。毕竟，这二者的生意，即废品循环再用专家和铁矿矿主，都为相同的钢厂服务。然而，翻掘要比采矿成本低，像伦纳德一样的小型企业家才可以进入这个行业，才能做上原材料供给生意。到了20世纪50年代末，他的生意已经壮大到可以用自己的熔炉炼铁了。

第三章
蜂蜜，大麦

早晨，打开美国一个小废品站的门，要做的第一件事就是打开保险柜数钱。当然，这首先是因为你没有把钱带回家。在20世纪80、90年代，我从十几岁的少年成长为一个大学毕业生，期间一直在家里的废品站帮忙，那时我们选择把钱留在保险柜里，原因有二：首先，把3000美元放在车子行李箱里然后开车到处乱走始终不是个好主意（不过我父亲经常这样做）；其次，你永远也不知道顾客什么时候来，会不会早晨第一件事便是收购价值数千美元的废品。如果我们需要更多现金——这种情况经常出现——便会派人在上午9点银行开门时跑去取钱。

至少在我记忆中事情就是这个样子。

夏天，我的妹妹艾米会和父亲及祖母一起，坐在前台数钱。大学毕业之后我也加入了他们。可大多数时候只有父亲和祖母两个人在早上6点30分一起数钱，然后放入收银机里。你可以看到这样的画面，一个大腹便便、头顶上有一圈头发的矮个子男人在数大额钞票，一个体重45公斤、长着一双冰蓝色眼睛的瘦弱老太太在数小额钞票。然而，按照惯例，电话铃声响起，母子相处的平静被打破了，父亲就让祖母独自一人完成数钱工作，而他则去前台后面他的办公室接电话。

那间办公室里有两个特别显眼的东西：一只破烂不堪、用一截大树桩制成的挂钟，是从明尼苏达州博览会买来的；一扇巨大的窗户，可以看到前台和那里的收银机。从那里，父亲不仅可以看到祖母和她付钱的情形，还可以看到电视屏幕，画面上有存放着铝、铜、黄铜和铅等废品的金属仓库，有买卖废品的磅秤，还有堆满废金属的场院，人们把各种各样的东西送到那里，从旧汽车，到20世纪70年代流行的大型计算机，再到19世纪的大型钻床，无所不有。

他坐在那张破烂的办公椅上，看了一眼电视监控器，然后按下了电话上的一号线键。“这里是斯凯普废金属回收公司。有什么可以帮你的？”对方要卖的可以是任何废品：铝罐、棒球棒、明尼苏达大学化学实验室的铜丝网、整部汽车、只剩下一半的冰箱、镀银线，甚至一大堆浴室秤。没有令人惊讶的东西，每一件废品都有个价钱。“音叉？”他问电话线另一端的那个人，“大概每千克30美分，不过我得亲自看看。你来的时候找米基就行。”然后他挂断电话，转过身，拨开百叶窗，飞快地看了一眼窗外，不仅看到了不远处明尼阿波里斯市的天际线，还看到他的员工们开着汽车来上班了。

大约在这个时候，收银机的抽屉砰一声关上，已经准备好开始做生意了，然后祖母就会回到充满荣耀的杂物室，她说那里是她的办公室。这里值得注意的特色有很多：一台微波炉、一台冰箱，她那些符合犹太教饮食规则的热狗就放在里面，一组奇怪的黄铜雕像和勉强可算是古董的古董，父亲的员工从金属仓库里把这些古董偷了出来，藏在了似乎只有她才知道的地方，然后她又从这些员工那里把它们偷了回来。在整个办公室里，只有这个房间弥漫着为全世界的废金属收购商（和我的祖母）所熟知的废品站气味：浓得像金属，又淡得像电线。我曾在四个大洲闻到过这种气味，从泰国的小镇到芝加哥边境的仓库，莫不如是。每一次到这样的地方，每一次呼吸，都能让我想起祖母的办公室以及里面一堆堆的废金属。

在祖母做热狗的时候，父亲走出他的办公室，穿过走廊，打开金属仓库的大门，开灯，抬起闸门。电灯嗡嗡两声，散发出冰晶般寒冷的光，他就会在仓库里转一圈，在昏暗中眯缝着眼看他的存货。

要是有时间，父亲会摸摸一个纸板箱的边缘，里面装着来自圣保罗一家工厂的黄铜刨花；看看另一个纸板箱，那里盛放的是郊区一家维修厂送来的汽车散热器。前门附近总是放着很多盒子，装有黄铜“掉落物”——即工厂在锻造过程中掉落在地上的黄铜；剪掉的铝废品，即机械工用铝箔裁下小部件时掉下来的干净废品；水管工送来的一盒盒铜管、一盒盒水表；而一盒盒闪闪发光的细铜线，是国防制造商完成了激光制导炸弹订单后送来的；一个个钢桶，里面装着邻居们送过来的铝罐；很多装满了旧电脑的纸箱，是由好心的环保主义者送来的；还有很多纸箱里装满了黄铜子弹壳，是从当地一家靶场捡来的，那里很受警察和小混混的欢迎，根据我的经验，牙医也很喜欢那里；还有来自一家当地印刷商的印刷版，我家废品站的名片和信笺抬头都是找他们印刷的；一家大型航空公司要卖掉的叉子、餐刀和汤匙，父亲出价竞买并且赢得了竞价。

这里虽小，却是个相当典型的废金属库。虽然如此，凭借这家仓库买下郊区一栋房子并负担两个人的私立学校的学费（我和我妹妹）还绰绰有余。然而，在年轻的我看来，这个仓库最令人惊奇之处不是那些废品，也不是这些东西很值钱（这两点都是必不可少的），而是存货的周转速度相当快。仓库周一和周五的存货肯定不一样。对可循环再用废品的供给和需求似乎永远没有尽头。

2012年，美国废金属回收业约7000家回收厂把约1.35亿吨的可循环再用废品转化成了制造新产品的原材料。无须挖地，亦无须砍伐森林，就能得到包括铁、铜、镍、废纸、塑料和玻璃在内的约1.35亿吨可循环再用废品。同年，家庭、政府办公室和各家公司还产生了数量十分惊人的5500万吨可回收城市固体废品，也就是扔进蓝色、绿色和单流回收桶中的可循环再用废品。

废品站循环再用的废品和送到休斯敦材料回收厂这种工厂的废品之间有何区别？确实有一些废品是重叠的，可一般说来，废品站处理的是办公室和家庭在日常生活中产生不了的一切废品。你的旧汽车被送到了废品站；汽车制造商制造新发动机时掉落的金属碎屑亦如此；你房子后面的旧电表被送到了废品站（如果电力公司知道要将之卖掉的话）；房子里被替换下来的旧电线和电话线亦如此；超市后面的纸板包装箱被送到了当地废纸回收站；报纸箱里未售出的报纸亦是如此。

总而言之，根据美国废料回收工业协会提供的数据显示，2012年，购买、包装和加工从金属到橡胶等各类可循环再用废品的美国废品回收企业的雇员人数为13.8万人。但除了所有有据可查的回收商和员工，还有很多回收商和员工无据可查：既有在底特律游荡的有组织废品盗窃团伙，也有把手伸进地铁垃圾桶里寻找可乐罐的乞丐。我明白，很难把乞丐当成某个行业的从业人员，可相信我，如果乞丐不去把地铁垃圾箱里的汽水瓶拣出来，就没有人会干这事了。乞丐处于废品回收链条的最底部，而这个环节从你家的回收桶开始（乞丐可能会把你回收桶里的东西偷去卖掉，而不是让你把废品送出去），经过父亲这样的加工商和包装商，到达可把废品熔化和转化成新金属、新纸张和新塑料的工厂。

每到周末，清晨7点前出现在父亲废品站的顾客大都是水管工、电工和承包商，他们带来的都是因最近的工作而得到的废品，通常是管件、电线、墙板和窗框。他们不是乞丐，可他们亦处于美国废品回收链条上的最底层，收集的是像废品管理公司那种大公司懒得收集的废品，因为数量太少了，根本不值得费事。有时候他们带来的仅是一天产生的废品，换来的现金只能买几箱啤酒；有时，他们带来的东西足够换来一顿一流的烤肉去搭配那些啤酒。然而，废品交易往往处于这两个极端之间。比如说，会有勤杂工带来几个白色塑料桶。一个桶里装的可能是卫生间用的铜管；另一个桶里可能是旧黄铜管件，或许还有一些黄铜电连接器；最后一个桶里装的没准是各种轻型电线和一两个电表。

父亲天生擅长与来废品站装卸平台的各色人等打交道，他会带着赌徒的自信闲庭信步地走过去："是什么东西？"然后，不等对方回答，他就会抄起其中一个塑料桶，放在餐桌大小、固定在地面里的金属磅秤上。很多第一次来的顾客都很惊讶这并非电子秤，而是一个磅秤，秤砣可在长秤杆上滑上滑下。对于我父亲和大多数废品回收行业的从业者来说，这种磅秤要比仅装有数字输出系统的电子秤准确多了。我至今也不知道这是不是真的。

电工在一旁看着，父亲则在秤杆上移动平衡棍，非常快地就完成了称量，并且在清单上把重量记录下来。等父亲伸手去抓第二个桶时，一般这个时候客人都尚未想到问问当日铜管的收购价。"噢，你们现在的铜价是多少？"电工看着第二个桶被放在磅秤上，才想到开口询问。

一般都需要进行一番计算。废金属虽然是废品，可和一升升玉米、一桶桶原油和一块块金条一样都是商品。如果顾客给父亲带来的是一块固体铜锭，那么价格就很好决定了。在互联网时代之前，父亲会去翻《华尔街日报》，查看伦敦金属交易所的铜价，或纽约商业交易所金属交易区的信息，把查到的价格减去几美分作为利润，然后据此报价。接下来，他会把铜锭卖给熔化铜的工厂，或许就是附近一家用铜铸造炊事用具的铸造厂。

1千克电线可不是说买就能买的废品。毕竟，1千克电线不是1千克金属，而是1千克金属和绝缘材料的混合物。绝缘材料很轻，可得花钱雇人把绝缘材料拆下来，而且把不同种类的金属分开也需要投入很大成本。因此，购买电线的价格需要涵盖这些成本，否则对于买主而言就只能赔本赚吆喝了。像父亲这样经验丰富的废品商就算不是出于本能，凭借经验也能知道某种电线的金属回收率。如果他们没有这个本事，就会找有这种本事的人来做。而这或许折射出了废品回收业最重要的一条共识：在买废品而不是卖废品时赚钱。比如，如果你在收旧电线时认为含铜20%，而结果证明含铜量只有10%，那么只有伦敦金属交易所的铜价出现不可能出现的上涨，你才能挽回损失。无论是对于小型商贩还是大型跨国公司，这都是一条黄金定律。

无论如何，一旦废品回收商知道，或者认为他知道一堆废品中的金属含量，就会通过查阅伦敦金属交易所或纽约商业交易所的交易价（比方说铜价）来计算收购价，并从交易价中扣掉加工成本。举例来说，只用了纽约商业交易所交易铜价的两成就买到了电工收集的电线，幸运的话，售价则会达到交易价的四倍。因此，在和其他废金属收购商或回收公司里了解废金属市场行情的人交谈之际，父亲不会说实际价格（“我们花了1.25美元”），而是说在扣减交易所价格后的行话（“我们的买价是减5分”）。

同时，那个电工会像注意父亲如何报价一样，注意他如何操控磅秤，在小型废金属回收生意中，这是一样重要的。比如说，我和父亲都认识明尼阿波里斯市一位废品回收商，在称重金属时，他一边和顾客愉快地聊天，一边把他那个始终如一的大雪茄（里面嵌着一个BB气枪弹，所以变重了）放到其中一个平衡棍上。他把这额外的烟草和BB气枪弹放在秤杆上的合适位置，看似无心之举，实际上这位废品回收商因此占了一些便宜。明尼阿波里斯市的其他回收商用的方法更赤裸：我认识一位小型废金属收购商，他会派发一些钢笔，上边印着丰满模特的相片，而模特穿的比基尼泳衣都可以刮掉（我还认识这位回收商的母亲，这些笔都是她替他买回来的）。趁着顾客分心去刮比基尼泳衣的当儿，这个废金属收购商就会来回摆动平衡棍，像是在上演一出令人目眩的哑剧，看上去纸板和废金属似乎一样重。正因如此，这只是一种骗局而已，早已因为刮比基尼而心不在焉的顾客一点也没注意到他们损失了多少分量。

可这并不仅仅说明买家在利用秤耍花样，也表现出了他们真正的贪婪。确实，很少有废品站从未买到过放了石头的铝制易拉罐、后备厢里放了圆石的汽车，或者装了沙土的废散热器。这都只是些小骗局而已。我曾经见过一家中国造纸厂拆开从美国进口的废报纸，结果发现每一捆里都夹带着一块煤渣砖来增重，而卖主还是美国一家著名的大型废纸回收公司。全世界的废品进口商都很乐意分享类似的受骗经历。

等父亲写好早晨第一张称重单，他的雇员就会过来。其中一个员工会拿起那个勤杂工的桶，根据里面废品的种类，要么将之倒进装有相同废品的盒子里，要么推到一边，等着装进更大的盒子里，大概转过天来就会有同样的盒子出现。同时，我们的一辆运货卡车该到了，车上几个洗衣机大小的箱子里装着铜刨花，这是城镇另一端的一家工厂夜班时产生的，二十分钟前刚刚收集起来。这一车东西比水管工和电工一个星期里收集并送来的所有废品都值钱（而在一个星期内，其他工厂还会送来约十倍这样的铜刨花）。父亲这时会拿着承包商的单子走进办公室，交给祖母，然后回他自己的办公室，此时多半会有热狗和犹太莳萝腌菜在那里等着他，这些食物放在一个纸盘上，纸盘旁边是一份清单，上面列明了库存和可供出售的废品。

废金属的买家有三类，其中有一些重叠之处：工厂、精炼厂和锻造厂，将这些废金属熔化，生产成新金属；较大的废品回收公司，他们有实力从较小的废品站购买大量废品，以高价卖给急需大量废品的工厂；与上述这些买主打交道的是中间商。然而，不论买方是谁，父亲始终都是以相同的方式——从早晨的电话开始的。他先是问候买主，这些人很可能与他是多年的旧识；他们互相问候家里人，聊聊体育，讲一两个荤段子，然后开始谈正事，全球废品回收业的门外汉根本不可能听得懂他们的谈话。“你们收蜂蜜多少钱？嗯，大麦呢？就这点？好吧，我屁股底下有一大片海洋，很想把它移走。好吧。那桦木/悬崖呢？”

蜂蜜、大麦、海洋……桦木/悬崖？

这是全球废品回收商发明的行话，假如你喜欢的话，可以称之为回收商的世界语，这些行话的起源最早可追溯到1920年。当时，旧布和旧衣的回收商遇到了一个问题：如果每吨棉质旧布都不一样，那么买卖双方又怎么就一吨棉质旧布达成交易呢？美国国家废弃物交易商协会在1914年首先就这个问题给出了答案，他们创造出了具有约束力的规格，详细列明旧布的各个等级。如果送到买方手中的旧布与说明不符，买方就有理由要求索赔、仲裁或诉诸法律。这个办法很有效，到了1917年，旧布由最初只划分为三个等级（主要适用于造纸业）拓展到了二十三个等级。早期的三个等级包括：

> 优质1号白色棉布：白色洁净大棉布，无编织痕迹，包括厚编织毛衣、帆布、花边窗帘、拉丝旧布或脏旧布。
>
> 2号白色棉布：带有污渍的白色棉布，家庭旧破布，烧焦、带有油漆渍和油渍的旧布。
>
> 黑色棉袜：只包括黑色棉袜。遮脚部分和边缘可为白色。

可对一个要控制写字纸颜色的造纸厂来说，保证只收购黑色棉袜、不掺杂其他颜色的要求可谓至关重要。1919年，不仅仅有棉袜和废纸方面的废品规范，也出现了废金属规范，而到了20世纪50年代初，这些已经成为国际废品回收业沿用已久的规范。

可还有个问题：当时达成交易最快捷的方式是利用电传打字机，而电传打字机公司是按照字母数收费的。为了简化通讯，降低昂贵的电传费用，废品回收商同意用一系列由四到六个字母组成的单词代表他们交易中各个等级的可循环再用废品。举例来说，talk（谈话）就成了铝铜合金散热器的简称，lake（湖）表示黄铜臂杆和没有弹药的来复枪子弹壳，Taboo（禁忌）则代表低含量铜铝合金碎边和固体。

因此，父亲说到清洁电线时便用Barley（大麦）这个词来表示，这是华盛顿废品回收业协会、美国废料回收工业协会直接根据国家废弃物交易商协会提出的规格而创造出的一种规格：

大麦1号铜线由无涂层、非合金的1号裸铜线组成，不小于B&S线规16号。（锈蚀的）绿色铜线及液压成坨的货物是否包含在内由买卖双方协商确定。

如果父亲在早晨通电话的过程中同意卖掉一批大麦，那么按照合同规定，他一定要确保他交付的不是绝缘线，比如说圣诞树彩灯。毕竟，要求的是裸线，交付裸线以外的东西就是违约。如此一来，父亲和他的员工就要相当辛苦地把仓库里那些胡乱纠缠在一起的电线和线缆分开，并把少量绝缘线从裸线中抽出来，确保满足规范的要求。若非如此，买主则有权拒收货物。然而，买家对一批电线提出索赔更可能是为了要求降价，而父亲就会因此而损失一部分利润。

物品的规格不仅仅对废金属收购商很重要。不同等级废纸之间的差异与一个世纪之前相比同样巨大，为了进行识别和区分，人们投入了大量资源。2006年，在印度德里郊外大约97千米处的拉玛造纸厂，数十名妇女忙着扯掉废旧学生笔记本上的纸板封皮。原因很简单：纸板皮要比白色纸页值钱，而且在造纸厂也有不同的用途。这些笔记本的迪拜出口商如果雇人分类就无利可图了，因为迪拜的人工费用相当高，所以他们把笔记本低价卖给了印度的造纸厂，由此反映出一个事实：大量不同等级的废纸混杂在了一起。对于拉玛造纸厂而言，“升级改造”便宜的可循环再用笔记本，而得到昂贵的纸板和不那么昂贵的白色纸页，是一笔相当赚钱的买卖。

现在的废品规格有数百种。有些针对特定的国家（但韩国和日本则拥有自己的规格），可最主要、使用最广泛的规格则是北美废料回收工业协会的规格。这些规格一直在变化：随着人们扔掉废品的种类和加工这些废弃物的技术而不停变化。显而易见，这个负责编制规格的协会很有幽默感：2007年，他们认为Tata、Toto和Tutu这三个词可作为三种不同类型铝废料的简称，而此时电传打字机早已退出历史舞台。这些简称和从前那些使用更为广泛的交易规格就像美元、吨和货物等词汇一样，成了这一行的术语。这让我想起，

2010年，我身在印度西北部的小城市占姆纳格，当地的废金属行业提供了数千个与黄铜有关的工作，推动经济蓬勃发展。一天下午，我和一个大型废品进口商路过一片工业区，碰到了一个骨瘦如柴的拾荒老者，而他的投资只有一辆三轮车。看到我这样一个在那些区域里很少出现的外国人，他认为我有可能也是废品进口商，便指着三轮车车厢里一堆各式各样的黄铜，笑着说："蜂蜜。"

我知道他的意思，把蜂蜜出口到印度的人也知道。然而，更重要的是，他那些蜂蜜的买家肯定也知道其中的含义。这些奇怪的术语并非古怪生意的遗留物；那些杂乱无章的废品能从一堆垃圾变成可以出售的产品，这也是手段之一。毕竟，如果你无法描述你所出售的东西，很可能就无法将之售出。因为有了规格，可循环再用的废品才能到达需要它的人手中。有时候，这些人来自中国、印度，当然，这些人也很可能居住和生活在美国中西部这样的地方。

2011年8月中旬，在一个工作日的早晨，7点刚过，印第安纳州韦恩堡当地人盖伊·杜马托就开着一辆又大又贵的黑色敞篷货车穿梭在他家乡的街道上。我坐在他边上，在巨大的驾驶室里我们之间的距离看上去只有几米远，我看着他用一个特大号塑料杯喝咖啡。年近四旬的他体格结实，肌肉发达，作为一个早已习惯上早班的人来说，喝下去一大杯提神咖啡，就已经彻底清醒过来了。

盖伊是欧姆尼资源公司（世界上最大的废品回收公司之一）的一位经理，2007年，一家上市钢铁公司斥资11亿美元收购了这家公司。数年前我还在父亲的废品站工作时，我们就会把废金属卖给欧姆尼资源公司。可直到现在为止，我也不知道那些废金属被用在了什么地方。路上，他告诉我他刚到欧姆尼资源公司时地位很低，只是个工人，做的都是既要有力气还要有意志力的工作。然而，令人好奇的是，盖伊并不记得他过去都做了什么工作，只记得废金属的价格。

"我记得有段时间铜价是每千克1.2美元，"他回忆道，"一拖车铜价值2.4

万美元。”那时候铜价很便宜，20世纪90年代就不再有这种价格了，然后，印度、中国和其他发展中国家开始需要大量原材料——最受欢迎的就是废金属——来建造基础设施，改变生活方式。在我和盖伊一起出行的那个早晨，美国经济仍处于衰退期，可因为来自中国（在那里，城市如雨后春笋般突然在农田里建立起来）等一些发展中国家的需求，铜价涨到了每千克超过7美元；盖伊从前装满一拖车铜废料价值2.4万美元，现在的价值则接近15万美元。而这正是一辆福特福克斯汽车和一辆法拉利的区别。

“就是这样。”然后我们右转来到一个小停车场，旁边是一座很高的砖砌仓库，大街上很安静，边上就是一片住宅区。这个地方看上去和世界上最大的工厂一点儿也不挨边儿。可这里确实是世界上最大一家电缆和电线切割（即回收再用）工厂，在这里，电缆和电线被切割成为不同的部分，主要是铜、铝和绝缘材料。

盖伊带我走进仓库。距离大门不远处有一堆五颜六色缠绕在一起的电缆，有些密密地缠在一起，如同一个软球。正如混杂的颜色一样，这些电缆的来源也各不相同：有的是近来被光纤替代的铜电话电缆；有的可能是被公用事业公司挖出来的，因为实行风力发电工程需要升级改造，这些电缆就没用了；还有些零碎的东西可能是生产废料（美国电线制造业曾辉煌一时，现在依然有几家工厂在坚持生产，这些废电线可能就来自其中一家）。可这些材料中的大部分（将近60%）都是从美国各地较小的废品站收购来的，比如说我家的废品站，而废品站的电线和电缆都来自于勤杂工或工厂等处。

尚无统计资料显示美国每年能产生多少废旧电缆和电线（其他地方也没有相关的统计资料），但透过欧姆尼资源公司的韦恩堡切割厂，便可以对这个数字有个大致了解：这家工厂一天二十四小时不停运转，可加工200吨电线和电缆——与自由女神像的重量差不多。

欧姆尼资源公司并不是北美唯一一家电线切割厂：至少还有40多家这样的工厂，不过没有哪家工厂能达到欧姆尼资源公司的规模和精密程度，而这还只是北美地区，印度、中国和越南的废品回收公司和欧姆尼资源公司一样急需废品，这些公司运营着数千家小型电线加工厂，在这些工厂里，我受邀去参观的都是他们的手工劳动和替代庞大设备的简单机械。可盖伊先带我拐了个弯："先来看看我们是如何知道我们在做什么的吧。"

我跟着他来到了一个连窗户都没有的狭小房间里，里面有两个身材瘦长且健壮的年轻人，其中一个身着白色T恤衫，肌肉发达的手臂和文身露在外面，正用铁钳小心翼翼地切割出一块5厘米大小的电缆样品。盖伊让我看一面6米高的钉板墙，这面墙从上到下都挂满了钩子，而挂在钩子上的是数千个5厘米大小的电线和电缆切片。在左边，大部分细电线形成了一条没有漏缝的黑色条纹；中间的切片更细，色彩也更丰富；右边的墙面上是紧密闪亮的铜电缆横截面大切片，横切面有10厘米宽，这让我想起了等着撒糖的葡萄柚。

这些东西真具有催眠效果，是一份出人意料的艺术品，恰巧也是对美国人在过去三十年来传输电力和信息历程方面的全面盘点。可上面挂着的那块写有"仅供参考"几个字的标识牌则具有更深刻的意义。对于欧姆尼资源公司而言，他们在一个地方回收再用的电线或许比世界上其他人都多，而这面墙就是确保他们确切了解自己所买之物的一种手段。每一截电线和每一段电缆外面都包有标记着确切记录的白色标签。盖伊随手拿过一段电缆——形状很像数字8，粗细两条线包裹在黑色绝缘材料里，上面的标签写有：

FIGURE8:3 ^{1}/8″
37.81 #1 CU
8.82 CU FOIL
21.26 FE

把其中的意思翻译出来可不容易。8号电线是一种悬挂在电线杆上的电线，这个样本的种类是3^{1}/8″，即7.9毫米。8号电线由两条导线组成。一根传输电力或通讯讯号，也就是37.81 CU的意思，或者简单来说，就是含铜37.81%。另一条线为吊线缆，其作用是在另一条线悬挂在空中时对该线起支撑作用，21.26 FE标示其钢铁含量为21.26%。标签上还记载着铜箔的信息（8.82 CU），铜箔一般包裹在那条铜线上，防止电子和其他干扰。用废品回收业的术语来说，这意味着46.63%的铜回收率。回收率越高，电线就越值钱。

在电线和电缆参考墙对面，那两个年轻人仍在切割电缆样本。他们一剥掉绝缘材料，铜线就掉进了一个茶盘大小的不锈钢秤盘里，随后他们会将之放在电子秤上称重。这看上去是在解剖，事实也的确如此：每年欧姆尼资源公司都要购买数百万千克的电线进行精确切割。那两个年轻人切割电线，是为了给欧姆尼资源公司从数百个供货商那里购买的电线和电缆提供实时数据，对参考墙来说也是必要补充。“最重要的是，我们依旧在寻找新东西，新型电线和电缆，”盖伊解释道，“以及更高的铜回收率。”他随意指着墙上的一截电缆：“我们过去能从这里回收六成多一点。”他指的是电线和电缆的铜回收率。“现在只能回收五成多一点。”

出现下降趋势的原因在于全球的铜价在过去二十年里增长了五倍，不过这有点自相矛盾。具有成本意识的制造商从前使用大量的铜制造产品，现在则选用其他价格较低的替代金属（铝也可以导电，但成本低得多）。“如果拿到一卡车（各种）电线，我们可能会提取二十次样本，”盖伊耸耸肩说，“如果想知道买到了什么，就必须要这样做。为我们供货的废品回收商只知道一种回收率，现在我们必须告诉他们还有另外一种。”换句话说：如今，中国这个世界上最大的铜消费国不仅对铜价具有决定性影响，电线中的含铜量也由他们说了算，而大多数老资格的废品回收商仍然不习惯这种情形。

“准备好了吗？”盖伊问。

我颔首。

盖伊给了我安全帽、安全眼镜和耳塞，然后我们转过弯去。

切割线——有时被称为制粒机——位于自然光线充足的仓库中，足有几层楼那么高，占地数百平方米，周围是电动机的轰鸣声，以及金属碎片掉落在金属上的嘶嘶声和尖锐刺耳的声音，已经不能用大声来形容了，这堪称一场雷鸣般的金属音乐会，即便戴着耳塞还是听得清清楚楚。

切割线前面的两条传送带是看上去唯一眼熟的东西；远处有几根软管和更多的传送带，而且，加工线上有一个类似自动铜梯的东西抓着一把把闪闪发亮、胡椒子大小的铜碎片，送进机器里，然后这些铜碎片便消失不见了。

“在加工过程中，声音真的非常重要。”我们向切割线前部走去时盖伊大声喊道。后面，一辆装载机隆隆地开了进来，把一大堆重数百千克缠结在一起的电缆卸在一个抖动的斜向台上，这个斜向台和书架差不多宽，约5米长。随着斜向台不停地抖动，那些电线慢慢向前移动到了一条传送带上，然后随传送带向上，最后掉进了旋转刀里。当电线碰到了刀片，切碎机便发出一声沉闷空洞的吱嘎声，我感觉到地面都随之震颤，甚至这声音已经深入骨髓。“在这一步，耳朵非常重要。”盖伊喊道。他示意我看一个人，只见此人身上全副武装着围巾、眼镜、长袖工作服和口罩，有点像个武装人员。盖伊指着这个人的右脚：他脚下的踏板控制着振动台的速度，也就是控制着向传送带倾倒电线的速度。“通过看和听，确保数量适中，还要听有没有杂质，”他大声喊道，这时另外一堆紧缠在一起的电线被送进了机器里，厂房里又响起了吱嘎声，“那台制粒机的声音有很大的作用。可以告诉你机器里切割的是什么东西。要想听出门道，得有真本事，得有经验。”

跟着盖伊沿着加工线走，然后在切碎机一个封闭部件下停了下来，在此处，刀片把电线切割成了3厘米大小的碎片。这很简单。难点在于分开不同种类的金属和分开金属与塑料，而这一套设备中的大部分机器都是用来做这个的。有些分类工序的工作原理很简单：安装磁石，把钢铁吸出来。有些则是雷蒙德在石角镇的圣诞树彩灯循环设备的高科技版本：零零碎碎的金属和塑料冲到了振动台上，台子下面有风吹过来；较重的金属流向一个方向，较轻的塑料流向另一个方向。

盖伊请我跟他一起站到横跨几个振动台的脚手架上，干净的金属碎片闪着光，像瀑布一样从传送带掉下去。在盖伊的指引下，我向身下看了看，源源不断的干净金属如同一条快速流动的溪流，掉进了结实的塑料袋里，这种塑料袋可以容纳洗衣机，在此处则可以装下1800千克金属。在废品回收业中，这些袋子被称为“超级袋”。

我们又去了后面的装卸平台，塑料从传送带掉进了水泥分隔间，那里堆积着一大堆一大堆的绝缘材料，嘶嘶声不绝于耳。在北美和全世界，金属都是抢手货。可作为电线和电缆循环再用时必不可少的副产品，绝缘材料就成了一个麻烦。不同种类的塑料不能充分融合，而且到目前为止，尚无人开发出有利可图的塑料分类技术。与此同时，相比雷蒙德那些圣诞树彩灯绝缘材料的买家，塑料拖鞋鞋底的制造商、美国制造商更注重质量。因此，因为没有客户购买大量混杂在一起的塑料和橡胶，欧姆尼资源公司和其他北美电线切割商一般都会把绝缘材料扔进垃圾填埋区。

欧姆尼资源公司是将电缆在印第安纳州进行切割还是用船运至外国加工，电缆中绝缘材料的比重起决定性作用。绝缘材料所占比重越大，欧姆尼资源公司就越有可能把电缆出口，不过这其中也涉及其他因素，比如说电缆中的金属类型。铜和绝缘材料各自所占比重没有硬性规定，可北美和欧洲的电缆切割商不会要金属含量60%以下的电缆。相比之下，圣诞树彩灯中只有28%的铜和黄铜，因此它们只能流向国外，那里加工成本低，对各个种类的铜需求量大，而且有市场愿意接收混杂的绝缘材料，因此，圣诞树彩灯便成了紧俏产品。

相比之下，切割线末端那些装金属的大袋子里则装有纯度为99.9%的铜。想想吧：我参观的时间是2011年夏末，当时的铜价是每千克7美元左右，也就是说，一个容量约为1800千克的超级袋里的铜就价值1.4万美元左右。

不过盖伊提醒我不要太兴奋。“这种东西的利润很低，”他指的是美国加工电线的成本非常高，“我们能赚到钱，全因为（每年的）加工量能达到4500吨以上。”他带着我转过一道弯，走进了另一个很长的仓库，数百个超级袋整整齐齐地堆放在里面，每个袋子里都装着特定混杂的铜线。不可能所有铜线都达到99%的纯度，大部分的纯度在96%~99%之间，但毫无疑问，在透过高高的窗户照射进来的阳光的照耀下，数百万美元已经唾手可得。

盖伊随便找了个袋子，打开袋口，里面6毫米大小的铜碎片像黄金一样闪闪发光。他把手伸进去，抓住一把铜，放在阳光下。“这些铜的纯度是99.75%，并不是我们最好的产品。”与最佳产品的差距在于其中0.25%的黄色碎片，我注意到这些东西泛着光。那是黄铜，很可能是安装在电线终端的电连接器，很难把铜和黄铜区分开。更糟糕的是，黄铜是铜和锌的混合物，因此，如果铜里面混有黄铜，那么所有的东西就变成了黄铜，不能称之为铜了。不过这也并非不可挽回：欧姆尼资源公司认识一些黄铜厂很愿意购买这种黄铜，因为其中黄铜所占的百分比数很明确。这些工厂有的在印度，但大部分都在美国，多半将之再熔化成新黄铜。对于他们来说，这种混合物是一种主要原材料，可以保证产品完全符合规格，一点儿浪费都没有。

“这种混合物的市场很大吗？”

“很大。”

一桶旧电线被卖到了印第安纳州一家废品站，一条USB连接线掉进了纽约的一个回收桶里，对于以此为始的蜿蜒供给线，这个市场可谓是自然而然且引人注目的终端。在这条供给线上，电线经历了买、卖、切割和分类，然后达到一个地方或一个阶段，在这里，有人负担得起，可以将之做成新产品。这个链条十分普通：冰箱、塑料瓶和旧课本都经历了同样的供给线，仅有的区别在于将废品转化成原材料的加工过程不同，有意愿购买原材料的人和公司所处的地点也不同。二十五年前，这些人和公司大都在北美；而今他们分布在世界各地。

我在我家的废品站里，以及后来去过的全亚洲和全世界的废品站里，见证了这些变迁。

昔日我在家里的废品站工作时，大多数早晨，父亲都是一边翻明尼苏达州制造商的名录，一边打电话联系他们。可他并非是想把废品卖给他随机联系的工厂。相反，他是想买废品，讽刺的是我们亦称之为“销售”。“谁在收你们的废金属？”他问电话那一端的陌生声音，“嗯。我保证我给的价格好得多。”

偶尔他的价格确实高。可即便如此，也并不足以获得资格去收购一家小型工厂的过剩废金属。然而，父亲还是要说服某家废金属卖主（比方说，一家每年可产生数百吨铝磨屑的食品加工设备制造商），他会准时收走废品，提供优质服务，或许还要保证如果对方需要，就可以搞到明尼苏达双城队和维京队比赛的门票。然而，这么做我们谁都没有损失，毕竟其他废品站也会给出类似的特别优惠（包括维京队比赛的前排座位门票），来吸引当地工厂出售废金属。坦白说，维京队比赛的门票根本不值钱。有些废品回收商甚至乐于把装着现金的信封塞给工厂的装卸平台经理，条件是在他们把工厂里一桶桶值钱的废金属拉走之际，这位经理装作没看到；在一些国家，如果你想和某家工厂的老板商谈购买废金属的事，基本的必要条件往往是先摆一顿奢侈的晚宴，吃到最后，一般还要有某些特别的安排。

事实上，在全世界的各个市场上，对废品的争夺都非常激烈。这真和食物一样：没有吃的，就得死，食物不够，就长不大。所以你得出门找废品，打电话给工厂、公共事业公司和市政部门，报更高的收购价，承诺提供更好的服务，希望借此打败竞争对手，拿走他们的废品，同时他们也在尽力夺走你的废品。九岁的伦纳德和那些想偷走他的废品的流浪汉一起翻掘垃圾，小小年纪便体会到了竞争；父亲与明尼阿波里斯市的其他废品回收商抬价竞买，竞争贯穿了他的整个职业生涯。

在竞争中避免损失的唯一措施就是维系好客户关系。在父亲生意最好的时候，我估计他从大约两百家小型制造商、公共事业公司和市政部门收购废金属。一些客户的规模比其他客户的大，即便损失了一两个客户，他依然可以在生意场上存活下去。而较大的废品回收公司，包括那些和我父亲竞争的公司，或许拥有数百位客户，即便失去十几个也不会在意。可无论何种规模的公司，从小废品回收商到跨国废品回收企业，都在彼此激烈竞争，以便有资格花钱买到废品。如此一来，这就与普通商业模式正好相反了：正常情况下，都是你选择供应商（事实上，应该是他们在竞争把货物卖给你）。

因此，在废品回收业有这样一个准则：买废品难，卖废品易。

我不大记得第一位来自中国的废金属买主确切是在什么时候出现在父亲废品站的窗前了。那大概是1994年，当时中国政府刚刚开始解除对基础工业的控制，一些私人企业家认为他们可以从废金属回收业中赚到大钱。这是一个很好的投资机会：中国发展势头强劲，即将成为世界上最大的经济体。中国既有充足的劳动力，也有政府支持；他们唯一需要的东西就是原材料。开矿是获取原材料的方式之一；而另一个办法就是到美国去。许多废品回收商把美国称为废品沙特，这里的废品太多了，多到这里的人已经没有能力自行处理了。废品沙特是个很有趣的昵称，可这并非恭维之辞，而是描述一个可供挖掘的机会。

那些最初到来的中国大陆商人并没给我留下深刻印象（不过他们并非是最先到来的亚洲买主，因为我们曾一连数年向中国台湾地区出口小批量的废金属）。我只记得那些中国人的面孔、蹩脚的英语，还有他们愿意买下我们的所有库存："你们有2号电线吗？"

我们当然有。我们还有客户可以提供这种电线："你们打算要多少？"

"我们能先看看吗？"

于是我们去了仓库，快速查验一番后，他们提出买下所有存货。父亲报了一个价格，比我们给北美客户的价格要高出很多，他们并未讨价还价，当场就同意了。然后，如果他们有空，就会利用下午剩下的时间监督我们将所有库存电线装箱，等待运往中国的港口，只有那里才是他们所认为的真实存在的地方。对于我而言，或许当时大部分其他废品回收商也抱着类似的想法：佛山和亚特兰蒂斯一样，并不是真实的存在。

第四章
漂洋过海

我从小在明尼苏达州长大，一向对中国不感兴趣。和大多数美国中西部居民一样，我认为美国幅员辽阔，已经足够我去探索了。如果我得到激励，要离开美国，那加拿大和墨西哥可能就算是比较远的目的地了。因此也就无怪乎我会选择到位于美国中西部的芝加哥去上大学，而出国留学，则选择了意大利。这无疑是个很远的国家，我还开始琢磨是否可以到更遥远的地方去。可后来回到美国，却没再真的想过要离开。毕竟，西部有很多荒原可以去探索，甚至在今天，那里也是我的梦想之地。

就我所知，祖母只去过一次加拿大，此后便再也没有离开过美国。而父亲也很少出门。我有位远房堂兄恰奇，住在南得克萨斯州，是个废品进出口商。父亲去看过他一两次，后来经常通过电话指点他。此外，我只记得父亲曾在20世纪80年代初坐飞机去过一次埃塞俄比亚，为一桩废金属生意牵线搭桥，只可惜这单生意没有成交。

20世纪90年代中期，我家的废品站开始和中国有了真正的生意往来，而交易几乎都是在我们当地进行的。中国商人到我们店里，付现金，然后带着废品离开。这当然属于国际贸易，可也是我们在家门口就能完成的交易。在20世纪90年代废品回收业蓬勃发展的时期，父亲曾去过几次中国，每一次停留的时间都不长，在他带回来的照片上，可以看到中国废品站里有很多人和一堆堆五颜六色的电线。不过我一直怀疑，父亲说是因公出差，其实即便不是为了在那个（中国的废品）小镇上享受美妙的夜晚，也是找借口出去旅行。据我所知，父亲得到的唯一经验就是中国人有钱了，在很长很长一段时间内，废金属都是他们急需的对象。这绝非不好的经验教训，在过去二十年中，基于这些观察结果，废金属行业产生了巨额财富。

然而，讽刺的是，我家并没有想方设法去分一杯羹。

近来我听说了一个说法，如果你有个废品站，却在过去二十年里没有发大财，要么因为你是个傻瓜，要么就是你的运气差到了极点。每每听到这种说法，我都会咯咯直笑，尽管这听起来有些刺耳。这不仅仅是因为我们没有赚到大钱；在废品回收业蓬勃发展的那些年里，我家的生意其实是赔钱的，甚至规模也缩小了。然而，那段时期之后，我家的生意依然屹立不倒，这全是凭它自身的力量；如果市场是公正的，我们本应该破产才对。

废品站的成功是父亲的功劳，失败也是他的责任。他是个天才，天生就是干这一行的料。在这个行业中，他像个从山坡上滚下来的轮胎一样跌到了谷底，可他堪称老练的经营者、伟大的商人之一。但这并不足以令他高兴。我亲眼见过也听说过有的废品回收商在中年时放弃了生意，或者越来越不愿为了做生意而做生意。和父亲一样，通常这些人都有着超越常人的智商，从小到大都没离开过这一行，而他们做这一行时，这个行业尚未成为“绿色”产业，亦没有被冠上任何思想体系、意义和目的。当然了，这个行业里也有非货币障碍，尤其是冰冷生硬的政府法规，可这不只是解决起来很麻烦的问题，还是令人很恼火的事。

那么，一个废品回收商厌倦了金钱，虽然有天赋能从一堆别人扔掉的垃圾中赚到大钱，却视这样的天赋如粪土，会怎么样呢？有时候他们从女人那里寻找慰藉；有时候去买醉；甚至会在澳洲的海滩上盖一间小屋，卖龙舌兰酒，并称此为他们的事业。碰巧的是，父亲认为最后一个选择没意思，而是选择了前两者。

事实上，在20世纪90年代的很多年中，那时我还在帮忙打理家里的生意，他则只顾着沉迷于酒精，不务正业。无须多言，不管是什么行业，一个总是喝得醉醺醺的老板会制造各种麻烦；可在小型废品回收业中，由于大部分都是现金交易，雇员又时刻想骗钱，这无异于把钱扔进了电线切碎机。

当时我只是个年轻又没有经验的哲学系优秀毕业生，对于是否应投身废品回收业很矛盾。我有其他方面的理想：写歌、写小说，拿一个进化生物学方面的哲学博士，和那些令人神魂颠倒的女人谈恋爱。可当你的家人和你的家族产业陷入了困境，你只能肩负起责任。于是，我做出了我人生中最好的选择之一，也就是与祖母一起在家族废品站里并肩工作。我们尽全力不让现金无故消失，费尽了力气，终于把父亲送进了美国最好的药物依赖治疗中心。我开始擅长在收支平衡时关闭银行账户和贷款额度，即便不这么做，我们也能更轻松地还钱给银行、支付员工工资，或为父亲的酒瘾买单了。

我们能在这一行中生存下来真是个奇迹。我清清楚楚地记得那个下午，我不得不去银行，保住我们的信用额度，并且低声下气地解释，父亲还在接受治疗，所以请不要切断给我们的贷款。我对另一件事也记忆犹新，有一次，我得把父亲从佛罗里达一家治疗中心接出来，以便让他签字向一家金融机构申请另一份信用额度，从而还给放款人，以给放款人留下错觉（责任在我），让他以为父亲前一个月都在墨西哥湾岸区航海（我十分肯定他从来都没有坐过帆船）。无论如何，在我快到三十岁的时候，有两件事变得非常确定，同时也令我十分痛苦：第一，父亲永远也不会像我和祖母希望的那样戒酒了；第二，在一个从业者大多具有杰出天赋却多半吊儿郎当的行业里，我没有任何前途可言。

我若坚持下去并非注定失败，毕竟父亲曾展现出了天赋，可见只要付出足够多的努力，就能让废品站维持下去，但这个行业给不了我想要的未来。我需要生活，需要废品站以外的东西，即便这个“以外”意味着我每个星期不能和祖母一起吃几次午餐。

可这并不仅仅是吃午餐的问题：没什么能比和你的祖母一起坐在一排监视器前抓员工偷东西更有趣的事儿了。我们拥有很多快乐。

当时，除了废品，我把我的爱好减少到两个，一个是音乐，另一个是新闻工作。我在音乐方面做了尝试，却少有成就，或者说根本没有成就，然后在二十多岁应该丢开这类梦想的时候，我放弃了音乐。但出于某些我无法完全理解的理由，我似乎可以实现新闻工作这个理想。在明尼阿波里斯市，我先是给杂志做自由记者，很快，接到的工作开始越来越好。然后，过了一两年，得到一个将被派驻中国的机会，以自由记者的身份报道该国废品回收业，于是我毫不犹豫地接受了这份工作。

这个主意真是糟透了。

首先，我不懂中文。其次，我从未去过亚洲。再次，家里的生意依然在明尼阿波里斯市风雨飘摇。可是，废品回收业的女儿，也就是祖母，却鼓励我前往。

“你应该有你自己的人生，”她告诉我，“你必须这么做。”我想她并没有预料到我会在中国一住就是十年；我肯定她没有。如果她有，我觉得她就会把她对别人说的话告诉我：她其实并不希望我离开。如果知道她是多么渴望我留下来，那我一定会留下来；如果知道，在她人生的最后几年，我却身在异国他乡，那我一定会留下来。可当时我只是认为自己不过是去去就回，然后便会在家乡的报社找份工作。

我带着基本上还算是干净无愧的良知和不多的任务去了中国。在这些任务中，最能激起我的兴趣的依然与废金属有关。我曾经见过父亲那些关于中国废品站的照片，可我对那些照片心存怀疑。我要亲眼看一看，亲自弄个明白。绝不能白白浪费掉这么多年来我在家中废品站里积累的知识。

我至今还记得第一次在人口700万的中国佛山市进行报道的情形。

乘飞机抵达广州机场，在那里我见到了一位废品回收商，他有一辆豪华的宝马汽车，司机是刚刚从农村来的打工仔。当时是2002年，佛山不过是中国南部的落后小村庄。我已经在中国待了两三个星期了，一直很难在地图上找到佛山。去佛山似乎并不是个好主意。

我们开着车从机场出发，一路上穿过新建的高速公路和不那么新的乡村公路。乡村公路的两边是高压输电线路，下垂的电线距离地面只有一两米。卡车是主要的运输方式，路上，以及有路肩的地方都是超载的卡车。我们用了两个小时才到达枫丹白鹭酒店，这座仿洛可可式建筑风格的酒店就像一块发黄的精美垫布矗立在佛山南海区的中心位置。

在那个时候，南海区已经成为世界上最大的废金属加工区域之一，只需走进这家酒店大厅，就能了解到这一点。在一片豪华、整齐，足以令路易十四汗颜的景致中，来自世界各地的废金属收购商坐在巴洛克式椅子上，一边抽雪茄，一边讨论周末去上海时能在什么地方吃到美味的汉堡。可精彩的内容还多着呢：不论什么时候走进酒店大厅，都可以看到至少两三个白人废金属出口商和两三个中国废金属进口商在喝茶、咖啡或威士忌。若想知道带绝缘材料的铜线是什么价格，喏，全球市场就摆在你面前，而且一天二十四小时无休。

那时候，枫丹白鹭酒店内的很多活动只能用时间颠倒来形容。我见过有些废品回收商在午夜吃早餐，在早晨7点30分吃牛排，随时都在喝口感极差的鸡尾酒。不过这也无可厚非，毕竟在中国的南方，废品加工过去是、现在依旧是一项一天二十四小时无休的活动。这也是不得已的事儿：中国开始现代化建设已经二十多年了，所有的一切都开始加速：机场、高速公路、公寓大楼、汽车等。无须赘言，所有的一切都需要金属。

就拿地铁来说吧：我搬去上海时那里仅有三条地铁线，十年以后，上海地铁已经成了世界上最大的地铁枢纽，拥有十一条线路，铁轨长达435千米。然而，中国自身没有充足的原材料来建设这些地铁，因此，中国很快就成了废旧铜、铝、钢铁和其他现代化社会基础设施建设所需金属的纯进口国。

在那个时候，如果你也过着时间颠倒的日子，而与你有业务往来的废金属商随叫随到（如果能打通通往美国废金属市场的道路，他们肯定随叫随到），那么，就算是半夜三更，你也能去废品站转转。坐上豪华汽车，沿一条狭窄的砖衬小巷左转右拐来到一条大马路上，路边有很多昏暗差劲的带灯招牌，随后又驶入一条小巷，最后终于停在一个与其他铁门别无二致的铁门前，这里就是废金属加工区域了。这时司机按了下喇叭，厂主摇下车窗，以便保安可以看清是他来了，一个工人就会过来把门推开。接下来，车子驶入一个灯火通明的宽阔空间，车灯扫过一堆堆金属碎片和一大捆一大捆的电线，灯光一转，只见一个工作棚里有两三个人（大部分都是男人），正把废金属电缆送进一台可切开绝缘材料的机器里。旁边还有几个人（往往是女人）就沿着切开的口子把绝缘材料剥开，拿出里面的铜线。

我眼前所见的一切都是那么不可思议——那些废金属除外。我知道那些废金属是什么，看上去很像是我们过去卖给中国的东西，只是现在它们确实是在中国的土地上了。

与此同时，在院子最远处的角落里，火苗蹿动，一缕缕黑烟飘向算不上漆黑的夜空。燃烧产生的气味对健康有害（而且取决于电线的材质，有时气味中还含有毒性严重的二噁英），可不这么做，就得不到利润。电线太细了，剥皮机用不上，只能采用燃烧的方法，如果铜是紧俏货，那么一切都不成问题了；到了早晨，把灰烬扫开，就能得到铜了。我记得很清楚，一天晚上，我看到一排六个变压器（连接在电线一端，可调节电流的大圆柱形物体）在冒着滚滚浓烟。在意识到那是什么东西时，我不由得退避三舍：旧变压器中含有大量有毒的多氯联苯。但似乎并无人对那些整夜都在拨动火焰的工人们说起其中的危害。我对此十分反感，可当你作为客人站在一个废品站里，这里的主人与你仅有几面之缘，废品站所在的村子你此前从未听说过，这个村子所在的省份你也只是略有耳闻，那么，你根本不能说什么。反正我也不太肯定我是否有资格提出抗议：毕竟我也只是这个行业里的新手而已。

坦白说，看到竟然有这么多人拿着微薄的薪水在那些废品站里工作，我的确十分震惊。但对于这些卑贱的工作和污染，我却并不感觉惊讶。毕竟祖母和她的兄弟姐妹从小到大都在清理金属，伦纳德还告诉过我他知道如何像双子城里的其他人一样“拆解”发动机，他指的是用锤子和钳子将之拆散，取出里面的铜。如果你一无所有，你就只能干这个，而他们那一代人都没有别的工作可做。

这并非这些中国人和我家人之间唯一的共同点。

比如说，我并不羞于承认，家人经常花钱雇人在明尼阿波里斯市郊外的农场里燃烧电线（我们还开了一家炼铝厂，烟囱里的烟直接排向天空，这大概是更为严重的过错）。如果不燃烧，就只能把电线扔进垃圾填埋区，因此，我们只是做了那个时代其他无数废品站都在做的事：利用成本最低的现成方法清理别人的垃圾。那个时代已经结束了（至少是对我的家人来说），可我知道有些人依然在北达科他州这么干，这些人之中可没有中国农民。

有一点可以肯定，相比20世纪八九十年代我成长过程中的美国，2000年初的佛山所受的污染要严重得多，当然也比曾祖父年轻时美国所受污染的程度要严重。但在我看来，这中间的差别是由于规模、密集程度和历史等因素造成的。不管怎样，我们在1962年没有做过（也不会做）的事儿，他们在2002年也没有做。但他们的规模却很大，并且大得多。有时候这个行业或许离不开肮脏二字，可我并不觉得佛山人因为废金属而烦恼。他们都是从外国大量进口废金属，或雇佣其他省份的务工人员去处理这些废品。

毕竟，只要有钱拿，就有人肯干，特别是那些没受过良好教育或是文盲的人，更是对此趋之若鹜。不同废品站所支付的薪水要比当地高科技工厂的工资高出10%～20%不等。可根据美国的标准，这样的薪金就微不足道了：包吃包住每个月大约100美元。然而，相对仅限于只能维持基本生计的农耕生活，这就是很大的一笔钱了，即便寄回家支付学费也绰绰有余。下一代一定要过上更好的生活，可以以后再去担心废品站所导致的健康问题。

我每年都会去广州两次，参观那里的废品站。2011年，我乘飞机去了广州，搭乘地铁不到一个小时就能到达佛山。我曾经感觉南海区就是西部荒原的边区村落，除了废金属，什么都没有，现在这里则是另一个中国特大都市（广州，人口2000多万）的市郊。从地铁站出来，环顾四周：我正站在两条新建的繁忙街道和四块空荡农田的交叉口。然而，两条街区以外的地方则闪动着财富的光芒：数十台工程起重机在数十个建筑工地里不停运转，这些大楼有的高达三十层，每栋楼所在的地方曾经都是农田。我提着手提箱向那里走去，穿过散落着方便面纸碗、长满杂草的泥地，来到了新建的五星级洲际大酒店的前门，旁边是三条街区那么长的新建购物中心。

人们问我为什么中国需要美国人出口给他们尽可能多的废金属时，我就特别希望他们看看我那一天从酒店房间里看到的景象。一栋不高于二十层的大型购物商场正在修建，就和我小时候在明尼阿波里斯市近郊看到的商场一样大。这需要用钢铁来建造框架，铜和铝制造电线，黄铜做卫浴设备，不锈钢做水槽和栏杆。而这，仅仅只是开始。

在这座购物中心的另一边，有数十座在建的高楼大厦，在地铁站和我步行途中是看不到这些工地的。这些新摩天大楼有二三十层那么高，有很多装有铝制窗框的窗户，卫生间里有由黄铜和锌制成的用具，还装备有不锈钢家用电器，而且，如果有的屋主是科技通，还会出现配有铝制背壳的iPhone和iPad。

因此也就无怪乎中国会成为世界上最大的金属消费国了，这些金属包括钢、铜、铝、铅、不锈钢、金、银、钯金、锌、白金、稀土化合物以及所有可以贴上“金属”标签的东西。可中国本身却是金属资源严重短缺的国家。举例来说，2012年，中国的铜产量为560万吨，其中275万吨都是通过废品回收再用得到的。而这些铜废料中的七成都是进口的，大部分来自美国。换句话说，中国将近一半的铜材料都来自于进口的废金属。这可不是不值一提的小事：在现代生活中，铜比其他金属重要得多。我们需要铜来传送电力和信息。

如果掐断了铜供给，会怎么样呢？如果欧洲和美国拒绝向中国、印度和其他发展中国家出口所有可循环再用废品，会怎么样呢？如果中国不能进口废纸、废塑料和废金属，必须从他处寻找这些资源，又会怎么样呢？

一些中国行业可以寻找其他替代金属，代替那些不能通过废品循环再用而获得的金属，很多情况下这在技术上是可行的，可在很多应用方面（比如用在感光电子设备方面的铜），替代这条路根本行不通。那就只剩下去开矿了。为了弥补无法进口废金属所造成的损失，就需要在地上挖很多洞：即便是最好的铜矿床，也要挖出100吨矿石才能得到1吨这种红色金属。照这样挖下去，要付出多大的环境代价呢？比循环再用发达国家的废品所造成的环境代价更严重吗？哪个代价更大？

2012年10月，我驱车沿明尼苏达州53号高速公路向北驶向所谓的铁山脉。这里曾为美国钢铁产业提供了世界上纯度最高的铁矿石。快到明尼苏达州弗吉尼亚时，只见一堵堵高高的泥土墙赫然耸立，这些土都是从140米深、5600米宽的地坑里挖出来的。从高速公路上看，那些墙壁如同被陨石撞击过的火山口一样，而方圆几千米都是这副模样。如果你爬上其中一堵似墙之物（我就是这么干的），就能看到一片死气沉沉、如月球表面一样的灰色地界。曾几何时，钢材是从铁矿石中而不是废金属中提取，所以才会造成这样的后果。

我又向北开了将近一个小时，然后在伊利小镇郊外右拐，来到了1号高速公路。这里的秀美风景一览无遗，草木繁盛，目光所及都是绿色。在十几千米的道路上，只见到了两辆汽车；我在桥上停下车，桥下是闪闪发光的蓝色卡维什瓦河，一点也不担心会被撞到；我闭上眼睛，河水在脚下淌过，水波拍岸的声音是一片静谧之中唯一的声响。

我按照那天早晨早些时候得到的指示，向左一个急转弯，来到了云杉路。一辆贴有车尾贴的小卡车停在十字路口处，车主是边界水域之友的员工伊恩·基墨，边界水域野外泛舟营区占地数万公顷，由联邦政府设立，是美国最大的原始风光景区之一，这个组织旨在对这里进行保护、维护和恢复等工作。

伊恩的工作非常辛苦。自从1978年营区建立至今，周围的社区就格外反对在他们中间保留一块禁止开发的旷野。在他们看来，这片旷野阻碍了发展，使得他们无法从事自己的城镇和家庭赖以生存的资源开采业。迄今为止，他们对这片数万公顷的原始景区设置的障碍或造成的损坏并不大，可这种情况很可能会发生变化，而唯一能引起这种变化的因素是废金属收购商都明白的一个道理：铜价。

数十年来，地质学家、矿业公司和矿工都知道营区里有铜矿床。不过这些矿床的质量很低，没有人知道有利可图的开采方式。后来，中国在21世纪进入了铜材料市场。曾经每千克1.2美元的东西现在偶尔能卖到每千克8美元，而营区里那些品质低、无利可图的矿床也成了主矿脉，据矿业公司的高管推测，这里可能是世界上最大的未开发、可提取的铜矿，价值在1000亿美元。

伊恩和我握完手，就坐在我的土星汽车前座上，让我沿着遍布车辙的土道云杉路一直开。他告诉我左边就是营区，然后指着右边说那里是矿业公司进行试钻的地方。

“是不是已经成了定局？”我问。

“是的。”他叫我停车，然后带我来到一座小山山顶附近一块灰红色突出碎石的边上。石头里含有铜矿石和某些硫化物。伊恩告诉我，雨水或是雪花如果接触到这样的硫化矿石，就会形成腐蚀性的硫酸。“所以这块岩石才如此易碎。”

伊恩指了指这块突出岩石的底部，那里一两米宽的土地上寸草不生。“硫酸就是从那里渗出，然后流到了山上。”他解释道，因此植都被破坏了。这种现象并非明尼苏达州北部的特有现象。全世界都在开采硫化矿石，遗留的岩石，也就是尾矿，演变成了长期存在的环境问题，污染了河流和湖泊，给只能在清洁环境下生存的植被和野生动物造成了毁灭性的影响。

据拥有云杉路这一边采矿权的双子金属矿业公司宣称，我和伊恩脚下踩的是620万吨铜、200万吨镍（可用来制造不锈钢），和除南非以外世界上最丰富的未开采贵金属储备。双子金属公司尚未得到采矿许可，可如果有朝一日他们得到了批准，为了得到1吨铜，就要加工多达100吨的矿石。想想看，用这100吨含硫矿石乘以620万吨铜，必将会引发不可估量的环境问题。

1吨铜被提取走了，剩下的99吨含硫矿石会怎么样呢？据双子金属矿业公司称，有些矿石会被回填地下，可在数十亿吨的矿石中，必将有数量未知的一部分遗留在地面上，暴露于雨雪之下。

但这并非该拟议计划表面所带来的唯一影响。双子金属矿业公司承诺使用一种叫作“分块崩落开采法”的方法进行地下开矿，也就是说要建立一座“地下城市”。至少从表面上看来，分块崩落开采法听起来像个非常不错的折中方案：矿主得到了矿石，荒原依然处于原始状态。可事实绝非如此。矿石被挖走了，地下被掏空，到了一定时候，地面就会下陷，铜矿所在地再也不复昔日的模样。河流与溪水或许可以改道，还可以挖掘新的湖泊。但问题是：没有人能保证这一切。众人皆知，这片自然风景的独特之美将被改变，永远也无法恢复。

我和伊恩回到车里，他指示我沿着云杉路行驶，然后我看到有人在营区的界限之外进行采伐作业。卡车把刚刚伐下的原木送到平板卡车处，只剩下一片矮树留在原地。不过伊恩希望我看的并非是这些采伐作业，而是两个齐胸高、刷有红色油漆、像钉子一样插在地上的管子。“那是一个试钻点，”他告诉我，“这一片地方遍布着数百个这样的试钻点。他们在寻找矿藏最丰富的地方。”

没有中国公司参与双子金属矿业公司的这个项目（这是一家加拿大和智利的合资企业），可正是因为中国人的需求，采矿才会变成无可扭转的事实。这边双子金属矿业公司在探查明尼苏达州北部地区，那边中国人正在挖掘当今世界上最大也是最具争议的一些铜矿。在阿富汗，艾娜克铜矿有可能破坏古老的佛像雕塑。在缅甸，一座铜矿正在给古老的农田带来毁灭性的影响。

我要说明一点，即便美国向中国多出口一倍铜废料，这种毁灭趋势也不会中止，但或许可以降低中国对天然铜的需求量。

无论如何，一旦被从地下挖出来，中国开采的天然铜就将面临竞争，竞争既来自进口废金属，也来自中国国内产生的大量废金属。可如果切断了进口铜废料的供给，就需要开采更大数量的铜，这意味着要在更多像云杉路一样的地方采矿。

对于云杉路有朝一日会出现的铜矿，中国佛山可谓一个具有发展活力的替代选择。那里并非我所见过的最干净的工业市镇，可与云杉路和那些试钻点不一样，佛山不会让我因其损失而扼腕叹息。甚至恰恰相反，每每离开佛山，我都感觉自己精力充沛。

在过去二十年里，美国和欧洲出口到中国的废金属大都流向了枫丹白鹭酒店的所在地佛山。可近些时候，如果乘车行驶在贯穿佛山大部分地区的高架公路上，压根儿就看不到任何废金属，更见不到燃烧电线和没有排风口的熔炉所冒出的浓烟。佛山那些新建的奢华大厦里的居民可忍受不了这些。映入眼帘的都是在建高楼和长长的商业街，街上都是餐馆和售卖建筑材料的小作坊。

现而今人们需要驶下高速公路，经过狭窄的城市街道，才能进入南海区更为狭窄的巷道。那里都是一两层的楼房，周围是高高的砖墙。幸运的话（甚至更幸运，受邀进入院内），会有一两扇大门敞开着，这样就可以看到门内一堆堆棒球或高尔夫球大小的金属块；整齐堆积在一起的成捆电线；可把拳头大小的汽车碎块按尺寸进行分类的机器；工人们正在慢慢拨弄那些同样大小的金属块，按金属种类进行分类。这是一个更为干净和健康的佛山，十年来工人的薪水涨了四倍，许多最早开始干这一行的大回收商现已坐拥上亿身家。

虽然佛山出现了以上这些表面上的改善，但有件事不会改变太快：若要循环再用美国和其他发达国家的消费者浪费的奢侈品，中国工人的手工劳动必不可少。2011年，我去了一个回收站，那里的人正在拆卸从某个温暖的度假胜地进口来的废旧铝质折叠躺椅。回收站一边是一堆蓝白色尼龙（稍后会被卖给塑料回收商），这些东西曾悬挂在躺椅金属框架中间，由一个女人用一晚上时间从躺椅上剥离下来。在这堆东西对面，几个男人正用凿子和钳子拆卸钢质螺丝、固件和折叶，这些东西会“污染”更为值钱的铝。旁边正在进行类似的加工工序：拆除铝质纱门上的钢网。这种活儿看上去机械，严酷，甚至有悖人道，但从生意角度来看却是一本万利：夹杂着钢铁的铝一钱不值，混合金属无法送进任何一个熔炉进行再熔化。可分开之后呢？铝的市场价大概在每千克4美元。

现在回到佛山洲际大酒店，废金属回收商乔·陈把我接上了他那辆配有司机的奔驰车，他身材矮胖，为人亲切，刚过七十岁，是台湾裔美国人。他请几个墨西哥废金属出口商吃晚饭，我受邀和他同去，我们在佛山的大街小巷疾驰而过，赶去赴会。墨西哥的生活水平和收入并不比中国高很多，可中国有一个超越墨西哥的优势：中国正在快速发展。于是墨西哥便把他们的废品卖给了中国工厂。

乔和世界上其他人一样，知道这个行业充满活力。1971年，他开始往来于美国各地，打电话联系买废品，然后运到他亲戚在台湾的废品站。“我坐飞机，开汽车，没有预约就跑去废品站，很多次都被赶了出来。今天在这里，明天就到了其他州。”

他专做低档废品：带绝缘材料的电线，需把绝缘材料剥开或烧掉；废散热器，需把铝质和铜质元件分开；大量发动机、水表和其他金属含量高的器件，需人工拆解，取出里面的金属进行分类。过去这些废品都在美国（比如我曾祖父母的地下室台阶上）加工，后来劳动力成本提高，这种做法便行不通了，而且迫于环境压力，可采用化学方法加工这些废品的冶炼厂和精炼厂都被强制取缔了。到了乔开始收购废品的时候，除了垃圾填埋区，美国的很多废品已经无处可去了。

乔的废品出口生意做得风生水起，20世纪80年代初，他在台湾高雄开办了自己的废品站，取名东泰。可台湾也在发展，随着收入的增加，公众和政府越来越无法容忍废品回收行业的焚烧和倾倒行为。与此同时，随着台湾经济在20世纪80年代的发展，工人的工资从每月100美元涨到了500

美元，这些工人都快进入中产阶级了。“再也找不到工人了，他们都不愿意干这一行！”

乔意识到，如果找不到新市场，他的生意就将陷入窘境：低档废品供应商遍布美国各地，但废品再一次只能被运进美国的垃圾填埋地。于是他想到了中国。这并非可望而不可即的目标：台湾的经营成本越来越高，其他台湾产业无以为继，也都开始转战中国大陆。

乔用了两年时间寻找合作的中国大陆政府，或能为他提供赞助的，却一直没有收获，后来到了1987年，在他即将放弃之际，一个来自港口城市珠海的代表团出现在美国，并且需要向导带他们四处走走。乔的大本营在加利福尼亚，他很乐于提供帮助。碰巧代表团的一个成员是珠海一家政府经营的大型废品站的负责人，听说乔正在找地方出口和加工废品，在考察了一个星期后，他提议：“你可以买下，或者租下我的废品站。在那里接收材料。”乔在给我讲述这个提议时耸耸肩：“我的第一个废品站就在珠海。”

当时是1987年，中国已经允许私人投资，但外国人最好还是找人帮忙打通道路。“那时候你需要和政府建立关系，”乔解释道，“否则就别想进入中国。”这不仅仅涉及能否开办废品站这一个问题。当时，中国没有与进口废金属有关的环保法规，海关人员也没有受过培训，不知如何评估废金属的关税。“二十年前，什么都没有，没有法规，没有关税。我把废品运进来，他们决定收多少关税。那些东西都是金属，是铜——他们根本不清楚。他们不知道该收多少关税。”或许中国政府希望增加就业；那个废品站的负责人希望把废品站“租”出去；而乔则需要一个地方加工他买来的所有美国废品。如果这个链条中的三个环节中有一个出了岔子，那么那些废品就只能流向美国的垃圾填埋地了。

在鼎盛时期，向政府租赁的东泰废品站雇有数量惊人的3000名工人，每月进口500个集装箱如发动机和带绝缘材料的电线等低档铜废料。乔告诉我，发动机的买价是每千克4美分，其中所含的铜的价值是这个价格的30倍。劳动力成本十分低廉，每天不超过1美元。废品市场，特别是铜废料市场，价格一直在涨。根据中国有色金属工业协会收集的数据显示，在1985到1990年间，中国通过废金属生产铜的数量翻了一番，达到了每年21.5万吨，占中国铜总产量的38%。如果乔每月确实进口500个集装箱，那么在20世纪80年代末，他的供应量就占到了将近10%。

乔很为东泰废品站骄傲，他认为他的废品站解决了两个重要问题：废品站为美国人提供了场地，循环再用无法在美国循环再用的废品；雇用了数千名中国工人。于是他在1990年邀请了各国媒体前来参观。“美国每年产生成千上万吨废品，”他对进步派杂志《琼斯母亲》（*Mother Jones*）的记者丹·诺伊斯这样说，“必须找个地方处理这些废品。”

丹很赞同乔处理废品。他在文章中称，“废弃电池、马达、铜线，甚至IBM牌电脑”散布在乔的废品站里。但和乔不一样，诺伊斯没有看到乔处理废品有任何值得赞美之处。他看到的只是焚烧电线的火焰，燃烧的变压器以及东泰的一条巨大垃圾深沟。丹不仅没有感谢和称赞乔帮助挥霍浪费的美国人摆脱了这些麻烦废品，反而对这种回收办法给健康、安全和环境所造成的恶劣后果感到非常愤慨。“站在这家回收厂的办公楼顶放眼看去，”他写道，“眼前的景象让人联想到了监狱里的苦役犯。”

乔也倍受污染问题的困扰（《琼斯母亲》杂志中引用了他在这方面的话），但他决不会责怪他自己，他把责任推到了奢侈浪费的美国人和起初允许他在珠海做生意的人身上（指责后者或许并不明智）：“现在我感觉他们只在乎钱。我认为他们尚未意识到这个问题。”

可以预料到，相关当局很快就意识到乔就是他们的问题，于是关闭了东泰废品站。

对乔来说，那是一段艰难时期。“我想我说的太多了。”在2009年的一次采访中，他这样告诉我，那时候他觉得是时候谈谈那段他在媒体上臭名昭著的时期了（后来他提出进行第二期评估：“噢，老天，噢，老天，噢，老天。”）。但从长远来看，恶名似乎并没有带来影响：乔在中国拥有数个废品站，可以处理大量从美国进口的废品。按照乔的话说，那种“东西”必须有个去处，他认为中国是最佳选择。

邀请我参观他在广东的几个废品站时，乔给我介绍了几件容易让他背上骂名的事，比如说员工宿舍。“如果我带你看了最好的，那也一定要让你看看最差的。”于是我去了闷热的员工宿舍，在那里，工人唯一的私人空间就是他们的床铺。必须指出，广东位于热带地区，到了夏天，那些床铺所在的房间里连空调都没有。乔很清楚这一点，可他并没有道歉：“我给他们提供的条件比他们在家时要好十倍。在湖南，要十二个人睡一个房间，有时候还得挤在一张床上。而且也不可能一顿饭吃八道菜。”稍后他提出了一项建议：“你不相信我？那你坐我的车，我让司机带你去看看！”

我没有接受他的建议，但我很了解他的意思。中国农民在农村的生活与田园诗中描绘的情形相去甚远。房子拥挤不堪，缺乏隐私，一般都没有冲水马桶。根据当地环境，饮食都很简单，而且种类肯定不如东泰厨房供应的菜品丰富（噢，没错，我的确见到一顿饭有八个菜）。村民不会整日分类垃圾以赚取工资，而是在田间采收作物维持生计。这二者，一个比另外一个强吗？我从未在这两种环境中生活过，因此无从猜测。可我知道一点：在21世纪，中国的废品站从来都不缺劳动力。他们从各个省份的农村出来打工，一大早就排起长队，希望找到工作。他们本可以待在家里，本可以到传统的工厂找份工作，却都选择在废品站里打工。

为什么？当然是为了钱，为了一个迈向更好未来的机会。这些工人把大部分赚来的钱都寄回了家里，一般都是给留在家乡的孩子支付学费。

这工作安全吗？有时安全，有时则不。呼吸燃烧的电线冒出的烟雾不安全；这样说来，闻到电脑电路板燃烧时冒出的含铅烟气也不安全。可在中国的废品站，大部分工作都是拆卸和分类。虽然环保主义者和记者二十年来一直在曝光，但在中国，燃烧废品的现象并不多见，而且在逐渐减少（在非洲和印度的某些地区，有人依然在燃烧废品）。

21世纪初，我看到工人们只穿着T恤衫、棉质裤子和凉鞋就在不密封的熔炉边工作；有些工人在没有任何防护措施的情况下直接用手使用切割机和氧乙炔焊炬；甚至在现在，看到工人穿人字拖在废品站里工作我也毫不惊讶。安全帽、护眼罩、口罩和工作手套就像犹太热狗一样，在大部分中国废品站里都是非常罕见的东西。据说，工伤事故十分常见。很不幸，中国的雇主无须上报工伤事故，因此我们也就无从得知事故到底有多常见了。

随着时间的推移，中国的废品回收业会越来越安全吗？或许会。可即便是在美国这个世界上工作场所安全法规最先进、也是执行得最好的国家，废品回收业中的工伤事故也是最多的。这并非是因为缺乏努力：废品回收业的主要行业协会投入了大量时间、精力和金钱进行安全培训。可一个简单的事实依然无可改变：整理别人的垃圾本身就很危险。最好的，也是唯一的办法就是不再扔掉这么多垃圾。每一根旧管子，每一台废旧电脑，都可能让别人受伤。

然而，虽然有很多风险，这一行里也还是有很多机会，我去了这么多地方，还没见过在哪个国家和地区，废品回收业在走下坡路。随着资源越来越稀少，从废品中提取这些资源的需求就会越来越大。对于小型废品“翻掘者”来说，这是个创业的好机会，可在某种程度上，对于那些知道如何与翻掘者做生意的企业家而言，这是个更好的机会。这个世界上没有哪个地方能像中国的南方一样，如此乐于重视并抓住了这样一个大好机会。

1980年，中国中央政府把距离香港不远的小渔村深圳建成了经济特区。深圳是中国自由市场改革的试点，这里与北京距离遥远，可以避免首都受到其资产阶级意识形态的影响，但这里又毗邻香港，可以吸引既有资本又了解自由市场的中国投资者前来投资。

香港还拥有其他优势，首先它具有港口优势。和现在一样，香港当时是世界上最繁忙的港口之一，吸引了来自全世界的货轮在此停靠。对乔和其他早期便从事这一行的废品进口商来说，这一点至关重要。可对海运托运人来说，香港这个港口已经过度拥挤，因此，乔知道，他可以定期利用可预计的方式把装有废金属的集装箱运到中国边境。货物一到香港，就会被从货轮上卸下来，装上驳船，运往目的地。大部分像乔一样的早期废品进口商确实别无选择，只能与当地政府合作，因为他们掌握着地理位置优越的港口，而且和海关关系很铁。

20世纪80年代末，乔还在珠海经营那个注定会被关闭的废品站，深圳一家国有工厂找到他，希望能与他建立业务联系。"他们制造电线和铜线，却不知道如何找到足够（废品），保证工厂的生产。"他向我解释说。然后他讲起了他未来合作伙伴说过的话："'看看你能不能给我们发点铜，我们可以一起做生意。'"乔当然高兴地满足了他们对铜废料的需求，二十多年后的今天，他们依旧是生意伙伴。

参观那家公司时，我看到在那家电线厂大楼的阴影下，几个工人正在混凝土大场院里剥电线的绝缘材料、拆解窗框。整理好的电线由人用推车送进工厂，其他金属则捆扎起来，准备运到深圳的小工厂里。把金属卖给这些小工厂，其实就和小型废品站自工业革命以来一直在做的事差不多。可在中国，像金属这样的原材料都严格掌握在国有企业手中，小型废金属零售业无异于掀起了一场商业革命。

这样来想一想。1980年，中国的一位工程师有了一个新型黄铜圆珠笔笔珠的创意，只有一个选择：把这个发明交给你所在的国有工厂的领导。然而，为了方便讨论，我们假设你希望自行开发、制造和销售这个产品，你能做到吗？深圳实行商业开放，严格来说，你可以开办一家公司。

可即便你能融资购买简单的机械设备制造新型圆珠笔笔珠，可你要到哪里去买黄铜呢？1980年，包括金属在内的原材料均由国有或国营企业控制，而他们主要和其他国有公司做生意。他们连一桶原材料也不会卖给怀揣创业梦的工程师；他们只会按照固定价格把大量原材料卖给效率低下的大厂。他们很有可能没有电话，没有销售柜台，因此，你根本联系不上他们，也找不到他们。他们为什么要有这些东西呢？

这就要说到废金属进口商乔了。当时乔的生意很好，可这只是相对而言。相比国有大公司，他只能算是个小商人，而且只对一件事感兴趣：把废品卖给出价最高的人。因此，如果一个小工程师走进他的废品站，寻找几桶黄铜制造圆珠笔笔珠，他一定会卖给你——只要你有现金。他一天到晚的工作就是把废品卖给大大小小的买家，而这些人都在用各自的方式在深圳和珠江三角洲做生意，制造产品，建造高楼大厦。和中国大型国有金属公司的客户不一样，（进口商的）进口废金属的买主都是规模很小、刚刚开始创业的企业家。他们还都具有革命精神：中国企业家再也不会买不到他们生产所需的原材料了。废品正在一点点瓦解中国计划经济的主要瓶颈。

来看一组中国有色金属统计数据：1980年，22% 的中国铜产量来自废金属；到了1990年，这个比例增长到38%；而在2000年，这个数字则一举跃升至74%。这一增长是由很多因素引起的，最重要的是中国对铜的需求一直在增长，而中国铜储备数量有限，无法满足这一需要。但有一点很重要（这个因素可以真正左右中国和全球经济），2000年的这74% 的份额在很大程度上代表着一些企业家满足了其他企业家对原材料的需求（现在这个比例约降至52%，这一结果受多方面因素的影响，其中包括相比开采铜的价格，铜废料的价格涨得很高）。与此同时，中国五大废品进口省份正好也是中国国内生产总值最高的五个省份，其中以广东为首。对于这二者的相互关系，创业精神和废品并非仅有的两个诱因，但它们确实起到了一定作用。

到了20世纪90年代末，深圳及其周边城市成了世界上最大的制造业集散地，从汽车配件到芭比娃娃，几乎没有他们不生产的东西。那里已经变成了令人忌惮的著名世界工场，为了寻找更为廉价的劳动力和相对宽松的法规，工厂都从发达国家转移到了这里：在这里，农民可以成为中国的产业巨人，成为中产阶级，拥有私人住房，又或者，他们最起码也可以到工厂里打工，赚到的钱要比在农田里耕种获得的仅能维持生计的收入高出很多。现而今，这里依旧是人类史上最密集的制造加工区，生产各种各样的产品。

但到这里，故事只讲了一半。

20世纪90年代末，深圳及其周边城市还是世界上最大的废金属、废纸和废旧塑料的进口地。这里悄悄地成了世界废品站，发达国家把他们回收不了的废品运到了这里；在这里，以前的农民接收了这些废品，将其制造成新产品，再销售给起初出口这些废品的国家。

对于废品站在推动发展中国家人员创业中所起的作用，尚无人进行研究。可大量从前的农民、现在的中国南方制造业百万富翁会很乐意叫出卖给他们第一批废金属的人（总是男性）的名字。听了十几年的故事和人名，我却始终未曾听过有人提起哪怕是一个国有公司销售经理的名字。

需要注意的是，中国发展成为制造业和回收业巨头这个故事其实并不新鲜。确切说来，这种事古已有之。

就拿北美来说吧。

机械化造纸业于19世纪初传到了美国。这是一个前途无量的市场：受过良好教育的美国人越来越多，他们读的报纸、买的书、写的信，也越来越多。为了满足这一需要，美国的机械化造纸业依靠旧布（主要是亚麻）来制造低成本的优质纸浆。然而，很不幸，美国机械化造纸业就是无法弄到足够的旧布来满足人们对印刷材料的需求。

于是美国颇具魄力的造纸商及同样具有魄力的旧布回收商做出了一个很有当代风格的选择：他们把目光放到了海外，到更加奢侈浪费的欧洲寻找原材料。根据研究美国废品回收业发展史的苏珊·斯特拉瑟收集的数据显示，1850年，美国从欧洲进口了将近4.5万吨旧布。二十五年后，美国从欧洲进口旧布的数量达到了5.5万吨，大部分来自维多利亚时代的英国。

有必要在此重申：旧布并非干净的旧布。这些旧布上有各种各样的污渍，来自工业、医疗和家庭等各个领域。然而，现在人们可能会觉得英国的一桶用过的破亚麻布很恶心，可在19世纪末或20世纪初，北美没有人会斥责维多利亚时代的英国人把他们的“废品”“倾倒”在依旧处于发展中的前英国殖民地上。相反，那些愿意关注这一行业的美国人都认为，对于满足美国对印刷材料日益旺盛的需求来说，这个方法既必要又实惠（只是偶尔有些令人讨厌）。对维多利亚时期的英国人来说，唯一的反对声音或许来自英国本土的造纸商，毕竟他们要付出昂贵的代价去和美国人激烈争夺旧布。

19世纪的美国人大量缺乏的可不仅仅是旧布。在19世纪80年代，美国蓬勃发展的钢铁制造业开始使用能锻造钢铁废料的平炉。需求是巨大的：铁路和其他基础设施建设需要大量钢铁。然而，美国当时尚未循环利用旧基础设施替代下来的废料，于是美国再次把目光转向海外，向欧洲寻找原材料。根据卡尔·齐姆林搜集的数据显示，美国进口的钢铁废料从1884年的38580

北卡罗来纳州斯泰茨维尔市戈登钢铁金属公司里一捆捆圣诞树彩灯。

在中国石角镇雷蒙德·李的圣诞树彩灯回收厂里，一捆捆美国进口圣诞树彩灯即将被送去循环再用。

李先生的再循环系统利用水流和倾斜振动台，将较重的铜废料从轻质绝缘材料中分离出来。整个中国都在使用类似的再循环系统。图中的这套机器在宁波。

雷蒙德·李（最左）和他的家人。

李先生的妹夫姚先生（左）设计了雷蒙德·李的圣诞树彩灯再循环系统，他正在打开厂里循环加工的一袋数百千克重的铜废料。

废物管理公司下属休斯敦材料回收厂的工人把塑料从经粗略分类的废纸中拉出来。背景中是一捆捆分好类准备装运的废纸。

一捆分好类的废纸后面有数个笼状容器，易拉罐、果汁盒和塑料瓶在分类线上被喷射出来，经整理后被存放在这些容器里。

休斯敦材料回收厂里数捆分好类的可循环再用废旧塑料。照片中间的几捆是路边的回收桶，在向卡车中倾倒废物时这些桶也掉进了车里。

在中国，家庭回收物都是由小贩收购和分类，然后卖给回收中心。在北京这家塑料回收中心，创业者在租来的厂房里手工分类不同类型的塑料瓶。

就是在这个家庭废金属仓库里，我逐渐了解了这一行。

我的祖母是一位俄裔犹太移民、废品小贩的女儿。照片中她坐在我父亲废品站的收银机和汽车衡旁边，做着她最喜欢的工作：收废品。

图中为废品仓库内景。很少有一盒废旧货（我祖母喜欢这么叫）留过一个星期。

在印度德里郊外的拉玛造纸厂，一个工人正把从阿联酋进口来的课本和笔记本中的纸板和白纸分开。

图中这种做法是为了得到更高质量的可回收纸板和更高质量的可回收白纸的情景。

这是欧姆尼资源公司下属韦恩堡电线“切割”厂的样本墙，对于美国在过去半个世纪里传输电力和信息采用的线缆，这里的收藏或许堪称世界之最。

欧姆尼资源公司下属电线切割厂在循环再用的废旧电线中回收的纯度为99.5%的铜碎片。（照片由克莉丝汀·谭提供）

位于中国佛山的东泰废品站，照片摄于2002年。

东泰废品站创始人兼总经理乔·陈是中国废品回收业的先锋之一。

2002年东泰废品站的工人宿舍。“如果我带你看了最好的，那我也一定要让你看看最差的。”陈先生这么告诉我。

中国佛山南海区里一条看似安静的车道，这里很可能是世界上最集中的废物循环回收区。高墙内有数百家从事进口废品循环再用的企业。

这是佛山一家典型的大型回收厂，从事手工分拣进口报废汽车废料。

从控制塔俯瞰盐田国际集装箱码头，照片摄于2005年。将近10%的集装箱里装的都是进口废纸。

盐田国际集装箱码头附近一家工厂内存放的数捆进口美国废纸。

从迪拜进口的一个集装箱黄铜废料（又称“蜂蜜”）正在印度占姆纳格卸货。

“蜂蜜”。

分拣后，这些废金属将被熔化，铸成黄铜管道阀门。

工人分拣并磨光阀门制品。这些阀门包装后将在迪拜出售。

在中国台州市中心一个大型旧货市场，一个女人正看着她的二手电动机摊位。

无法修理和无法重新使用的电动机将被拆解。

在过去三十年里，数百万台电动机从美国流向中国进行循环再用。台州齐合天地公司是世界上最大的废旧电动机加工企业。2010年，该公司在香港股票交易所挂牌上市。

台州某金属公司的一个工人在拆解从日本进口的大批机械上的电动机。

在中国台州拆解并分类完毕的电动机零件。其中大部分零件被买走后将被用来重新制造电动机。那些磨损严重的零件将被送去循环再用。

在马来西亚槟城围网公司，数堆美国进口的旧电脑显示器正等待技术人员的检测和整修。

一个工人正把一台旧电脑显示器上的刮痕磨平。然后这台显示器将被放在盒子里，运走出售。很可能会被送到非洲的发展中国家。

约翰逊·曾在位于南卡罗来纳州斯帕坦堡的欧姆尼资源公司仓库中寻找废品。

中国清远市的废金属进口商霍默当初是一名理发师。他现在进口绝大部分约翰逊出口的废金属。

吨上升到1887年的380744吨，而这段时间也恰逢美国铁路修建潮，废钢铁进口量也增长了10倍。

20世纪初期，美国废旧钢铁进口量开始下降，因为废旧钢铁在很大程度上自给自足了——事实上是用了多少，就扔了多少（铁矿石一直是制造钢铁的主要原料）。后来，在“一战”前的几年，美国开始出口少量钢铁废料，其中大部分都出口到欧洲。这称不上大变化，要到二十年后，钢铁废料出口贸易才会发展成为真正的大型产业，但这标志着这个产业开始走向成熟，摆脱了过去需求无法满足的状态。确实，在出口钢铁的同时，美国也在进口钢铁，由此可见，聪明的商人找到了在全球市场上的获利之道，不再死守本地市场。

贸易拓展了，更严重的问题也随之而来，其中包括与当地贸易伙伴、外国贸易伙伴以及政府之间的纠纷，以与政府之间的矛盾最为严重。于是，在1914年，美国第一个废品回收业贸易协会“国家废弃物交易商协会”成立，三年以后，当时正值“一战”期间，该协会全体成员建立了出口委员会（后更名为对外贸易委员会）。国家废弃物交易商协会的官方公报（这份档案现存于位于华盛顿的美国废料回收工业协会，其前身就是国家废弃物交易商协会）表示，这个正在发展中的组织主要致力于三点：把年度宴会办得越来越好，促进成员间的贸易发展，解决与海关及税务机关的纷争。

美国废品回收业在20世纪初开展的绝大多数生意都是在本地进行的。然而，不论是在当时还是现在，美国的废品回收商都敏锐地意识到：美国人扔掉的东西太多了，单凭他们自己无法全部回收再用。因此，国家废弃物交易商协会在1919年9月20日出版的公报中刊载了一篇短文，文中特别强调，在6月份的对外贸易委员会的会议上，“进一步建议将国家废弃物交易商协会的成员名单通过某种方式送达国外相关方面，以期为会员开辟市场”。

并非只有美国的废品回收业协会有此考虑。同年9月25日，英国曼彻斯特钢、铁、金属和机械废料商会向美国国家废弃物交易商协会递交了一份会员名单，并询问美国人可否如法炮制；10月19日，大不列颠及北爱尔兰羊毛旧布批发商联盟也采取了同样的行动。但是，对美国废品感兴趣的可不仅仅是欧洲，而这个新发现似乎令美国国家废弃物交易商协会那些头发花白的领导层也大呼震惊。1919年9月4日，该协会公报刊载了一篇文章，标题全部用大写字母写成：日本希望同本协会建立生意往来。尽管标题后面没有感叹号，可不难想象，该协会领导人在看完下面这封短笺后，一定会在心里加上一个感叹号。

> 尊敬的先生们：
>
> 承蒙贵市商会协助，我们了解到了贵协会的名号。
>
> 敝公司的大部分董事都是该商会会员，现将我司经营品种列明如下：羊毛料、羊毛废料、纸料、废棉、棉质旧布、废橡胶、粗麻布、旧包和旧报纸。
>
> 我司希望能与贵协会中可靠的大型公司建立业务关系。如蒙贵协会牵线搭桥，敝公司将不胜感激。
>
> 谨以至诚
>
> 日中原材料有限公司
>
> 总经理T. 佐佐木敬上
>
> 日本神户市荣町六丁目通

这封日本人的函电中并未提及废旧钢铁，可没过十年，日本的炼钢厂就成了美国钢废料出口商的大客户，到目前为止，仍是如此。举例来说，1932年，美国向全世界共出口27.7万吨钢废料。其中向日本出口16.4万吨。可这没什么特别之处：在接下来的八年里，为满足军事方面对钢材的大量需求，资源匮乏的日本从美国进口的钢废料数量加速增长，1939年，进口量达到了惊人的202.6万吨，同年美国的钢废料总出口量为357.7万吨。这种做法虽然是合法的，但在道德上却难以自圆其说：1939年日本对中国的野蛮占领已经有两年了，日本将来肯定会因为这种行为被控战争罪，而美国国内对这个事实不能说不知道。同样地，1938年，美国出口商向德国出口了23万吨废旧钢铁，这时候，德国的种族政策早已人尽皆知了。

具有自由市场倾向的美国废品回收业或许不会因为这些声名狼藉的事

件而被激怒，可美籍华人团体却怒不可遏。1939和1940年，他们在废金属装船向日本运输的美国码头组织了抗议活动。然而，美国的废品回收商不为所动，并没有停止贸易（或出面平息抗议），出口交易一直进行到1940年7月，当时罗斯福总统运用行政权限禁止美国向日本和德国出口废旧钢铁。没有受到任何阻吓的日本人转而向中南美进口，以满足其在军事方面的需要。

对日钢废料出口中断了一段时间。但仅仅只是一段时间而已。“二战”后，美国废品出口再次启动，对日出口尤为旺盛，后来，对台湾的出口量也相当惊人。

有人卖废品，有人买废品。什么都没有改变。

在我留在中国的这十年里，明尼苏达州的生活还在继续。父亲在治疗中心进进出出，我童年时的家被卖掉了，祖母也离开了人世。然而，回首这些年，让我最猝不及防的、提醒我再也无法回家的时刻，就是在获悉明尼阿波里斯市买下了我家废品站所在的土地的那一天。

从某种程度上来说，那个废品站是我成长的地方，我和祖母在那里一起度过了很多特别美好的时光，早晨吃犹太热狗，在地秤上称量卡车。废品站关闭几年后她才去世，可她一直没有恢复到废品站还在时的状态。我亦然。没错，父亲在明尼阿波里斯市北部又开了一个小型金属仓库。可那里太远了，她无法开车过去，而且那里没有历史，没有关于废品回收的回忆。在我看来，那根本算不上真正的生意，仅是与打理后院的花园一样的消遣而已。我到那里去过六次，其中两次是为了让祖母在临终之前享受一下看到废金属的乐趣。至于父亲，他依旧很有天赋，每天工作几个小时，所赚到的钱便足以维持一个小型仓库。

在中国和美国，人们偶尔会问我，为什么我自己不从事废品回收这一行，毕竟我懂这么多，又有这么多关系。“你可以赚大钱，”他们告诉我，“你认识这么多人。真是太浪费了。”我觉得这倒是事实。可那些对我的关系垂涎不已的人并不了解，我之所以认识这么多人，我之所以在废金属回收业有这么多朋友，唯一的原因就在于我不是行业中人。从我开始卖废品、做废品生意的中间商和买废品的那一刻起，所有那些和我说话的人，所有那些废金属行业里的朋友，就会变成我的竞争者。或许有一天我会改变想法，可目前我只有兴趣和他们做朋友。对我来说，失去他们，才真是太浪费了。

第五章
载货返航

我是在上初中时意识到父亲把废金属出口到亚洲的，那时候我充其量只是个乳臭未干的小孩子，我问道，做这个你怎么赚钱呢?

不记得我得到了怎样的答案，可我想应该是这样的：“中国人出的钱多，闭嘴吧。”按照我家废品回收生意的惯例来看，这往往意味着讨论结束了。可这不是我所要寻找的答案，不是我的理想答案。很多年后我才得到了我要的答案，那时我已渐渐开始明白一个道理，中国对美国废品的需求与美国对中国产品的需求之间存在着非常紧密的联系。很幸运，全球废品回收业认识到这个联系的时间要比我早得多，有了这个认识，他们便利用这个联系，创造出了数十亿美元的可持续发展的商业模式，这也是全球最大、最环保的成就之一。具有讽刺意味的是，一般而言这是一项无法用语言来形容的成就，尽管这个故事很简单，这个行业在过去二十年里给企业、消费者和环境带来了巨大的好处。

2005年，一个闷热的下午，我走进了中国南方的一架升降梯，目的地是可俯瞰盐田国际集装箱码头的控制塔顶楼。这个码头是中国第二大、世界第四大海港。这是一项骄人的成就，特别是在我参观时，盐田码头建成还不到十年。然而，这也算不上什么惊人的成就：盐田是深圳的一个区，而盐田码头则是世界工厂出口其大部分产品的地方。

升降梯门开了，我走进了一个房间，这里看上去就像美国太空总署的宇航飞行指挥控制中心。房间前面有很多巨大屏幕，上面显示着电子地图，图上有一条条移动的黄色线条，代表船只正在进出港口。屏幕下面是一排正在操纵电脑的工作人员，他们在制定航线，在图上标注货物的位置。但我的双眼被窗外的港口全景吸引了，只见一派由数万、也许是数十万只金属集装箱组成的棋盘景致，这些集装箱分别为6米或12米长，有红、黄、蓝和灰四种颜色。这些集装箱摞在一起，足有24米高，从凸式码头开始，一直延伸到那座热带山坡脚下，分布面积达数百公顷。在一些地方，特别改装的叉车在一摞摞集装箱间的夹道里运送集装箱；在海边，吊车从集装箱堆放处吊起集装箱，娴熟地放在如帝国大厦一般的集装箱货船上，然后，这些船将驶往全世界。

工作人员告诉我，从2004年9月起的十二个月里，在这里周转的货物总值为1470亿美元，涉及1300多万个集装箱。我无法想象这些数字；这简直是天文数字了。不过他们提供的下一个数字则很容易想象：仅有10%的集装箱里装的是进口货物，其余的90%装的都是出口货物。

中国制造的产品越来越多，而美国和欧洲这些地方的制造品则越来越少，数十年来这些地方的贸易不平衡，必然会产生90%对10%这种附带结果。2005年，也就是我去了盐田码头控制塔的那一年，中国向美国出口了价值2430亿美元的货物；而美国向中国的出口总值仅为410亿美元。这种贸易不平衡（如果你是美国人的话，则会称之为贸易赤字）并没有消失，现如今，中国的很多其他贸易伙伴也遇到了类似的贸易差距，其中就包括欧盟和日本。和美国一样，这些国家用集装箱向中国出口的货物数量不如他们从中国进口的多。

贸易赤字产生了很多消极影响，而航运公司受到的影响最大。毕竟他们的生意就是把装在集装箱里的货物从产地运到购买它们的地方。如果贸易平衡，即，如果美国和中国为对方生产同等数量的货物，那么运送货物到美国的集装箱也能装着货物返回中国。可如果美国和欧盟不生产任何中国人想买的产品，航运公司就需要找到最廉价的办法尽快把集装箱运回中国，以便再装载货物返回美国。运输空集装箱是一个选择，可这并非是有利可图的选择。

那么航运公司是怎么做的呢？

第一步，船运公司会降价促销，提供折扣，有些公司以为运费很高，或者运费确实很高，因此不愿意出口货物，船运公司这样做就可以吸引这些客户。事实正是如此：几十年来，航运公司一直以所谓的回程载货这个名义打折。比如说，2012年夏初，从洛杉矶向盐田运送一个约18吨集装箱的运费仅为600美元。然而，盐田到洛杉矶的运费则是这个数目的4倍。

第二步，如果你是一家航运公司，就要找到一个符合以下两个条件的行业：第一，每年产出数百万吨的产品；第二，拥有中国客户。大豆和小麦这类农产品可满足这两项要求（随着中国越来越富有，吃掉的东西也就越来越多）。可这些农产品往往都是大量种植和收割，然后装进所谓的散装货船的宽敞船体里进行松散式运输。农产品虽然是一个选择，可如果先把大豆装进袋子或箱子，再放进集装箱，成本就太高了，根本划不来。

这样一来，就只有一个数量众多的产品可以填满那些等待返回中国的空集装箱了：废品。如果你在寻找废品填满集装箱，那就没有比一堆堆干草垛大小的废纸更合适的了。想想看：2012年，美国废品回收公司收获了4635万吨废报纸、杂志、办公用纸和纸箱，这是他们回收的废旧塑料、铜、铝、铅、锌和电子设备总量的四倍。然而，如果你是货主，那么有个好消息告诉你：数百吨中国制造商用来包装出口美国货物的纸板箱可是中国造纸厂急需的原材料，因为他们要用这些材料来制造那些纸箱。换句话说，你新买的中国产电视机的包装箱很可能就是你上一台笔记本电脑的包装盒。

这是一个循环往复的过程。

2012年，美国人出口了将近2230万吨废旧报纸和纸板箱，约占回收总量的40.5%。其中大部分都装在集装箱里运往了中国，而如果没有废纸，这些集装箱就只能装着空气穿越太平洋。数百万吨回收金属和塑料也同样如此。和废纸一样，所有这些废品用的都是从中国到美国往返票的未使用部分，而为此买单的就是急需中国制造产品的美国消费者。无论如何，货船都要返回中国，把船只送回去的燃料肯定会燃烧，不管有没有人为往返票买单都是一样。于是不管是任何人还是任何物品登上了那些船，都相当于即将开始一段目的地是中国的低碳航程（集装箱的重量可以忽略不计：船只需要压舱物在大海里维持平衡，装满废纸的集装箱便可以充分发挥这一功能）。当然了，一些人利用周末分类废品，然后一路烧着汽油把那些可循环再用的废品送到当地的垃圾回收站，则不能与此同日而语了。

往返运输的价差因为船只、淡旺季和港口的不同而有所变化。可美国的废品回收公司和中国的废品回收公司竞争的一个关键因素是，到中国的海运费要比美国国内相隔遥远的城市之间的陆运费便宜很多。比如说，2012年末，经由铁路从洛杉矶向芝加哥运送一个集装箱的费用为2400美元，其费用是把同一个集装箱运到深圳的四倍还要多。换句话说：因为美国需要中国的产品，那么为了竞争买到洛杉矶的一集装箱旧报纸，中国南方的一家造纸厂就能胜过芝加哥的一家造纸厂。这就是载货返航以及美国对中国制造产品需求的影响力。

或许有一天，中美两国的贸易不平衡会消失，废品回收商也不会再因为成本问题而把废品运往中国。可在这之前，多疑又环保的垃圾分类者（比如说初中时的我）会因知道一个事实而大感安慰：把满满一回收桶的废纸从洛杉矶运到中国，要比用电动汽车把废纸运到西雅图环保得多。如果把节省下来的燃料换算成钱，那这么做可以说是利润丰厚了。

2011年7月的一天，凌晨5点45分，一家废品回收公司的主席艾伦·阿尔珀特正急驰在洛杉矶的一条高速公路上。他开的是一辆像刚刚擦洗过的黑色宝马车，不知是不是有意搭配，他还穿了一件黑色的马球衫和黑色的尼龙运动短裤。他承认，这个时间去办公室太早了，可他必须在早晨7点30分开例会前做运动。

他左手握方向盘，右手拿一个电动剃须刀刮左脸上的胡须。不知怎的，他双眼的焦点在前面的路上，大脑的焦点则在通过车内声音深沉洪亮的音响系统，与别人讨论废旧啤酒罐和汽水罐（用行话来说就是饮料容器或废旧铝饮料罐）。另外一个声音属于北美中部时区的一个人，这个声音的主人对于如何从废旧铝罐中赚更多的钱有了些新想法。他们谈的交易很复杂，可等到了阿尔珀特那栋两层的总部大楼，交易已经达成，废旧铝罐很快就会上路，被运送到落基山脉另一端的某个人手里。

艾伦一边停车，一边说了一些我很感兴趣的内容。把旧铝罐运到落基山脉另一边，交给可以将之熔化并再生产出新铝罐的工厂，费用大约为每千克17美分，也就是说，18吨的成本约为3000美元。可在西海岸，通过巨型货轮把铝罐运到中国的费用更低：据艾伦所说，成本仅为每千克3美分左右。换句话说，只需600美元就可以把相同的18吨铝罐运到上海，或者说，这要比用卡车送到落基山脉另一边便宜2400美元。如果你和艾伦一样，整天都在琢磨数百个集装箱的旧啤酒罐，那么每个集装箱2400美元的差距加起来可就不是小数目了。

但有个问题：由于担心进口罐包装饮料的残余物会带来健康和安全方面的隐患，中国已经禁止进口废旧饮料罐。这是个很奇怪而且貌似有些说不通的禁令，特别是中国允许进口其他很多更为危险的废品，可艾伦或其他人对此无能为力。中国的规则由中国自己决定，只能希望随着时间的推移，他们会有所改变。

“你觉得他们有可能取消这个限令吗？”下车时艾伦问我。

“没可能，不过……”近些年来，我在中国政府里的熟人一直在谈论一件事：中国是时候接纳更多种类的可循环再用废品了，其中就包括留有少量残余液体的啤酒罐。在某种程度上他们希望把现存的活动合法化：一些中国进口商从泰国的度假岛屿购买旧铝罐，然后偷运到中国南方，并因此赚了大钱。

然而，艾伦可不想冒这种风险。他的公司是一家大型公司，在业内口碑很好，因此不能被人抓到在走私旧百威淡啤酒罐。

停车场里有两三辆汽车，其中一辆属于艾伦的私人健体教练J.J，他穿着印有李小龙头像的T恤衫，和我们一起走进了大楼。他说他会抽出一部分周末时间和缪斯健身俱乐部的会员一起锻炼。这时候6点刚过，可几个没有窗户的办公室里已经打开了灯，有些员工负责艾伦每月出口到全世界数百个集装箱的出运工作，他们的办公室此刻更是灯火通明。艾伦直接去了那个小型的私人健身房。

一个小时后，艾伦做完了锻炼，然后走上楼梯，右转进入大会议室，十二个三十多岁的人已经在会议桌边坐好了。艾伦的衣着和他们相似：卡其布裤子，熨烫平整、领尖钉有纽扣的长袖衬衫（他穿的是蓝色的）。一盏配有两个日光灯泡的灯悬挂在会议桌上方，散发出的光量刚好够会议之用，却难以让人觉得会议是在白天进行的。

艾伦在首位坐下，向后靠在椅子上，两条长腿前伸，然后回头看了看身后的一块大显示屏，上面播放的是全世界的主要金融数据，包括主要交易市场的金属商品价格。其中一个年轻人按了会议桌中央一部电话上的几个按键，来自阿&阿公司（阿尔珀特&阿尔珀特公司）巴黎办事处的一个声音说了声“早上好”，过了一会儿，阿&阿公司新泽西风险管理办公室负责人的声音也响了起来。正如艾伦昨天吃晚饭时提醒我的那样，一个集装箱铜废料价值超过17万美元，而一天内可以上下浮动上万美元，这种时候，确实有很多风险需要管理。阿&阿公司使用了很多保值措施来规避相关风险，这些都是华尔街倡导的复杂金融工具。换句话说：这里与父亲的废品站有天壤之别。

艾伦转过身，面向会议桌，看着一个年纪较大的人：“开始吧，特里。”

特里·巴姆斯特恩是镍、不锈钢和高温合金（意味着价格也很高）业务的负责人，他简要报告了亚洲过去一天的市场行情。“一开市，三个月的价格就大幅飙升，”他指的是伦敦金属交易所金属镍的三个月期货价格，“不锈钢市场开始轻微上扬，有（大公司甲）每月需要两百吨的。”我抬起头：这个需求的潜在价值是每年100多万美元。可特里不为所动，只是继续报出了一些阿尔珀特今天可能出钱购买的金属的价格。等他决定以后，年轻的交易员们就会拿过计算器，开始计算保证金、运费和利润。然后，他们就会打电话联络相识的美国和全世界那么多废品回收公司，看看有谁可以接下这笔订单。

艾伦喝了口水：“你们都听到什么消息了？”

接下来是一阵短暂的沉默；一大清早就开始工作的人们都拿起咖啡杯喝咖啡，伸展一下肩膀。然后，在会议桌一端，有人清了清喉咙，这个人是阿&阿公司的采购部经理吉米·斯吉普赛，他抬眼看了看大家。“我今天早晨和乙公司的人沟通了一下，”他指的是南美一家大型废品回收公司，“他们的负责人外出了。可他们刚刚打电话来，想要一个集装箱。”

吉米不仅仅是购买废品的专家，还是从中南美废品站购买废品的专家。因此他们短暂讨论了一会儿很多南美经营废品生意的富有家族面临的危险，其中就包括一直阴魂不散的绑架风险。然而，尽管南美风险重重，作为在墨西哥长大、以西班牙语为母语的人，吉米对那个地区还是抱着乐观的态度：“瓜达拉哈拉有大量金属。”

艾伦转脸看着会议桌远端：“哈维？”

哈维·罗森掌管着大规模铝废品生意，此人眼眶很深，眼神深邃。“我这里有通治提供的一个数字，非常令人感兴趣，”他指的是艾伦在东京的代理人和一份他交给在座所有人的报价单，“石版的价格是1.05。”即通治知道有人有兴趣以每千克2.3美元的价格购买出版业使用的石版印刷板。“我想这笔生意可以做。”哈维说，他的意思是艾伦可以先把生意接下来，然后在那个“令人感兴趣”的价格基础上去收购石版，“我们可以从中西部买石版，我们有段时间没向日本出口石版了。”

艾伦颔首：“混合冰球方面，通治那里有没有反馈？”

混合冰球是指被紧压成冰球形状的大量金属碎屑，这种碎屑有很多来源，比如说，一家工厂在铝箔上钻洞时产生的碎屑。哈维还没回答，吉米就急切地提出了几个可能的销售地。“印度的丙公司使用一种特殊合金制造活塞。所以印度可以是一个销售地。还有墨西哥，他们也需要。”那天早晨晚些时候，他会打电话，看看是否可以达成交易。

显而易见，价格是能否成交的关键因素，可海运成本也很重要。墨西哥和印度都处在同一个全球市场中，因此二者所出的买价可能只差几美分。可运输就是另外一回事儿了，运输成本有时候会相差数千美元。无须赘言，在价格等同的情况下，这些混合冰球将会被送到运费最低的地方去。

阿 & 阿公司是一家结构复杂的大型跨国公司。在公司成立之初自然没有这样的规模，它也是一点点发展起来的，伦纳德或其他美国早期废品翻掘者一定会对他们的创业之路感觉十分熟悉。公司两位创始人的办公室在晨会会议室的对面，那里很大，可以俯瞰铁道、一条繁忙的街道和阿 & 阿公司那整齐有序的三公顷废品场院。年逾八十三岁的雷蒙德·阿尔珀特坐在一张木质大办公桌后面，他爱开玩笑，为人热情，每个星期依然来上四天班（这里就是他的办公室）。坐在旁边的是杰克·法伯，八十五岁的他彬彬有礼，长相英俊，脸上挂着搞怪的笑容，看上去十分文雅。

雷蒙德和杰克于1950年加入阿 & 阿公司，当时这里还是郊外一家毫不起眼的中型废品站。雷蒙德告诉我，平时每天他们可能接待三百位顾客，大多数都是小贩，而许多人卖的仅是四五十千克废钢。“20世纪50年代，我们这里甚至还来过马车。”雷蒙德告诉我。我对此表示很惊讶，他便告诉我，在他开始做生意的时候，洛杉矶马路的尽头都是烂泥。

在20世纪中期的大部分时间里，阿 & 阿公司一直是一家钢铁废料回收公司。他们从小贩那里收购钢铁废料，然后转手卖给当时位于洛杉矶地区的三家炼钢厂。他们以相当高的成本把主要包括铜和黄铜在内的其他金属运到了中西部地区，因为西海岸没有工厂愿意要这些废品。然而，这种情况势必会发生变化，尽管这个改变几乎与加利福尼亚和中西部地区的废品生意毫无关系。

1950年，美国政府取消了自“二战”时期开始实行了近十年之久的对日废金属禁运令。对于拥有过量废金属想要出口的美国废品回收商来说，这是一个大好商机：日本战后重建正在加速进行，这个岛国急需原材料建造高速公路、高楼大厦、地铁、汽车和出口到美国的商品。1950年，美国仅向这个岛国出口了1433吨钢铁废料（当年美国钢铁废料总出口量为19.4万吨，其中37% 都流向了加拿大）。但日美钢铁废料贸易出现了飞快增长：1956年，美国向日本出口了240万吨钢废料；1961年，出口量达到了惊人的610万吨。在今天看来，美国公司向一个国家出口钢废料达到这个规模，可谓数量异常巨大；2012年，美国向全世界共出口2000万吨钢铁废料。

20世纪60年代，雷蒙德和杰克开始向亚洲出口其他金属。这种情况在西海岸很常见；即便是在当时，把废品运到落基山脉另一边的成本也非常高，特别是通过在美国和日本之间往返的货船把废品运到日本的运费很低，二者一比较，前者就更高了。“韩国、日本和中国台湾地区，后来我们开始把生意做到了中国香港，那时候——”杰克顿了顿，“那时候，把废品卖给中国是违反美国法律的。于是我们就把废品运到香港，他们在那里怎么处理废品就不得而知了。他们可能会把废品运到中国大陆去。”也可能会倒手卖给美国人不寄望涉足的亚洲市场，比如说越南，那里对美国的废金属很感兴趣，可因为贸易禁运的关系，只有社会关系良好的中国香港地区和新加坡中间商才能到那里做废品生意。

到了20世纪80年代中期，阿 & 阿公司近一半的废金属都出口到了海外，该公司因此成了美国西海岸最大的私营非铁废金属出口商，贸易额高达上亿美元。这一尊贵地位是由很多因素促成的，最重要的因素可能就是美国对低成本亚洲产品的需求永远没有满足的一天。如果日本、韩国和中国台湾及大陆不能向美国出口产品，那么低成本回程运费就不存在了，阿 & 阿公司也就不能以400美元这么便宜的运费把价值六位数的废金属运到中国了。当然他们或许依旧会把废品运到亚洲去，可商机和利润肯定会缩水。

一个周二的清晨，我和霍华德·法伯在他的办公室里相对而坐，他是阿尔珀特集团总裁杰克·法伯之子，他的办公室在这座建筑的一层，与该公司经营了半个多世纪的三公顷废品站隔了一条街。和父亲一样，霍华德在从事废品回收行业初期时，很大一部分时间都是在亚洲的街道上度过的，这都是为了寻找新市场，销售阿&阿公司的废品。“有一次我在台湾待了五个星期，”他回忆道，“我先是在台北，然后去了高雄，每个家族小作坊我都会去拜访。”

他回忆起去过的一个家族小作坊，那是一家铸造厂，人们把滚烫的金属溶液倒进模具中。在热金属冷却后，一个上了年纪的女人挥舞锤子，把倾倒时残余的过量金属敲掉。“她穿着人字拖，蹲在地上把那些东西砸掉。和我在一起的那个人应该是厂主，他说：‘我希望你能去见见我的母亲。’”霍华德摇摇头，“我母亲绝不会干这个。”

20世纪80、90年代，阿 & 阿公司的台湾客户开始向西进入中国大陆，霍华德的足迹也到了那里。他在中国见到的情形与他父亲于20世纪50年代时在韩国、日本（在日本这种情形并不特别明显）和台湾地区见到的情况几乎一样：贫穷的国家决定进行快速工业化的建设。相比地下采矿，进口废品成本更低，也更容易，因此成了现代化建设的主要材料，而且不会有用尽的一天。

中国在几年之内就成了阿 & 阿公司废金属迄今为止最大的出口市场。可阿 & 阿公司并非唯一一个从中国获利的公司：到了2000年，中国已经成为世界上最大的废金属和废纸进口国。廉价的劳动力和宽松的监管环境对这一转变功不可没，可无论如何这两点也称不上决定性的因素。

毕竟，当时和现在一样，有很多地方的劳动力都比中国的便宜，而且环保标准也相对较低。确实，如果废金属（或废品）的流向仅受劳动力价格和环保标准这两个决定因素影响，那每天的人工费不到1美元的苏丹就会成为世界上最大的废金属进口国了。

可事实并非如此，原因何在？

最重要的原因就是苏丹没有大量的工厂可把铝废品转化为新铝料，将新铝料再熔化制造成汽车散热器。没有这些终端市场，或者出现这些终端市场的可能性，苏丹便绝对不可能进口一个个价值6万美元、装有废金属的集装箱。事实上，因为缺少这样的买主，苏丹国内产生的数量相对较少的废金属也在出口，其中大部分都出口到了印度和中国。

那印度呢？为什么不是印度而是中国成为美国废金属的主要进口国？在印度的废品回收业中，要知道工人每个月的薪水最高为每月80美元，而中国工人的最低工资则为每月250美元。同样重要的是，印度需要金属的制造企业越来越多，其中不乏汽车制造商。可尽管拥有这些明显优势，印度从美国进口的废金属量仍然只是中国进口量的零头。为什么？

霍华德向后靠在座椅上告诉我，在代表阿&阿公司到海外拓展业务之前，早期他做过很多办公室工作，让他受益良多的工作之一便是在流程协调部的经历。这个平凡无奇的名字代表着阿&阿公司与废品有关的第二大开支（第一大成本就是废金属本身），即海运。霍华德告诉我，他正是在流程协调部了解到了一个非常重要的经验教训：如何以及为什么包括金属、纸和塑料在内的各种废品会流向其最终目的地。“废品会流向劳动力成本低的地方。这很正确。可即便印度的劳动力成本确实便宜，到印度的运费是每千克16美分，而到中国的却是每千克4美分，你知道的，除非印度的价格特别有竞争力，否则废品一定会运往中国。”

“（印度价格高出很多的情况）几乎不存在？”我问道。

“的确很少。”

相反，在急切需求的驱动下，往往都是中国的价格比印度的价格高。可即便没有价格优势，从洛杉矶到盐田的海运费用也比从美国西海岸到印度废品接收主要港口的运费便宜很多。运费之所以存在差异，原因很简单：印度出口到美国西海岸的产品并不多。在印度加大向美国的出口量之前，船运公司肯定不愿意为从洛杉矶到孟买的集装箱提供折扣运费。

然而，印度向很多中东富国出口大量食品和其他产品。相比美国、欧洲和日本等富国，这些中东国家可以装满返程集装箱的东西更少。可是，因为有钱，他们产生了很多废品，事实上，从人均来看，他们甚至比美国人更加奢侈浪费。

因此，也就无怪迪拜向印度出口数量最大的东西就是废纸和废金属了。取决于淡旺季的不同，迪拜到印度的返航运费可以低至200美元，而航行时间只要三天。相比之下，美国到印度的返航运费则是这个运费的七倍，而要穿越太平洋和印度洋，则需要六个星期。以沙特为首的其他中东国家产生的废品数量更多，这些废品加在一起，足以满足印度依旧不多（相比中国的需求而言）却一直在增长的原材料需求。

对于西方现有的废品出口情况，这并非一幅非常干净和清晰的画面。相反，有关情况更加复杂：真正的全球废品市场出现了。非洲出口大量的废品到中国，中国出口废旧电视机到南美，南美把废旧电线运到中国。这些全球化废品流向何处，都取决于谁的需求最强，谁的运费最低。这种现象存在的证明无处不在，可对我来说，最能证明这一点的地方，非黄铜之城莫属。

2010年8月的一个下午，快到黄昏了，漆黑的雷雨云在印度占姆纳格上空翻搅。我坐在一辆新型吉普车里，驾驶员是苏尼尔·潘奇马蒂亚，他以前是当地的一位板球明星，现在则是一位成功的黄铜废料进口商。路面坑洼泥泞，时不时还有牛经过，车子开起来摇摇晃晃的，就像是坐船一样。“占姆纳格有14家生产轮胎气门嘴的工厂，”在一片喧哗声中，他大声喊道，“这可是世界之最！”

我抓着车门把手点点头。在这个人口80万的印度西北部边区村落停留了三天以后，这里一再给我留下了一个印象：占姆纳格把全世界连接在了一起。从黄铜皮带搭扣、黄铜钢笔夹到黄铜鞋带扣，占姆纳格的制造商生产所有这些东西，产量比世界上其他地方高出很多，而且，非常重要的是，他们的原材料是废金属。事实上，这就是我到这里来的原因：多年以来，我经常听人说起这个神秘的地方，有人说这里有3000家小作坊，还有人说这里有4000家小作坊，总之这些地方每天都使用进口废旧黄铜生产各种小器具。

苏尼尔向右转弯，我们在一个狭窄的庭院里停了下来，夹杂着烟尘的雨水在院子周围的水泥平房上留下了道道痕迹。一个微微有些超重的秃头中年男子急匆匆地从一个门口跑到另一个门口边，并示意我们过去找他。于是我们下了车，走进雨中。在跑向那个门口的过程中，我注意到场院一角有一小堆混杂的黄铜废料：水龙头、烛台和花瓶，父亲曾经在明尼阿波里斯市大量购买这类废品。美国废料回收工业协会的规格说明给这种材料所起的名字让我感觉特别贴切：蜂蜜。如果在雨中看到这种暖黄色黄铜，你一定会以为这是沾了泥水的黄金。

我跑进一个水泥房间里，里面仅有一盏昏暗的绿色日光灯。房子四周有几台缝纫机大小的设备，嘀嗒嘀嗒，声响不绝于耳，有五个人坐在机器边上，他们很瘦，身手很灵活，他们看了我一眼，然后接着工作。我注意到地上有一堆堆刚刚加工出来的黄铜小部件，和子弹一般大小。“他们每年制造200万个空气阀门。”苏尼尔告诉我。

那个大腹便便的中年男人点了根烟，递给我一张他的名片，不过要求我不要透露他的名字。但可以公布公司的名字：雅耶斯进出口有限公司。“今天我们的废金属熔化工作已经完成了，所以你只能看看加工的部分了。”

“你们的废金属用量是多少？”我问。

“每月最少15吨蜂蜜。”

“从哪里得来的？”

“有时候找苏尼尔买，有时候从别人那里买。”

我转身看看苏尼尔，他说大部分黄铜都是从中东进口的。

根据当地经济和全球经济，占姆纳格的黄铜进口商每月会进口300～400个集装箱的蜂蜜，其中大部分都源自中东和欧洲。据粗略估计，每月有5440吨～7257吨水龙头、花瓶、零碎的制造业废品以及其他黄铜废品，这些废品在流入废品站后，都被运到了这个毗邻巴基斯坦边界的小镇。

苏尼尔是一个中型废金属进口商，每月的进口量不到25个集装箱，大部分来自迪拜。相比之下，黄铜之城最大一家进口商的进口量约占占姆纳格进口总量的30%，货源来自中东和欧洲，甚至偶尔还从美国进口。不管如何，苏尼尔和那个最大的进口商都在做同一件事：把集装箱里一部分黄铜转售给雅耶斯进出口有限公司这种没有足够现金自行购买整箱黄铜的较小作坊。这和乔在20世纪80年代末和90年代初在广东扮演的角色差不多，只是占姆纳格的黄铜贸易至少可以追溯到20世纪60年代初。可印度的发展脚步似乎慢了一些。然而，苏尼尔向我保证，占姆纳格一直在变。

我缓缓地绕着房间转了一圈，看着工人们操作机器，把小空心管制成空气阀门，这种阀门会被卖给全亚洲的自行车轮胎制造商（大部分都是中国的制造商），而那些轮胎则会在全世界的自行车商店对外销售。

“每个阀门都由工人手工查验质量。”那位秃头经理一边带着我走近相邻的房间，一边解释道。有两个男人在这里捏住自行车轮胎阀门的一端，将之浸泡在水里。如果出现气泡，便说明阀门有缺陷，就会被送去重新熔化。没有气泡的阀门就达到了出口标准。

苏尼尔告诉我，这些工人每个月的工资为60～80美元，中国近十年来都不存在这么低的工资了，而且，除非有预料不到的经济大崩盘，否则这样的工资绝无可能再出现在中国。

“这百分百是绿色产业。”秃头经理解释道，他是指通过燃煤熔炉循环再用废金属，然后制造出了地上那些阀门。“而且这种加工在占姆纳格正在快速发展。像我们这样的阀门制造商有15～17个。”

早晨起来，苏尼尔开车带我驶过占姆纳格市中心，这里很热闹，七扭八拐的，不可能整顿干净。我对印度并不熟悉，在我看来，这里有由色彩斑斓的莎丽和头巾组成的人流，各式各样的东西胡乱混合在一起，有殖民地时期的建筑、庙宇、20世纪70年代水泥盒子式的建筑，还有很多摩托车。然后，我们突然驶进了格林纳达工业发展公司的一条笔直的泥泞小路，这是20世纪60年代设立的一座工业园区。在这里，一栋栋丑陋的巨大水泥建筑鳞次栉比，都已有五十年历史了。路两边及这些建筑前面都是摩托车、踏板车，偶尔还有自行车。苏尼尔把车停在一家工厂的院墙边上，我注意到这片区域上方飘浮着烟雾，很稀薄，但用肉眼可以看得到。

“我就是从这里起家的。”下车时苏尼尔说道。板球明星的经历时刻萦绕在他心头，于是他补充了一句："是在不打板球以后。"他年约四十五岁，为人精明练达，身穿牛仔裤和丝绸衬衫，就像电影明星一样英俊。看得出来，他并非生来就是做废品回收生意的料，可他的家人都是做黄铜生意的，于是到了最后，苏尼尔也承继了家庭的衣钵。

穿过一扇敞开的大门，我注意到了一堆废金属，边上有两个人正用手锯切一块冰箱大小的锌砖。一个推，一个拉，粉末都掉在一个麻袋上，稍后会被收集起来。这是一个令人难以置信的场面，但我以前也见识过这样的场面。事实上，四年前，我在孟买见过有人徒手用锯子锯电视大小的铜砖。"黄铜是由铜和锌混合制成的，"苏尼尔提醒我，"可这些砖块太大了，占姆纳格的熔炉都装不下。所以他们才要把它切开。"

"做这样的工作，能糊口吗？"

"这些人可能是从旁遮普来的。"他告诉我，然后用我听不懂的语言对他们说了几句话，他们点点头。"他们把钱寄回家。现在比务农赚得多。我肯定他们都不识字。"

苏尼尔告诉我，这片工业园区里有1100家黄铜公司，在泥泞的街道上，我一边走，一边躲避摇摇晃晃的卡车，车上装的都是废旧水龙头和新制成的黄铜棒，找不到任何理由不去相信他和其他向我大力推介占姆纳格的人。每一片空地上，每一个角落里，都有人拿着装满了黄铜的麻袋。

一个大腹便便的人从这条泥泞路边的一幢建筑里走出来，此人身着白色长裤和蓝白色条纹丝绸衬衫，注意到我这样一个在这些地区很少出现的白人面孔，他挥手向我打招呼。我已经习惯了接受这样的邀请，可我不肯定苏尼尔对此抱何态度。我回头看了他一眼，他脸上露出了亲切的笑容，仿佛他和这个人是老相识。

"我一开始干废品回收生意的时候，和他是邻居。来吧。"

这个肚子圆滚滚的人名叫普勒文布海·辛巴蒂亚，他的贾伊瓦鲁迪公司位于一个充满了烟火的狭窄空间里。等眼睛适应后，我看到一个穿着人字拖的男人正在注视着地上的一个洞，那个燃烧的洞里发出亮白色的光。他拿着一个长柄勺俯身过去，把勺子放进洞里，舀取了一勺金属溶液，然后把勺子举到一堆盒子里，盒子里面有模具，只要把金属溶液倒进去，就可以铸成整体零件。

在房间的另一边，有几个年轻人打开已经冷却的盒子，取出里面黄铜发夹似的东西，上面还有铅笔粗细、30厘米长的齿状物。有人会把齿状物折断，并在角落里进行抛光，以便销售给其他工厂，在那里，这些东西会被熔化或塑形，制成商品，然后出口到全世界。

普勒文布海让我在他办公桌边的椅子上坐下，我上方是几个样式简陋的电器盒和几幅布满灰尘却依然颜色鲜明的印度教神明画像。我坐在那儿看着几个骨瘦如柴的人把沙子倒进一个个已经冷却的模具盒里，并用赤裸的双脚把沙子踩实，他们距离地板上冒着白光和热气的洞仅有一两步之遥。房间另一边有一堆蜂蜜，正等着填充到火里。屋子里很热，充满了令人窒息的煤烟。我有些喘不上气。我无法想象在这里工作八个小时，呼吸会有怎样的感觉，更不用说一辈子都干这份工作的人会怎么样了。

在参观期间，一些规模较大、更为成熟的废品回收公司的领导者向我保证，印度的环保执法机构对这种污染的容忍不会持续很长时间。位于这条路另一端的一个经营者指着普勒文布海的公司和那里冒出的烟雾，信誓旦旦地告诉我，如果我2015年再来占姆纳格，“这种污染肯定会消失”。这位经营者还向我保证，占姆纳格会成为现代黄铜制造业的大本营。

那么，普勒文布海会有什么样的际遇呢？

“占姆纳格在不断发展。其他机会多的是。”

普勒文布海给了我一小瓶冰凉的Thums Up牌可乐，瓶身上还粘着一根稻草，他告诉我（由苏尼尔从古吉拉特语翻译成英语），他每天把大约1300千克的废铜熔化，制成黄铜棒，然后销售给占姆纳格的小型制造商。每月净赚2000美元，在这里，这可是一大笔钱。

废铜是从哪里来的？苏尼尔笑着回答我：“迪拜。”我并没有感觉惊讶，只是有那么片刻时间，这个房间和那个现代化沙漠大都市里的空荡的街道之间的差距让我有些震撼。如果迪拜不是那么富有，如果那里不那么喜欢进口印度杧果和其他来自这片次大陆的货物，那么占姆纳格就要到别处去搜寻废品了。

工人们在他身后冒着浓烟和热气的地方工作，普勒文布海则很热情地投入到我们的交谈之中，他开始给我讲起了拓展计划。下个月，他要去一趟俄勒冈州波特兰市见他的堂兄，此人是邓肯甜甜圈加盟店的店主，普勒文布海希望能在美国开始经营专门出口印度的废品回收生意。“我想会有好机会的，”他告诉我，“占姆纳格需要更多的废品。”

稍后，苏尼尔告诉我，他对普勒文布海的计划持怀疑态度，这让我感觉舒服了很多，因为，坦白说，我也不看好他的计划。毫无疑问，他的进取心令人钦佩，可即便他有钱（那家邓肯甜甜圈加盟店的钱当然不能有任何损失），他也很快会学到，即便是家庭企业也不能超越这样一个简单的事实：把废品运到中国要比运到占姆纳格收益多。

驱车穿越占姆纳格，苏尼尔带我从他的家族刚刚在工业园区三区买下的一大片空地边经过，这里是格林纳达工业发展公司打造商业园区王国的第三阶段。他告诉我他有一个非常宏伟的计划，包括建立一座技术先进的现代化铜棒制造厂，他的朋友和竞争者已经在建造这样的工厂了，他要和他们竞争。在黄铜之城，燃煤熔炉即将被淘汰，他如是说。这座城市太富有了，政府不再需要这些熔炉了。

“要从何处购买废金属？”我问道。

“我在迪拜新设立了一个贸易处，会在那里寻找到资源。”

苏尼尔很为他的中东供应链骄傲，可与他在占姆纳格相处了五天后，我渐渐意识到一件事，他渴望找机会从有“废品沙特”之称的美国购买和运输废金属。有一两次他甚至问我，是不是可以给他介绍几家有兴趣和他做生意的美国废品站。我婉言拒绝了他，并解释我不想浪费任何人的时间。“即便你们谈妥了价格，”我告诉他，“运输成本也会把交易扼杀在摇篮里。”他默默地点点头，但在他那张冰冷且失望的脸上，可以看得出来，他很清楚我所了解的事实：美国废品站里的废品多到数不胜数。

2011年夏天，早上10点左右，我身在我的梦想之地：废品沙特。这里是一个废品站，里面堆满了一捆捆铝散热器、电缆和框架，四五捆摞在一起。

魁梧的阿＆阿公司废品站经理戴维·西蒙斯快步带我走过这些废品。“净镁废料，含铁镁废料，闪光镁废料。”我们绕过装有不同类型镁废料的箱子，这时他大声喊道，然后走到铝废料边上，“含铁铝废料，356型铝废料，活塞。”

我点点头，仿佛知道他指的是什么。可坦白说，走得太快了，我一直手忙脚乱，要么是做记录，要么是看，二者不能兼顾，要看的东西太多了。我们正在阿＆阿公司那个三公顷废品站的中心位置，我在其他地方见过的所有废金属在这里都应有尽有。这或许不是我所见过的最大的废品站（我见过的最大废品站在中国，大到无边无际），但这里的废品种类最齐全。如果出于某种原因，大清早我想要看看一堆镁质坡道（码头上用的，在美国废料回收工业协会的规格中被称为树木）的照片，我就会给阿＆阿公司打电话。同样地，如果我需要知道废鼓钹的当前价格，这些人不仅知道价格，还有几桶库存随时准备装运。

然而，他们缺乏的是足够多的工人。当然了，他们有足够的员工接收、加工和递送所有这些废品。可相比拥有大批工人的印度和中国的废品站，这里的工人数量仅处于最低限度。穿过一排排桶和一捆捆废料，连个人影儿都没看到。在某种程度上而言，导致这种情形的原因很简单，那就是美国的人工成本太高了：薪水、保险费和其他相关费用，也就是说，普勒文布海在印度发放的三个月工资总额只够阿＆阿废品站一月之用。如果印度的人工成本达到洛杉矶的四分之一，废品的流向肯定会发生变化。可印度有12亿人口，工作机会向来短缺，生活费用异常低（至少和美国标准比起来算很低），所以短时间内不可能出现这种情况。

戴维领我来到一个又大又安全的棚屋里，这里是昂贵的高温合金储藏库。“哈氏合金、钛、钽。”他一边挨个儿指着分别装有各种合金的盒子，一边低声说。

“戴维？”

戴维转过身，看到了一位亚洲男性，二十五岁左右，很温和，彬彬有礼，看上去很气派，穿一条迷彩裤子和一件看上去很贵的棕色编织汗衫。“嗯，”他咳嗽一声，“什么事？”

这位彬彬有礼的年轻人有些惊讶于戴维的唐突问题，可他是个温文尔雅的人，所以没有后退或重新考虑是不是要把谈话继续下去。他与这里的环境格格不入：拿着一个小皮面笔记本，在人类历史上，这种东西是绝不可能和废品站扯上任何关系的。他是想找戴维问一问“某些合金”的组成成分。

戴维向那个昂贵的笔记本探过身去，从我站的地方可以看到，本子上细致地写满了密密麻麻的字迹。“好吧，”戴维说，“这个对，那个不对。”他又花了一点时间纠正这个年轻人在化学方面的错误，然后领着我向黄铜区走去。他边走边告诉我，那个年轻人是“（亚洲）一家大型冶炼公司老板的儿子。他的家人把他送来学做生意”。

和戴维急匆匆地向前走时，我回头看了一眼，只见那个年轻人坐在一个倒置的桶上，一条腿放在另一条腿上，非常认真地在本子上把戴维给他的指导写下来。我觉得这个人适合办公室，而不是这里。

与此同时，戴维把手伸进一盒黄铜阀门里。“可能是劣质合金，”他告诉我，然后把一块磁铁放在他手上的黄铜阀门上，“没错。”

“劣质合金？”我不太明白他的意思，可他已经从我身边走过去了。

走过了几个箱子之后，他带我去看了一个集装箱，里面装满了碎裂的鼓钹，往里面一点有一箱黄铜花瓶，看上去很便宜，大小和啤酒杯差不多。祖母的地下室曾经塞满了这样的金属，父亲的员工从仓库里把这些东西偷了出来，然后祖母又从那些员工处把它们偷了回来。“印度制造的。有时候我们卖给他们蜂蜜，他们把蜂蜜做成花瓶再卖给我们。如此循环。”

第六章

肮脏的繁华

小时候，我家的废品站一般每天都会收40～50辆废旧汽车。大部分汽车都被我们拆解了：拆下发动机，卸掉轮胎，然后把金属车体压扁，以方便运到城镇另一端的北极星钢铁厂。我还记得那些汽车是怎么送到我家废品站的：有些由车主开来，有些由拖车拉来，大部分都是放在平板货车上被送进来。祖母从办公室的窗户里接收来源合法手续，然后根据每辆汽车的钢铁重量按照现行市价付钱。

并非所有的汽车都是报废车。有时候人们莫名其妙地把还能开的汽车扔掉，有时候扔掉的汽车上有很多零件还能再次使用，如轮胎、毂盖、车门、铬保险杠以及其他一些还有部分价值、可重新使用的零件。对于这些汽车，我们依旧会把它们压扁，说到底我们是一家废金属回收站，而不是汽车修理厂，不过父亲允许他的员工拆掉某些零件带走（如果他不让，他们还是会想方设法把想要的零件搞到手）。下班后，我就能看到工人们把保险杠、方向盘和变速箱等零件放在轿车后座和敞篷卡车的车厢里带走，“变废为宝”之后，工人们就会开着装有这些零件的车在周末下午出去玩了。

美国的废品回收业在很大程度上只是循环再用，并不涉及旧物再利用。可在过去的美国，情况并非总是如此，据说，我的曾祖父就一直在寻找那些可以翻新后再次卖掉的东西，而且在接收了大量美国废品的发展中国家里，情况肯定也不是这样。在中国、印度以及亚洲和非洲的很多国家，许多废品进口商打开刚刚运抵的废品集装箱，第一件事并非马上把废品送去再熔化，而是先要找找看有没有什么东西可以修理一番再卖掉。毕竟，一把锤子总比从锤子上拆下来的钢块要值钱得多。可在很多国家里，废品只分为两类，一种是扔进回收桶的，另一种是扔进垃圾桶的，因此，锤子与钢块的差别也就没有人在乎了。

那旧物再利用桶到哪里去了呢？

当然了，如果你所在的国家人人都有淘汰过时产品的强迫症，有了iPhone5，就没人会用iPhone4，那么你的厨房里自然不会有旧物再利用桶。但这并不意味着旧物再利用并不存在。旧物再利用恰恰就出现在发展中国家，那里的旧物曾经都是美国、欧洲和日本用过的东西，经过翻新后成了新东西，而这样的事每天都在发生。贫穷或许会让人从实际出发，但实用主义则将旧物再利用变成了一个产业。

港口城市台州位于上海以南265千米处，拥有460万人口，那里或许就是中国旧物再利用行业蓬勃跳动的心脏了。我曾经去过那里的码头区，目的之一就是想看看旧物再利用业开始的地方，可并没有看到太多旧物再利用的痕迹。那里的码头上停着一艘艘船只，码头水泥大门的另一边矗立着一栋栋全新豪华的高楼大厦，在船只和大厦之间有一个巨大的水泥楔形建筑，大概有足球场那么宽，400多米长。海风习习，一整天都有人在那个巨大的水泥空间里把散落的废金属小碎片收集起来，堆在一起，他们周围则是一堆堆数百米长、5米高的各种废金属，从冰箱门到汽车制动器，无所不有。即便我不愿意承认，可那一堆堆东西看起来依旧很像垃圾，但它们并不是垃圾，而且它们肯定也没有被当作垃圾。在每一堆废品前面都有一块及腰高的指示牌，牌子上有手写的字迹，标有两方面的信息：购买这堆东西的个人或企业名称以及废品到港时间。附近往往会有一个户外厕所大小的移动小屋，有人在屋里看守这些废品，确保这些东西在由卡车拉走去分类前不会被小偷偷走。

每一堆废品的重量都在600～800吨，而日本是向这个快速发展的创业中心出口废品最多的国家。有一堆废品吸引了我的目光，它们的主人姓施，年近不惑，身材精壮，戴着一副名牌大太阳镜，身穿灰色马球衫和一条全新的蓝色牛仔裤，脚穿一双闪亮的黑色运动鞋。这堆废品是他预付了40万美元买来的，而且他还特意去日本监督废金属装船。据他说，他每个月会去日本四五次。虽然麻烦，却还是值得的：在废金属到达台州后，他只需要大约两个星期就能把它们卖掉变现，一般情况下利润约为10%。

每年做上三四十次，肯定能赚大钱。

我是受到一位美籍台湾人戴维·焦的邀请到台州来的，他是一位废品商（兼亚特兰大环宇集团副总裁），与施先生是生意伙伴，共同经营一家废品加工厂，主要加工戴维从世界各地买来的废金属（日本除外，该市场由施先生负责）。戴维五十多岁，却童心未泯，这种品质在废品商身上算不上罕见。毫无疑问，他做这份工作是为了赚钱，但有一点显而易见，他非常着迷于把废金属变成闪闪发光的全新物品。这些废金属有的来自他的大本营亚特兰大，有的来自斯堪的纳维亚地区，他最喜欢到那里搜寻废金属，还有的来自日本这个奢侈浪费国家的废品站。

那天早上，我们坐在从邻近城市宁波开出的火车上，他跟我说了一些话，让我苦苦思索一个早上的问题有了答案："一个客户告诉我，距离台州不远的制造中心义乌每个月需要500吨黄铜来制造打火机上的打火针。"

"打火针？"

"没错，你知道的，就是打火机里面的一小段黄铜，是个促进打火的装置。"

"真的吗？"我问。

"想想吧，每个月全世界要用掉多少打火机。"

离开台州码头，我边走边回头：这里大约有二十堆和施先生那堆废金属一样的废品。那些全新的高级大厦就在这些废金属上方赫然耸立，从这里可以看到大厦正面的观景窗。我估摸那些屋主总有一天不愿意再看到这些废金属。

施先生让我们上了他的车，那是一款宝马X5小型SUV汽车，然后拉着我们驶过蜿蜒交错的狭窄公路，路两侧有很多棚屋一样的小型建筑，戴维说这是"典型的中国家庭式作坊"。里面可能就有小型燃煤熔炉，将废金属熔化，制成简单的新产品。我想看看有没有烟冒出来，结果在房顶上方，只看到了连绵的群山，那里原本是梯田，但现在则种满了快枯死的葡萄架。农民不再务农，都下海经商了。

然而，台州市中心却没有一栋摩天大楼，这里交通十分拥堵，就是凭借这一点我才确定我们的确是到了某个地方的中心地区。在早晨暗淡的晨光下，所有那些四五层的商场、办公楼和看上去像是公寓楼的建筑看起来全都一个样。大部分建筑上都挂着招牌，而大部分招牌宣传的似乎都是制造和建筑生意。

在台州，车声、人声和工地施工声不绝于耳。

这时是上午10点，我们向左转弯，小巷突然变得拥挤不堪。“这里是旧货市场。”戴维坐在施先生宝马汽车前排的乘客座椅上对我说，并冲着一幢挂有招牌的建筑点点头，那栋建筑边上有黑压压一群人，“就在那里。”

如果你问我，我会说那里与周围的建筑差不多，可根据施先生所说，那里正是这座城市的中心。施先生把戴维和我放在路边，然后把车开走去找停车场了。我们两个人走进了喧闹密集的人流中，而这里，就是肮脏又火热的新兴城市。戴维领着我穿过街道，离开集市中心区，来到了一个偏僻处，有两个十几岁的少年穿着沾有油污的拖鞋站在一大片废品中间，包括电动工具、螺丝刀、一堆缠绕在一起的铜线和几个煎锅大小的钢套箱，这显然是用来装某些重型设备的，此外还有各种各样的零件，不过我都叫不出名字来。

只见他们正慢慢地把这些零件——废旧零件——重新组装成一台电动机，而这台电动机或许会被装到农田灌溉泵、工厂的钻床、房子后面的电动机，或是旋转木马上。我曾在印度和其他发展中国家见过这样的加工过程，在那些地方，智商高且自学成才的技术员修理并翻新富人们扔掉的东西，因此过上了很好的生活。

然而，这并不是副业，也不是商机。“台州的根基就是废品再用，”戴维告诉我，“而且政府支持这个行业。利润太丰厚了。”问题是利润到底有多丰厚：中国或其他国家的人都没有统计过，有多少废品从这个国家那些怎么填都填不满的废品熔炉中流入了像这样的旧货市场里。但如果这个市场有代表性的话，那么这一行的利润可谓丰厚到了极点。从外面看，这里至少有两个方形街区那么大，随处可见推着自行车兜售可乐和冰激凌的小贩。

施先生过来和我们会合后，我们一起快步穿过街道，走进了一个很像是小巷的地方，但这里其实是旧货市场的入口。这道入口如同一条城市街区，两边整齐堆放着很多已经经过分类的电动机，大小不一，有的和拳头一样小，还有的和桶一样大，其中大部分都将被用来发动台州周围地区工厂里的设备。但这些电机也有其他用途：地球上所有由机械驱动的东西上都有一个闹哄哄的电动机，可能是电扇、棉花糖机，还可能是冰上钓鱼场外的电动机。在全世界，正在使用中的电动机可能有千百万个。这个旧货市场里的大部分电动机都是日本人用坏后扔掉的（电动机坏了后，日本人会买新的，而不是修理），可台州还接收了来自美国、欧洲各国和澳大利亚的数百万台废旧电动机。可以修理的电动机经过各个环节最终来到了这个旧货市场，而那些修理不好的则被拆解成不同的金属，进了熔炉。

我们逛了一个又一个货摊，然后在三个穿着蓝色连衣裤的机械师身边停下来，他们是从一家轮胎制造厂开车过来的。那天早上早些时候，那家工厂的一台机器里的发动机坏了，所以他们来这里买一台，因为这里的东西便宜。施先生说这些中间商的利润是百分之百。那些丢掉发动机的日本人、美国人和欧洲人从中赚不到钱。

"美国人就是这样，"戴维笑着告诉我，"他们喜欢买新的，不喜欢重复使用。"

曾经有一段时间美国人特别看重旧电动机。电动机坏了，他们会修理，只有修不好了，才会把电动机扔进垃圾堆。事实上，在20世纪70年代初以前，美国的废品站还会雇工人拆解废旧电动机，把里面的铜线取出来，然后把铜卖给铜或黄铜买家，钢套箱则被送进了炼钢厂。但是，随着美国人工成本在20世纪后半叶大幅上升，生活标准也越来越高，拆解电动机的成本渐渐变得高于从中取出的铜和钢的价值。与此同时，炼钢厂不再熔化这些麻烦的东西，因为其中含有铜，会降低钢的质量；而铜和黄铜制造商也没有兴趣去熔化整个电动机，毕竟其中绝大部分成分都是钢。就这样，到了20世纪70年代末，美国乡村遍地都是一堆堆电动机（这些废旧电动机主要来自农业和农业设备）。废品站如果还有电动机，要么是堆在一处弃之不理，要么就是送进垃圾填埋地。换句话说，情况糟到了极点：没有循环再用，也没有旧物再利用。

因此，到了20世纪80年代末，在北美，美国的电动机成了一钱不值的东西。中国的废品收购商时常不用花一分钱就能得到废旧电动机（而美国的废品站在甩掉这些麻烦的同时还嘲笑这些"愚蠢到家"的中国人），然后，他们会把废旧电动机运到中国，把美国人不去修理的东西翻新后重新使用，每个月只要支付工人50美元，就能拆解那些修理不好的电动机。剩余的铜在那个年代则会以最低1美元左右的价格被卖掉。想想吧：在20世纪80年代，一些免费的东西，在到达中国海岸的一刻，就有可能值1万多美元。有多少东西在2012年时的价值是1988年的50多倍？撇开互联网和科技股不说，我想不出还有其他。不过我可以保证，华尔街从来都没有人用图表分析过中国电动机过去一年的价格，更不用说二十多年来的价格了。

我、戴维和施先生继续挨家逛货摊。有些翻新商专做小电动机，有些专卖又细又长的电动机，有些卖的则是桌子大小的电动机，还有的卖的是分好类的电动机零件。转了个弯，走进另一个过道，这里也是电动机的海洋，而且在这条巷子的中心，有一个摊位卖的是翻新齿轮，有的小如茶碟，有的大似比萨饼。在同一个货摊上，齿轮对面有很多链条，这些链条很大，是工业用的，有点像自行车的链条，是用来连接电动机和设备的。

突然间我意识到一件事，在这些过道里，卖电动机、齿轮和链条这些驱动设备的人都是女人。无一例外。她们坐在凳子上，打着赤脚，一边织毛衣，一边和过道对面的人聊天。在我看来，她们似乎有点无聊，时不时还有些愤世嫉俗。“她们的丈夫都出去跑销售了，”戴维告诉我，“不能只靠这个市场赚钱。所以男人们都在外面卖东西，女人们则留下来看店。”

“都是家族式的生意。”我说。

“没错。”

我们又转了个弯，眼前突然出现了一片人头攒动的地方，这里或许有两个正方形城市街区那么大。人们骑着自行车穿过这些吵闹又拥挤的过道，仿佛是在城市街道里穿行，而过道里则堆满了翻新的东西，有扳手，还有电话电缆。女人们双臂环抱站在摊位前等着顾客上门；上了岁数的男人坐在折叠式躺椅上，看着顾客来来往往。在他们上面，阳光透过玻璃房顶和积有肮脏雨水的塑料布照射下来，闪闪发光，光线幽暗，让人感觉仿佛置身水族馆。

我缓缓地走着，路过的摊位上立着数百个旧钻头，很多都长约1米。“日本人用了几次就把它们当废品扔掉了，”戴维说，“他们在这里甚至都不需要翻新，只要转手卖出去就行了。”往前走是电器配件的摊位，有翻新的保险丝盒、电源线和电源插板。旁边的一整个过道里都是卖翻新电钻的摊位。其中大部分都来自日本，而且只适用于日本的电压。不过没关系：这些卖电钻的人会改装，只要换一两个零件和一根新线，就适合中国的电压了。

摊位一个接着一个。戴维停下来，从一个推着手推车在市场里贩卖冷饮的小贩那里为我买了罐可乐。然后我们经过了一些贩卖翻新轮胎的摊位，这些轮胎都是小轮搬运车和购物手推车上的那种轮胎。轮胎颜色不一，有红色、蓝色、黄色，还有绿色，都是翻新的，是从日本人懒得重复使用或修理的一堆堆东西里取出来的。

这个旧货市场凌晨4点开市。“这里的工厂很早就开工了，”戴维提醒我，“而且很多还是通宵生产。如果你凌晨4点需要一台电动机，就可以来这里买。”

台州的这个旧货市场是中国最大的同类市场之一，可中国的每个城市、镇子和村子里都有类似的市场。有些市场很大，就和台州的这个市场一样；有些只是人们在自己的房子前摆上几台翻新的电动机和电视机。但并非所有东西都是进口的，中国人开始越来越多地翻新他们自己生产和浪费的东西。但旧物再利用随处可见：旧物再利用已经和中国经济融为一体，其紧密程度就像美国经济离不开汽车每年出新样子、iPad定期推出新版本，以及激光影碟总是最新版式。中国使用他国废品的情况不可能永远持续下去，现如今这种情况就不如二十年前普遍，但相比那些中国希望赶超的国家，在未来一段时间内中国依然需要旧物桶里的东西。

台州如此热衷重复使用别人扔掉的东西，那些盲目求新的国家或许并不赞同这样的做法。不过台州人这么做可不是因为他们很穷。根据施先生提供的信息，台州是中国人均汽车拥有率最高的城市，这在很大程度上要归功于中国本土汽车制造商吉利，这家汽车制造商取得了很大的成功，并在2010年一次性收购了沃尔沃汽车品牌。吉利汽车是台州最大的制造商，但绝不是这里唯一著名的制造商。一些中国最有名的自行车和摩托车制造商都坐落在这里；洗衣机和空调等家用电器的制造商也在台州安家落户。

无论是汽车，还是用来建购物中心的钢筋，这些制造业在一定程度上都以进口废金属为原料。在广东，人们把进口废金属做成了新产品，再出口给输出这些废金属的国家，和广东不一样，台州的废金属大多都留在了中国。汽车由台州的汽车经销商销售，冰箱进了上海的购物中心，自行车则在中国西部地区尘土飞扬的市镇里售卖。如果没有那些进口废金属，以及全中国对进口废金属的需求，台州这座城市只能是另一个穷乡僻壤，只要原材料够他们自己用就满足了。没有进口废金属，就没有吉利汽车，就没有汽车零件制造商，就没有空调制造商，人们只能以耕种为生。

在某种程度上，对废金属的迫切需求代表着人们迫切希望得到机会，发展成为中产阶级消费者。不管是用美国的废品、日本的废品，还是用欧洲的废品，只要能完成目标，就没有任何差别。有一点很重要，那就是装着废金属的集装箱在源源不断地抵达台州，特别是这些废品大都是电动机。然而，这种需要开始带来了非常实际且麻烦的影响（如果你从事的是废旧电动机出口业的话）：能从国外进口的电动机越来越少。戴维在吃早饭时告诉我："在20世纪80年代初，我亲眼见过装满了旧电动机的船从芝加哥地区和五大湖地区驶出（因为驳船沿途还要装更多的废旧电动机），沿着密西西比河到新奥尔良。在圣路易斯和孟菲斯市，不断有更多的废旧电动机被装上船，然后一直抵达新奥尔良。在新奥尔良，它们被装上散装货船，每船大约装两千吨。那时的情形现在再也不会有了。"

之所以不会再有，是因为两个原因。首先，在20世纪80和90年代散落在美国乡村的一堆堆电动机都已经出口了。现如今，在废旧电动机市场上流通的都是当下美国、日本、欧洲和中国（其占有的份额越来越大）扔掉的废旧电动机。

第二个原因更为严峻。如果站在戴维这样的美国废品商的角度来看，也会这么认为。事情是这样的：相比20世纪80年代，现今美国的工厂少了，因此美国工厂淘汰的电动机就不如美国制造业黄金时期那么多（美国的废旧电动机储备大都来自工厂设备）。之所以出现这种情况，一部分是因为效率问题，还有一部分是因为全球制造业逐渐向亚洲转移。但如果你是个美国人，这样的结果应该会让你大吃一惊：曾经带动美国工业发展的电动机竟然都被出口到了中国，翻新之后被用来推动中国的工业发展。对于不能翻新的电动机，人们把里面的铜取出来，用于制造中国不断增长的中产阶级渴望购买的洗衣机、空调等电器和奢侈品，并成为这些行业的主要铜源。

施先生驾车带我们离开台州，路上他说到房价飙涨，豪华汽车应有尽有，一家奢侈品商城即将在市中心距离旧货市场不远的地方开张纳客。与此同时，我注意到前方道路先是变得开阔，随后又变窄，接着身边突然出现了很多卡车、摩托车、自行车和人，车上和人的后背上满是废旧电缆、电线、金属薄片和橡胶绝缘材料。这里就是台州市政府指定的废品循环处理区，该市34家最大的废品回收商都被集中到了在这里，以便可以对他们进行更有效的监管。然而，坐在施先生的汽车后座上，我见到的是一派壮观又混乱的场面，这里有各种类型、形状和用途的废金属，人们把它们背在背上，装在自行车、卡车和电动三轮车上，在街上来回运输。从敞开的工厂大门，可以看到男女工人在里面剥电线，分类残余物碎片，把分类好的废金属装上卡车。

施先生的公司坐落在一条大街上，是一栋破旧的两层砖制建筑。走进昏暗的大理石大厅，我便感觉这样一个公司里肯定不会有太多文案工作。只见角落里摆着两把破藤椅，盆栽植物已经枯萎，落满了灰尘，地板看起来仿佛刚刚被火箭袭击了一样。

我们穿过一扇门，来到一条很长的巷道，这里可能有300多米长，两边有各种混合废金属，很难看，不时会看到一些工人在工作。这些深色废金属是从日本进口来的，乱七八糟地混杂在一起，和我们在港口看到的一样，可这些混合废品开始有了意义，因为工人们正在分类，同样的零件被分到了一起（相对而言）。右边是一堆堆摆放在金属薄片中间的废水表；左边，有很多缠绕在一起的废旧电缆，电缆周围是看上去像是从房子上剥下来的铝墙板碎片。附近有20多个被排列成正方形的铲状橡胶盘。有些装着废电线，有的装有很多铜碎片，还有的装着许多我认不出来的电器元件碎片。然而，对于那些经过培训能通过碎片来分辨价值的分类工人来说，这些废品显然都是值钱的东西。

戴维告诉我，日本的废品站没有足够大的经营空间，东京尤为如此，因此，他们只能把废品堆成一大堆，装进集装箱，然后运到台州，并且等待像施先生这样的买家。我则认为这是他们浪费的结果——很像是神秘的废金属百宝袋。在这个世界上，没有哪个发达国家像日本那样，会把废金属直接扔掉。可日本人就是嫌麻烦，这在很大程度上是因为他们知道台州会为他们解决这个问题。然而，这里没有一个人抱怨。比如说，施先生就从那个装满日本废品的百宝袋里摸到了大彩。

巷道里肯定有50多个分类工人，不过很难数清楚：每走一步，就会从一堆堆废品后面看到其他工人，他们戴着手套正在分类废金属碎片。我俯下身，想看清楚点，只见几个工人正在分类最小的碎片：支架、螺丝钉、插座、电路板，搞不清楚从哪里卸下的铜环和铝饼，锋利的齿轮、一段段链条、电线碎片、破管子、易拉罐、散热器碎片，还有手指甲大小的颗粒，看不出原本是什么东西。一个碎片本身不值钱，一桶碎片亦值不了几文钱；但几天后，几周后，这些价值不大的东西积少成多，就构成了数百万美元的财富，这些原材料让台州成了一个富庶之城。

我们继续向乱糟糟的市场中走去，在两个身材壮硕的女人边上停下来，她们正拿着锤子和凿子拆解水桶大小的电动机，这些电动机原本是日本人用来驱动机器的。拆解电动机是一种艺术，最好、效率最高的电动机拆解工人把那些大多数人听都没听说过的电动机拆开，每个月可以赚到500美元。这可不容易，把电动机拆开，然后把里面缠绕在一起的铜线拉出来，同时还要把其他零件分类。当然了，每个人都能干得了这个工作，但操作者需要心灵手巧、有力气、有经验，这样才能做得快。

然而，最大的效率在于能从这些碎片中分拣出电动机，然后把它们放在一边，再送出去卖给可以修理及重新使用它们的人。这便是从貌似垃圾的东西中捡出宝藏，收获的利润比循环再用还大。

这就是旧物再利用。

施先生告诉我，除了那些从日本进口来的废品，他每个月都从日本进口价值100多万美元的废旧电动机，而且，如果有能力，他还会进口更多。大部分都是废品，可如果其中能有些东西可重新使用，就更好了。“台州需要废金属。”那天我们在一起时他说了好几次这句话。我突然想到，相比把废金属输出到这里的美国、日本和欧洲各国，台州自然更需要金属。在我的家乡，根本没有人会重新使用旧物，人们只会把废品堆在一起，等着有敏锐意识的人从别人扔掉的东西里发现价值。

就拿橱柜里的旧电脑显示器来说吧。在美国，这是制造新物品的原材料，但在非洲、亚洲的发展中国家以及一些南美国家，它们的作用要大得多：是让人们用上互联网的廉价工具。要使之成为现实，只需要三点：集装箱，有人能修理，以及有人把翻新显示器卖给需要它的人。

这样的生意无处不在。

在2011年中国农历新年前夕，我去了马来西亚槟城。在一家小商店的柜台上堆着很多二手电脑显示器。价格很便宜：只花50美元就能买到又大又漂亮的显示器。如果我想要配套的电脑，也可以在这家小店买到，触摸屏则贵一些。店里没有其他客人，不过这也是预料中的事：我所在的地方是马来西亚最大最好的电脑显示器翻新工厂——围网公司的外销店。如果我想到更热闹、人更多的地方去看看他们的产品，只需要去他们供货的商店里逛逛即可。

这家工厂的总经理兼创始人之一的苏方奥永是个身材娇小的中年女强人，她带我走出商店后门，走进了工厂的仓库。那里的电脑显示器摞在一起，就像砖墙一样，五层高，共有三排。这些显示器刚从美国运来，用玻璃纸捆在一起，一辆铲车正把它们运到仓库里，和数十堆类似的显示器堆在一起。据我估算，那里至少有数千台进口二手显示器，很多都是从佛蒙特州一家公司买来的，在过去的四年里，该公司向这家工厂输出了30多万台显示器。

关键在于：苏方奥永进口的这些显示器并不是“垃圾”，甚至不会循环再用。它们会被放在并不多见的第三类桶里：旧物再利用桶。

谁需要二手电脑显示器？

那些收入低，买不起新笔记本电脑、台式机或智能手机的人。换句话说，也就是大部分人（举例来说，印度只有不到5%的人能用上电脑）。根据直接向中东市场提供二手电脑设备的出口商估计，在埃及的某些地区，在被人买走的电脑中，超过一半是二手电脑。同样的，根据欧盟资助的一份关于加纳进口二手电子产品的最新报告显示，其中七成实际上都流入了旧货和翻新市场（15%被循环再利用了）。换句话说，2011年埃及人掀起“推特革命”并不是靠全新的苹果手机（大部分埃及人都买不起），而是把从美国、欧盟、日本和其他发达国家进口来的已有五至十年历史的二手台式机和显示器修好，才得以实现。也就是说，如果美国人把用过的显示器和电脑放在柜子里，那么在互联网可以改变一切的时候，埃及能上网的人数会更少。

像围网这样的公司渐渐把埃及这样的国家当成目标市场。并不只有埃及存在这样的情况：无论是在哪里，只要人们买不起新的，就会有翻新存在（在一些发达国家，人们崇尚节俭，将之视为一种民族道德标准，也会旧物再利用，这种情况虽然少见，但人们都把这么做当成义务）。从20世纪90年代到21世纪前十年的中期，中国一直是显示器重新使用和翻新产业的大本营，规模巨大，利润丰厚。现如今，在印度、墨西哥和非洲，旧物再利用产业也在蓬勃发展。这一行潜在利润很大。在中国旧物再利用和翻新业最繁荣的时候，从美国和欧盟买一台旧显示器只需不到10美元，却可以以100美元的价格卖出。然而，这一行也因为其自身的成功和时代的变化而深受其害：中国政府叫停了旧显示器进口生意，以便保护新显示器制造业，与此同时，中国的消费者开始富裕起来，开始追求平板电脑。

在围网公司，旧显示器到达后不久翻新工作就开始了，如果外壳上有磨损痕迹，工人们会先进行抛光。但翻新可不仅仅是修饰一番就行了：附近一个工作台上摆满了插在电源上的显示器，这样围网公司的员工就能判断显示器图像是否模糊（这是显示器到达工厂后最常见的问题，而且修复率可达100%）。远处有两个印尼技术员正忙着拆开显示器外壳，有条不紊地修剪、捅戳和焊接里面的电子元件，把无论因为什么原因在美国坏掉的电子元件修好。他们就和外科医生一样，拆掉坏件，更换新件，最后把显示器的内部结构复原成它们全新时的样子。而有的新零件是从台湾地区的工厂里买来的，还有的是从无法修复、被拆解送去循环再用的显示器里拆下来修好的。

从此处，显示器的内部结构被放在传送带上送给其他技术员去检测显示器的图像是否清晰。接下来，全新或翻新的外壳会被安装在内部结构上，包好包装，准备装运，卖给全世界的消费者。这是一份非常赚钱的生意，该公司雇了60名工人，他们的薪水都非常丰厚。可苏方奥永不得不承认这是一个夕阳产业。在我去参观的时候，她和她的丈夫正在考虑把工厂从马来西亚搬走，因为马来西亚的生活标准一再提高，所以人们都开始购买新显示器了，他们或会搬到印尼，或会搬到其他二手显示器有消费者基础的发展中国家。

这真是一个莫大的讽刺：马来西亚变得越富有，就越不可能继续崇尚他们在发展过程中秉持的节俭精神。后来苏方奥永开车载我驶过连接槟城和马来西亚半岛的大桥，路上她点头示意让我去看那些全新的汽车。马来西亚半岛是其国内新兴汽车产业的大本营，公路上也越来越拥堵，与曼哈顿的高峰时间别无二致。“如果你都有能力买新汽车了，为什么还要买旧显示器呢？”

这是个很好的问题。苏方奥永开车经过槟城的一些高科技产业核心：戴尔、索尼和英特尔的工厂。谁不喜欢刚刚从工厂装卸平台上生产出来的新产品呢？我在一座立交桥上看到下面堆着很多生锈的废金属，面积足有几公顷，还有很多起重机和拖拉机。那些如小山一般生锈的废金属让我想起了家，想起了我长大的废品站。废金属循环产业正在马来西亚快速发展，就与其他废金属循环产业得到发展的地方一样，人们成了中产阶级，较为节俭的生活方式便被摒弃了。然而，苏方奥永不喜欢在槟城到处转，不愿看到这种情况发生。她正在寻找一个全新的地方，一个对旧物再利用感兴趣的地方。

第七章
掘金美国

现在是周一的早晨，还不到8点，密苏里州圣路易斯市的约翰逊·曾灵活地把他租来的一辆雪佛兰汽车开进了凯什废金属及钢铁公司的前院，他做的是废金属收购生意，然后运到中国。现在他要用两个半星期去拜访老客户，第一站是新墨西哥州的阿尔伯克基，最后一站是南加利福尼亚，而这家工厂是他今天要去的第一家工厂。不过约翰逊告诉我这其实不算什么。“上次我和霍默（广东的一位废金属进口商）来，”他回忆道，“我们26天行驶了1.5万千米。”

结果呢？重达数十万吨、价值数百万美元的废金属离开美国，去了中国。

约翰逊是个贸易商，他开着租来的车在美国到处收购废品。可并非只有他一个人这样：据他估计，至少还有100位中国废金属贸易商或多或少和他一样，现在正从一个废品站到另一个废品站，寻找美国人懒得或无法循环再用的废品（还有废纸贸易商，不过他们的人数要少得多）。这种生意由来已久，而且非常重要，像东泰废品站的乔那样的台湾买家在20世纪70年代就开始这么做了。他和他的同行们善于发现美国人不愿意注意的价值；他们走在可持续发展的前沿，是高科技产品不断升级年代里的清道夫，是最绿色环保的回收商，在他们所处的时代里，这一点非常重要。约翰逊起到了真正的桥梁作用，把回收桶和当地的废品站与中国连接在了一起。

此刻约翰逊正在距离密西西比河不远的北百老汇大道上，这里是曾经盛极一时的工业区。货运拖挂车停在空空如也的空地上，人行道上空荡荡的，尘土飞扬。我猜那些空地上曾经必定建满了仓库和工厂。到了现在，关于这里，唯一可以说的就是天黑之后你绝不愿意到这里来。

约翰逊点了几下他的黑莓手机，查了查伦敦金属现价。“价格跌了，”他叹了口气，“不过我们不会放弃。”他已经四十二岁了，不过看上去很年轻，可当他因为担心而撇嘴的时候——就像他现在一样——脸颊会稍稍鼓起，眼角的皱纹突出，所以显得有些苍老。他的额头很高，显得很是体贴周到，声音非常温柔，再加上他说英语时会使用礼貌用语，所以看上去是个非常文雅和有教养的人。“是霍默的电话。”他一边轻声说，一边按下了接听键，他不再说柔声细语的英语，而是说起了广东话，声音沙哑，语气咄咄逼人。我很快就意识到，身为广东省南部汕头市人的约翰逊非常喜欢接到家里打来的电话。

和大多数时候一样，现在约翰逊和霍默依旧对铜很感兴趣，这的确事出有因：2012年，中国对铜的需求占全球铜需求总量的43.1%，是同年美国铜需求量的5倍还多。为什么？因为中国正在快速发展，而没有铜，现代经济体就不可能快速发展。但另一个主要原因则在于，2000年，要想满足环保法规的要求，就需要付出高成本，因此美国最后一批从废金属中提炼铜的工厂也纷纷关闭（在某种程度上还因为针对不肯或没有满足要求的工厂，有关方面会采取执法行动）。这种情况导致的一个结果是：20世纪80年代，中国的铜冶炼行业还不发达，但如今中国已经一跃成为世界上最大的铜冶炼国。不仅如此，中国还拥有世界上最好、科技最先进的铜精炼厂（而且符合环保要求）。因此，当约翰逊去收购铜废料，这些铜或许曾经是美国的，但现在，这些铜废料只会流向中国。

在废金属回收业，这种原料被普遍认为是低级原料。这是一个不明确却很重要的术语，对于不同的人有着不同的意义。然而，一般而言，需要做大量工作才能把低级废品转化为高级货，既有手工劳动，还有化学和机械方面的工作，就像是我在印第安纳州欧姆尼资源公司见过的铜电线、缆切割加工线一样。对于关注循环再用和资源保护的美国人来说，关于低级废品，最重要的是知道一点：如果不出口，那么它们最有可能的最终归宿将是废品填埋地。没有廉价劳动力来提取金属，循环再用就会因为成本太高而没有发展。台州那些价值巨大的电动机就是个很好的例子；不过圣诞树彩灯和其他绝缘电缆也能说明问题。

就低级废金属买家而言，约翰逊充其量也只能算是个中型商家。但此中型可不是一般意义上的中型：前一天晚上他告诉我，他要在这个周末前花100万美元收购废金属。

约翰逊结束了与霍默的通话，把他的黑莓手机放进了衬衣前袋里。“他正在电脑前等着呢，”他抓着车门拉手对我说，“我要给他传几张相片。”

我看了下表，就快到中国时间晚上10点了。“他熬通宵了？”

“当然！有些（废金属）材料，我不认得，只有他知道。所以我给他打了电话。他是专家。”约翰逊走出汽车，打开了后备厢。那里面装着我俩的行李箱和一顶安全帽。他打开他的行李箱，拿出了一件高速公路建筑工人所穿的那种橙色安全背心，套在了新熨平的蓝白色格子衬衫外面，然后从钱包里拿出一张名片，放进了缝在背心上的透明塑料夹里。

约翰逊·曾

日升金属回收公司

加拿大温哥华

他挺直脊背，站直身体，这样看他大概有1.75米高，然后抚平了背心上的皱褶。我们走进了凯什废金属及钢铁公司的前门。另一边有一扇窗户，那个开口是用来交换文件和现金的，一个昏昏欲睡的男人坐在一把摇摇晃晃的椅子上，戴着安全帽，身上的衣服油腻腻的，一直在尽量避免和我有目光接触。

“你好？”约翰逊趴在现金交换口说道。

一个胖胖的中年女人的面孔从窗户里露出来，脸上带着笑容，显然她正在和别人说话：“需要帮忙吗？”

约翰逊站得更直了，脸上挂着灿烂的笑容，把一张名片送进了现金交换口。“早上好，女士！”他简直是在讨好对方，“我是日升金属回收公司的约翰逊！我和迈克尔（恕不透露其真实姓名）约好了见面。”

我看着他：那个冷面的广东商人到哪里去了？这个人绝不是我飞去圣路易斯见的那个人。

那个女人看了看名片：“他不在。”

我看到约翰逊退缩了一下：“没问题，女士！你知道他什么时候回来吗？”

“我查一下。”她说着离开了窗边。

他收敛了笑容。“总是这样，”他小声说道，“每次都这样。”

我听到玻璃另一边响起了电话铃声。街上传来柴油发动机的轰鸣声。

门开了一条缝，一个三十岁出头的男人探出身来，他高子很高，肌肉发达，穿了一件红色T恤衫。他一只手握着门把手，身体向他来的方向倾斜：“嗨，约翰逊，我正在填写工资表。”然后他冲一张破烂皮沙发示意了一下。那张沙发就在一个卧室大小的办公室中间。“我尽快去找你。”

他走过去的时候，约翰逊的脸上闪过一抹灿烂的笑容。牙齿都露了出来：“你忙你的！没问题！”

坐下来，我仔细观察了一番约翰逊。真无法想象我会因为特别想要某些东西（甚至是废金属）而去如此彻底地改变我的公众形象，从而换回得到那些东西的机会。

“我上周就预约了，”他恢复了平时温文尔雅的形象，只是略带苦涩，“一直都是这样子。从没改变过。”

我低头看着陈旧且凹凸不平的亚麻地板，数十年来的油污和灰尘在上面留下了永久的污渍。头顶上刺眼的日光灯让每一处细微的裂缝、损坏的边角和很久以前洒落东西的痕迹都一目了然。然而，我对这种破旧早已习以为常：我家的废品站也很脏，而且，撇开冷淡的对人态度，这里让我感觉就像回到了家。我和祖母在这样的地方度过了我们人生中一段最美好的时光。或许这里也有人有相同的感觉，但这里没有一样东西——比如一张孩子的画、一张家庭合影或印有孙儿照片的咖啡杯——显示它对这里人的重要性。

我抬起头。那个接待员正打电话安排周末的活动，还飞快地挠了挠她的屁股。她既没看约翰逊，也没看我。我们可能和沙发上的靠垫没两样。我看了看墙上的挂历：还是一个月前的日期。

“我们今天要找什么？”

我和约翰逊坐在沙发上抬起头，只见那个穿红色T恤衫的男人站在我们面前，头戴安全帽，手里拿着一个写字夹板。

“ICW，”约翰逊答道，他说的是绝缘铜线的通用缩略语，“还有散热器头。”红T恤交给我一顶安全帽，我们跟着他从办公室后部的一扇门走进了一个窄小拥挤的仓库，两侧堆满洗衣机大小的纸箱，就算没有几百个，也有几十个，箱子里面装着各种废金属。

光线非常灰暗，大部分光源都来自透过装卸平台照射进来的阳光。红T恤明知我们跟在他后面，却走得飞快，仿佛很忙似的。不过约翰逊还是维持他自己的速度，目光上上下下地从一堆堆废金属上扫过。他或许有点奉承讨好别人，可现在，在废金属中间，他变得十分坦率、严肃，而且非常专注于身边那些杂乱无章的各种废金属。红T恤指着盖有脏帆布的一纸箱电缆："我们收了很多这种东西。"

约翰逊从胸袋里拿出黑莓手机，举到盒子上面照了张照片。"是电梯电线，"他又查看了一遍那张照片，然后发了出去，"给霍默发过去了。"他走到另一个装着各种类型和颜色的混合电线的盒子边：这些电线有些很粗；有些很细；有些上面连着很小的金属接头；有些已经磨损了，里面的铜线都露出来了。

在美国和欧洲，这种混合电线被视为ICW级，也就是绝缘铜线，售价都是一样的。但这些东西一旦到了中国，红色和绿色的电线就会被分开（不同类型电线的铜含量也不同），粗线和细线分开，带有接头和没有接头的分开。每种类型的电线都有自己的价格，往往还有它们自己的市场。对于约翰逊来说，这就是利润问题了，比如说，在每千克2.2美元的电线里，在中国有的能卖每千克1.3美元，有的卖1.78美元，有的卖2.67美元，还有的能卖4.89美元。但据约翰逊所知，霍默更了解中国本地市场，以及每种电线的价格。一般来说，如果不是中国人，根本就不能了解中国的微观市场，即便了解，因为语言和文化的关系，你也进入不了这些市场。因此，约翰逊照了照片，传给霍默。"你们有多少？"他问。

红T恤看了看他的写字夹板："大约3600千克。凝脂，我们约有4500千克。"他指着一个箱子，里面装着0.04米粗、0.3米长的电缆，渗出了像凡士林一样的物质，里面约有数百根细电线。这些细电线曾经被埋在地下，用来传递电话通信信息，而"凝脂"其实是一种石油产品，可以防止地下潮气入侵，以免电线受潮。美国的电线回收商很不喜欢这种电线，因为这种凝脂会粘在切割设备的刀片上，因此，这些电线就会被送到中国，到了那里，人们会用手割开电线，用肥皂将之清洗干净。

确实是低级废金属。

约翰逊照了张照片，传给了霍默。然后他有了新发现：“呀，是圣诞树彩灯。”

彩灯胡乱地堆放在一个箱子里，约翰逊伸手去扒拉那些缠绕在一起的彩灯，希望看看底下有没有什么东西。“质量不高，”他小声对我说，“应该扎成大捆。”这就是说，应该把这些彩灯压缩成立方体，这样就不会有东西藏在彩灯底下的箱子里面了。约翰逊看着红T恤：“便宜点就好了。”

“这可不行，圣诞树彩灯就是这个价格。”红T恤答道。

约翰逊盯着那个箱子，嘴里发出咯咯咬牙的声音。他想要这些东西。

红T恤又走了几步：“我们的ACR（铝铜合金散热器）头在这里。”

约翰逊走到一个箱子边上，里面装的是0.3米的金属长条，看上去像是由单股铜管交织在一起做成的一样，其实是铝质的，调节器中的液体就是通过这些管子流通的。散热器则被拆散到别的地方，很可能是被卖给了铝再熔厂；而留在这里的则是铝铜合金散热器头。这种废品非常适合中国这些劳动力成本低廉的国家；在那里，人们会为了赚钱而剪掉铜环，将之和铝分开。

“你们有多少？”约翰逊一边拍照一边问。

“我估计大约有4500千克。”

在接下来的十分钟，他们是这样交流的：红T恤给约翰逊看了有线电视电缆（不感兴趣）、有线电视护箱（非常感兴趣）、电力线（非常非常感兴趣），以及其他一些日常生活中不可或缺的小东西，最后这些东西虽然难逃被扔掉的命运，却从来都没有被当成家庭垃圾。约翰逊把所有这些东西都照了照片，并且细心地记下了可供数量。

“够装一个集装箱了吗？”红T恤问。

这个问题很重要。一个标准12米海运集装箱可以装1.8万千克，约翰逊就是用这种集装箱把废金属运到中国南方，交给霍默。但这就是问题所在：把集装箱从一个废品站运到另一个废品站需要很高的成本，这就意味着只能在一个废品站里买足一个集装箱容量的废品，也就是说，约翰逊要么是在凯什废金属及钢铁公司购买1.8万千克废金属，要么是1千克都不买。交易有些棘手，因为即便约翰逊认为散热器头和绝缘铜线大有赚头，但他还是不能仅凭这两种废金属就敲定交易，除非它们的数量能达到1.8万千克。因此，他或许必须在某些材料上遭受一些损失，才能从他真正想要的东西上赚到大钱。他用手摸着所做的记录，撇了撇嘴："还需要4500千克。那些圣诞树彩灯呢？你们想卖吗？"

"进来再说吧，我要去检查一下，我们有多少存货。"

我们跟着红T恤走进了那间办公室里，然后坐在了那张破沙发上。但没有放松的时间：约翰逊的黑莓手机显示霍默来电话了。"必须提高价格才行。"约翰逊说。他们的对话只持续了不到十秒钟。"现在霍默很小心，"他挂上电话后对我说，"市场在下滑。不过我们还是会尽力的。"他说着打开他的笔记本，拿出了一张纸，上面写着"采购订单"。订单样式很简单，显然是提前用电脑做好的，除了约翰逊的名字和公司的名号，还有三栏很重要的信息：材料名称，重量，价格。他缓缓地写道：

带钢凝胶电线	4500千克	55
油电线	2200千克	135
2号绝缘铜线	3600千克	150

随后他又接到了霍默的电话，通话结束后他开始写第四件采购产品。他们用广东话飞快地讲了十秒钟。不管他们说了什么，都足以让他删掉凝胶电线的第一个价格，并将之提升到56美分。他又写了另外七种想要购买的废金属，写完后一算，他预计购买价值近6万美元的旧铜线和金属制品。"或许现在看来没什么竞争性，"他很担心，"让我们拭目以待吧。"

红T恤环顾四周："约翰逊，斯图过一会儿会来找你。"

约翰逊对自己点点头。"过去我们能从这个废品站买到5～8个集装箱，"他告诉我，"现在能买到一个就算走运了。竞争越来越激烈。有时候，美国的废品站能接待两三队（中国）买家。现在是卖方市场。"

"废品沙特。"我说道。

“或许吧，”他点点头，“或许吧。”他把手放在膝盖上，做了个深呼吸，然后用黑莓手机找出了现行伦敦价格。有那么一刻，除了墙壁另一边的机器轰鸣声，周围一片安静。

我和约翰逊一起开车跑了六天，到处寻找一集装箱又一集装箱（每箱价值10万美元）的废金属，在中餐馆里吃不在菜单上的食物，在红屋顶旅社里住宿。有些时候，开了六个小时的车，结果却发现废品站把答应卖给约翰逊的废金属在几个小时之前卖给了其他找上门来的中国买家；还有些时候，约翰逊用买一辆兰博基尼的价钱买了废品。然而，在我们开着车走遍全美，在和别人进行漫长、发人自省的谈判过程中，废品站往往只是提供一个间歇的地方。

约翰逊告诉我，在路上的时间既孤独又沮丧，特别是五年来一直在做这样的工作。他的妻儿都在温哥华，但他一年到头只能陪他们六个月。其余时间则都用来开着租来的车到美国各地去购买废金属和思考。“过去两三年我花了太多时间思考生活、工作和家庭，”他告诉我，“我甚至开始考虑皈依基督教。”到了最后，并非宗教缓解了他心中的苦闷，帮到他的是艾克哈特·托勒的书《当下的力量》，而且他还把霍默视为强大的榜样，注意霍默在路上、汽车旅馆里和美国的一举一动。“他非常孝顺，”约翰逊说，“到了旅馆房间，他做的第一件事就是给他母亲打电话。我从他身上学到了很多。我学会了不再担心那些即便担心也无济于事的事情。”

然而，有件事情还是会让他每天都担心，有些时候他甚至时时都在为这件事提心吊胆：吃什么。前几年他开车到处跑，只要翻翻电话簿就能解决这个问题。现而今，他的GPS导航仪为他指出了美国各地最好的中餐馆。我们去吃饭的时候，很多中餐馆老板都还记得他，不过记得霍默的人更多，由此可见，霍默是个有魅力的人。

不过即便这么多年过去了，约翰逊的GPS导航仪偶尔也有出岔子的时候。

举例来说，一天晚上，我们开车经过西弗吉尼亚州乡村地区，我俩都饿坏了，可约翰逊的导航仪里没有显示附近有任何餐馆。我则到处察看是否有快餐店的路标。

“猫头鹰餐厅！”约翰逊大叫道。

在前方出口、匝道的尽头，一个非常特别的霓虹灯标志点亮了阿巴拉契亚山脉的夜空。“真的吗？”

“当然了！”他把车驶向出口匝道，一路上他告诉我，他的美国客户经常带他去猫头鹰餐厅吃饭，而且他非常喜欢吃辣鸡翅。

“你知道的，”我们一边在餐馆里找座位坐下，我一边小心翼翼地告诉他，“现在中国也有猫头鹰餐厅了。”

他瞥了一眼为我们点餐的女服务员，她穿着紧身背心装，运动短裤向上撩起。“在中国她们也这样穿？”

“是的。”

“嗯。”

曾经，在广东省东北部的中型城市汕头，约翰逊并没有预料到他会有这样的未来。约翰逊的父亲是一位著名农学家，每每说起父亲，他都很骄傲，一看就知道他很爱他的父亲，而他亲爱的母亲是一位农民。约翰逊上学时是个好学生，尤为擅长理工专业，并在1991年取得了聚合物科学专业（其实就是塑料专业）的文凭。过去，年轻的大学毕业生根本不需要自己去找工作，政府会为他们提供工作。约翰逊去了国有石油公司中国石化下属的一家塑料厂。“刚进厂时我是个工人，然后当上了检验员、车间副主任，最后成了副总经理，”他告诉我，“我在销售部干过，在财务部也干过。那家工厂有500名员工。”

2001年，他的事业又上了一层楼，有机会建立另一个工厂。按照现在的标准来看，这家工厂的价值在1200万美元左右。“那为什么要移民去加拿大呢？我真不愿意离开。我喜欢成就感。那对我非常重要，甚至比钱还重要。我有自己的房子、汽车和丰厚的薪水。没有人相信我会走。‘你还年轻，前途十分光明。’”然而，约翰逊的妻子也在那家化工厂工作，她厌倦了工厂里的气味、这份工作和家乡。与此同时，她的很多朋友都移民去了加拿大，并告诉她，西方的生活要好得多。“于是我就说：‘我们也走吧。改变一下。’”

顺风顺水的年月到此结束。

于是约翰逊不再是中国国有公司里那个大有作为的青年，去了温哥华后，他做起了零活。先是干起了装修承包商，后来在唐人街卖起了水果，随后又在一家超市的乳品部门工作了几年。2006年的一个早晨，他在看一份中文报纸时无意中发现了一则聘请“交易员”的广告，不过广告里既没有详细说明招人的是什么公司，也没有说起需要推销的产品。“这看起来对我来说是个好消息，”他回忆道，“交易员！这是我最喜欢的工作！销售！”几个星期之后，他接受了温哥华一家中国废金属采购合作社工作人员的面试。他们在招人加入他们的销售团队，到北美收购废金属，他们给他的薪水是三个月1200加元（约1000美元），如果需要到美国出差的话，还会有300加元（约270美元）的津贴。“在超市工作赚得更多，可以养得起我的家人，那我为什么还要接受这份工作呢？”他问我，“因为早在几年前我就开始思考中国的塑料回收行业。所以我觉得这是学习和开始大干一场的好机会。”

新老板让他接受了一周的培训，然后给他租了辆车，就让他上路了。“对于我要买的东西，我甚至连它们的英文名字都不知道！”没有意外，第一个星期简直就是场灾难：他什么都没买到。但约翰逊是个聪明人，胆大心细，在接下来的三个星期里，他想方设法为他的新雇主买到了31个集装箱的废金属，获利超过75万美元。到了2008年，他已经在这一行混得如鱼得水，非常成功，所以他开始计划自立门户了。就在这个时候，一开始雇佣约翰逊的那家合作社里有个成员也在考虑单干，这个人就是霍默，和约翰逊不一样，他在广东有个废品站，收购来的废金属可以送到那里去。“在我和霍默单干之后，”他一边开车穿行于肯塔基州，一边告诉我，“我一年里有七个月都是在路上度过的。有一次，我和霍默连着七个星期一直在到处跑，连一趟家都没回。”

“你们到底买了多少废金属？”

他想了一会儿：“成千上万个集装箱。”

那就是数千万美元。

在圣路易斯的凯什废金属及钢铁公司，我们先是等了五分钟，然后又等了十分钟，可没有人过来拿约翰逊的采购订单。在等待的过程中他一直在看伦敦市价。然后又看了芝加哥的交易价格。他问我是否介意午餐去吃中餐，我当然回答不介意了。

“约翰逊？”一个洪亮的声音喊道，“进来一下。”

约翰逊从沙发上站起来，大步走进了角落里的一间办公室，办公室里有一张很大、很凌乱的办公桌，凯什废金属及钢铁公司的创始人斯图·布洛克向后靠在办公椅上，此人很胖，留着一头卷发，看上去就像废金属王国中的大王。房间里还有三个人，看他们笑的那副样子，就好像刚才正在讲荤段子，而且还一致对外保密似的。屋子里充满了雄性激素，有些令人啼笑皆非，约翰逊则用热情打破了这样的氛围：“你好，先生！你好吗？”

“很好，约翰逊，”布洛克把目光转到了我身上，“你的朋友是干什么的？”

约翰逊介绍说我是一位记者，跟着他了解中国废品商的生活。一听到记者两个字，布洛克就面露喜色，并且给我讲起了《和麦克·洛维看肮脏的工作》这个节目到他的工厂来拍摄的情形。他告诉我，他们把洛维穿过并签了名的工作衫镶在镜框里，挂在了办公室中。

“我会去看那一集的。”我告诉他。

“绝对不会让你失望！”他转头看着约翰逊，“那么，你今天都买了什么，约翰逊？”

约翰逊把他的采购订单交给布洛克，布洛克瞄了几眼，脸上一直挂着狡黠的微笑：“好吧。让我想一想。我需要了解一下市场走势。稍后我叫人给你打电话。”

我转过头看了看约翰逊，又看了看布洛克。对于一单价值6万美元的订单，而且都是美国没人会买的东西，他就是这个反应？到底还有谁会去买那些圣诞树彩灯？

“谢谢，先生！”约翰逊说，“我稍后再打电话。”

“保重，约翰逊。”

我们走出大门，一来到人行道上，我就爆发了：“他几乎看都没看你的价格！老天。他不感兴趣。”

“或许是，买家太多了，我看得出来，昨天肯定有其他买家来过了。那里的废金属比从前少了，”他打开车子，把他的安全帽和背心放在后座上，“没问题。明天我们去别的地方时没准会比别人早。”

我们坐上车后他从杂物箱里拿出了GPS导航仪。那里面已经输入了几十个废品站的名字，这是约翰逊的客户名录，然后他点击了下一个我们要去的废品站。

“看到这么多圣诞树彩灯，我感觉很吃惊。”我告诉他。

“美国是浪费大国，他们把这些东西制造出来，却没有办法循环再用。对于大公司来说，圣诞树彩灯里的铜太少了，他们不会去切割，根本不合算。所以我们才会收购。”

没有地图，我不知道我们在圣路易斯的什么地方。我们可能在任何地方，不过约翰逊似乎并没有迷路。那个导航仪就是他的英语灵感女神——它说左转，约翰逊则会轻声回答，主要还是自言自语：“噢，真的吗？”他沉默了片刻，叹了口气，然后看了我一眼：“现在你看到了，中国废品商的生活是多么不易！”

约翰逊是个好司机。他没有任何疑义地按照导航仪的指引开车，每一次转弯都会提前打信号，而且非常严谨地遵守限速规定。在快到圣路易斯市中心时，圣路易斯红雀棒球队的主场布希体育场吸引了我的目光，吸引我的还有半环形的圣路易斯拱门，这让我想起了散热器头上的铜管。然而，等我扭过头看约翰逊，只见他一直在注意路面。“你去过那里吗？”我指着拱门问道。

“没有。我来过这里二三十次了，但从来都没去过拱门。”

“下班后你都干什么？”

“如果是和霍默一起，我们先是去中餐馆吃饭，然后回旅馆。他的自由时间不是用来和家人视频聊天，就是看中文电视节目。和他在中国时一样。他的妻子给他做了红薯干，让他在出差途中吃。有一次我们吃了麦当劳，他病了三天。所以现在我们只吃中餐。不过吃薯条也没问题。”

“真的吗？”

“过去他和我一起出来的次数比较多。但后来我买了黑莓手机，这样他就能在家里陪家人了，只等着我的照片就可以了。”

恰巧在这个时候，霍默给约翰逊打来了电话。“没准他有了新价钱。我们来看看。”可在他接听电话的时候，信号却断了。约翰逊因此想到了另一件事。“我们这一趟走得太远了。每次结束远行，我都会亲吻汽车。”他拍了拍方向盘，“感谢你带我们安全出行。”

霍默的电话又打了进来，这一次信号没断。约翰逊的声音变得低沉起来，似乎是回到了广东。

据约翰逊说，霍默一早晨都在和废金属客户喝茶。他们聊到了朋友、家人和经济，所以，到了午饭时间，霍默就了解了他需要约翰逊购买哪些废金属，以及他愿意出什么样的购买价格。在霍默的家乡，没有高级交易大厅，有的只是工厂，人们会一边喝茶一边谈生意。一切都很简单，而且，对于美国的旧电话线缆、圣诞树彩灯和其他那些被推到壁橱和车库后面的废品，在很大程度上每一天的市场价格就是这么确定的。

现在是周二清晨6点30分，我和约翰逊离开路易斯维尔，前往印第安纳波利斯。这是两个小时的车程，为了节省时间，约翰逊把车开离州际公路，来到温蒂免下车餐厅买早餐。这让他有些心疼：他更喜欢在超级8旅馆、红屋顶旅社和其他廉价连锁旅馆里吃免费汽车旅馆早餐。可我们有些迟了，而且说实在的，我很高兴这次不必吃那些便宜且极小的香蕉和油腻腻的汽车旅馆中的“蓝莓”松饼。

我们一边开车一边吃早餐三明治，约翰逊告诉我，他有时候想弄一个他自己的仓库，或许就选在卡罗来纳州，重新包装他买来的废品。可我们聊着聊着，他又认为仓库会变成加工场地，而他不愿意和美国的废品站竞争。此时此刻，他们毕竟还是他的客户。“你呢？”他突然问我，“你有没有想过干这一行？”即便只是这样一个问题，我的乡愁还是被勾了起来。祖母在几个月前去世了，而且我第一次有了这样一个念头：即便我干这一行，也没有人会给我带一罐犹太面包球鸡汤做早餐了。然而，我没法告诉约翰逊这个，因为说到这个就不可避免地要说起父亲。所以我只好说这取决于我的未婚妻克莉丝汀，她还不太了解废品回收这一行。因此只能以后再说。

到了印第安纳波利斯南部，他把车开到了州际公路附近一栋全新的多层仓库楼边上。根据标示牌上的信息，我才知道这里属于索罗肯有限公司。我们走进大厅，我感觉我来到的是保险公司的办公楼，而不是废品站。布莱恩·那什里斯出来迎接我们，这个人非常有活力，四十多岁，和他的家人一起打理家族企业。他非常欢迎约翰逊："我们都很喜欢约翰逊和霍默，我们一起做生意有多长时间了？五年，还是六年？"

有布莱恩在，约翰逊放松了下来。昨天那种卑躬屈膝似的奉承态度不见了。这才是我认识的约翰逊，信心满满，随时准备做生意。

布莱恩带我们去了他们公司的新仓库，那里有三层高，两条街区那么长。仓库四周摆满了整齐的桶、盒子和箱子，里面装着各种废金属，有些地方装有机器，工人正在用机器加工废金属。

这里的操作过程可谓管理有序：我们走着走着，布莱恩会俯身拾起一个奇多脆包装袋扔进垃圾桶里。然后他在一桶废旧卫浴器具边上停了下来，里面大都是水龙头，都是黄铜的，不过其中还含有钢和锌。美国的黄铜制造商都不愿意要（和熔化）这些未经分类的废品，因此，要么把这些东西送到劳动力成本低的地方去拆解并拣出那些金属杂质，要么是送进垃圾填埋地。"我愿意把这样的东西卖给约翰逊。"布莱恩告诉我，而约翰逊则用他的黑莓手机拍了照。

随后我们在几个洗衣机大小的箱子边上停了下来，那里面装满了水表。这些废品都是由公用事业公司送来的，他们还提供价值更高的废品，如铜电缆。但如果索罗肯有限公司想要有赚头的废品，就需要接收低级废品。水表就是典型的低级废品：水表里面的铜含量高，但那些铜都包在一个盒子里，需要拆开盒子才能取出。约翰逊拍了照，布莱恩用两只手拿起一个水表，在手里来回倒换："要不是约翰逊提醒我们，我们过去都把这东西扔进了垃圾桶。""不过别忘了，"布莱恩补充道，同时还对约翰逊笑笑，"过去的铜价只有每千克1.2美元。”

“现在都超过6.67美元了。”约翰逊哈哈大笑道，“所以人们自然更关注铜废料了。”

后来在汽车上我问约翰逊，他和霍默是不是真的告诉索罗肯有限公司：水表其实也值钱。

“当然！很多美国废品站扔掉了大量我们可以买回中国去的有用废品。我的工作之一就是告诉他们哪些废品有利可图。然后你就能成为他们的伙伴，共同处理那些废品。”他心情不错：布莱恩卖给了他价值5万美元的一集装箱废品，他打电话给霍默告诉他这个消息。

与此同时，导航仪引导我们去赴下一个约会。在那之后，我们去了这座城市北边，吃了约翰逊很喜欢的中式自助餐当午餐，然后，驱车三个小时返回了肯塔基州列克星敦市。

“我们在辛辛那提过夜，”约翰逊说，“明天早晨我们在那里有个约会。”

我看了他一眼：在一年的六个月里，这就是他的工作。感觉上这工作没完没了，而且事实也的确如此：永远有其他废品站，有更多废金属要出手，永远有中国的工厂需要废金属来熔化制造新产品。如果约翰逊没有搭建起这座桥梁，也会有别人来干。我看着他，想到了一件事：除了他，现在还有很多中国买家在到处收购废金属。

约翰逊告诉我，从辛辛那提开车几个小时就能到坎顿，然后驱车向南几百千米，就可以到达卡罗来纳州。“我还想去克利夫兰，但没时间了。反正我和霍默一起去那里会更好。他是废金属行家。”

第八章

废金属行家霍默

花一周时间和约翰逊一起在美国各地收购废金属的一个月后，我去了广州参观废品站，为本书做调查研究。我很希望这一次能见到约翰逊的合伙人霍默。约翰逊说我是他那次美国之行的幸运星，并且殷切安排我和霍默见面。几年前我和霍默有过一面之缘，不过当时有很多人，我们没有机会交谈。

我们定在一个周日上午晚些时候在我住的宾馆见面。霍默的儿子赖温（音译）在大厅里等我。他二十岁出头，胖胖的，是个乐天派，会说英语，所以是他父亲公司里的一员大将。我们握了握手，这时候霍默双手插在黑色风衣口袋里，从旋转门走了进来。霍默真名叫作赖霍明（音译），是个谦逊的人，中等身高，高颧骨，嘴唇丰满，浓密的头发层次感很强。二十年前的他是个理发师，尚未从废金属这一行赚到大钱。

今天和大多数时候一样，他看上去仍像是为了赴今天的约会而暂时抛开理发店一样。霍默不会搞活气氛，只会让人感觉放松。“你看上去比上次胖了点。”他说完之后，笑得更灿烂了。

我耸耸肩。中国人说这样的话其实并不带恶意。

今天和以往一样，霍默依旧是一副镇静的样子，对于一个用自己的钱买卖高风险产品的贸易商来说，这可谓不错的处世方式。就这一方面而言，霍默可以说是独一无二的：多年以来，我见过许多独立的中国废品商，他们压力很大，一根接着一根抽烟，迫不及待地想去吃饭，喝高度酒，以便缓解废金属带来的紧张和不安。但在其他大多数方面，霍默可以说是中国废金属商的典范，他白手起家，而且把生意越做越大。

“能走了吗？”赖温问道。我们走到霍默的车边。他开一辆黑色本田汽车，车子有点脏，带有染色车窗玻璃。大部分像霍默一样有钱的中国废品商（有的甚至还不如他有钱）都雇了司机，但就在几年前，霍默还骑着自行车穿梭于广州的大街小巷，从有钱的台湾进口商那里买废金属，后来则改骑摩托车。和很多白手起家的人一样，他不希望由别人来控制他的速度。

赖温坐在副驾驶座上，从背包里拿出了一个 iPad。“这就是我们的导航仪。”他笑着找出一张电子地图。我们的位置出现在地图上后，他扭头看着父亲，并用广东话指导他上了高速公路。

2009年，我和霍默匆匆见过一面，在那之前不久，2008年全球金融危机导致废金属市场出现了历史上最快也是最急剧的暴跌，当时，美国和中国的消费者都不再购买新产品，原材料价格暴跌，因此，前后不过几个星期，废金属的价格就下跌了90%。然而，我不知道他那时候有没有出一身冷汗：他当时看起来和现在一样冷静。后来我才知道，那次的金融海啸卷走了他近一半的巨额个人资产。但损失只是一时的，我肯定十八个月后他又把钱都赚回来了，由此可见，他既是个天才废金属贸易商，还是个有独特魅力的销售员，同时，通过这件事，还可了解到最重要的一点：中国对金属的需求永远得不到满足。

现如今，如果行市好，他和约翰逊每个月可以轻易买卖50多个集装箱的废金属。有时候，一个集装箱废金属的价值可高达10万美元，有时则低至1万美元。一般来说，把集装箱从美国运到中国需要六个星期，霍默有财力和勇气在市场起伏不定的情况下不断买进废品，而一旦市场下滑，在从圣路易斯向霍默的家乡清远市的海运途中，一个集装箱废金属的价值就可能下降40%。

这就是他成功的秘诀。

在我们右边，广州进入了视野。我可以看到线条优美的广州塔，塔高约600米，是中国最高的建筑。汽车向前急驰，目光所及都是单色调的长方形仓库，每一座仓库里都有一个工厂、一个产品，它们是中国经济发展引擎的一部分。

“你看到那里了吗？”赖温问。

我扭过头，只见一座很窄的混凝土平台，高速列车将在这个平台上来往于广州和广州以北1000多千米处的武汉，四个小时即可到达。支柱还在浇铸之中，在某些地方，铁轨及混凝土底座还没有铺好，但就快好了：自从2007年开始，中国已经开通了3000多千米的高铁线路。每一条高铁线路都需要钢铁铺就轨道，需要铜和铝来架设数公里的电线。霍默和赖温都注意到了这一点。

一个小时后，霍默把车驶离了高速公路，进入了清远市。高速公路出口尽头是一座住宅楼建筑工地，自卸卡车和平板卡车在来回运输结构钢材。我看到车窗外的农民不仅自己背着庄稼，还用单人小货车运输农作物。霍默开着本田汽车轻轻驶过他们身边，然后我看到了一辆卡车，车上满满地装载着在阳光下闪闪发光的铜线。卡车边上有一辆农用汽车，车上装的都是弯弯曲曲的绝缘材料，这些绝缘材料已被割开，里面的铜线缆都被取出去了。我们经过这辆农用车时，只见用绳子捆在一起的绝缘材料在风中不停摆动。

霍默告诉我，台湾废品商在20世纪80年代中期把废品回收业带入了清远市。那时候劳动力充足，人们愿意为了微薄的薪水去工作，而且，从各方面来考虑，即便这一行收入微薄，也比种地时勉强能糊口的收入水平高。还有一点更有利，清远地处偏远，可以逃避北京和广州环保部门的监控，同时通过水路和铁路又能连通运输废金属的港口。同样的渠道把废品加工商和制造商也联系在了一起，而这些制造商把废金属制成了电线、电缆和基础设施，这些东西二十五年来一直推动着中国经济的增长。广东省政府迫切希望吸引外商投资，得到廉价的原材料，因此鼓励废金属交易。至于污染问题，只能容以后再去考虑了。

我们右边有很多破败的假日酒店，它们的主要卖点是清远著名的温泉，过了这些酒店，就能看到一片巨大的楼群，楼房前面有一个招牌，上面用英语写着Baden Spa（意为巴登温泉）。在一道400米长的围栏上，有数张约2米高、欧洲人在温泉池边嬉戏玩耍的照片。经过了这些照片，我看到了起伏的丘陵，远处还有两座高耸的大山。那些丘陵上现在种满了树，那时可不是这样——有人到处挖山，挖出红土筛沙子，然后拿去盖房子。我们经过了很多电线、电缆批发商店，该地区欣欣向荣的房地产工地都从这些店里进货，我的视线越过它们，落在更远处的丘陵上，这时我突然意识到，这个地方以前一定非常美丽。

我问霍默，为什么他会离开美发这一行，转而干起了废品回收，他耸了耸肩。“别人干，所以我也干。”他从家人那里借了差不多5000美元作为启动资金，然后去了邻近的东莞和深圳，第一次从台湾废品商手里买到了废金属。现而今，这两个城市已经成为中国制造业心脏地带的左右心室，带动着整个广东省和全中国的经济增长。但在过去，它们只是刚刚开始繁荣的新兴城市，在那里，一个聪明又雄心勃勃的理发师带着冒险精神开始累积财富。"那个时候，废品回收这一行干起来比较容易，而且价格很低。"霍默告诉我。当时，一卡车美国进口废旧电动机或冰箱压缩机仅价值1200美元。正是在最初那几年里，霍默了解了不同电缆在含铜量方面的差异，比如说，包有绿色绝缘材料、直径约2厘米的电缆和包有黑色绝缘材料、内衬钢料电缆的含铜量如何。正因为如此，在约翰逊午夜时分从美国的废品站发来照片时，霍默只需要看一眼就能敲出价格，然后回去睡觉。只有亲手剥开电缆，才能了解和学习到这样的专业技术。

霍默把他的本田汽车停在清远一家工厂的大门外，这里是中国最大的铜废料回收厂，也是霍默最大的客户之一。

一个骨瘦如柴的警卫走了出来，他俯身探向挡风玻璃，在认出霍默后挥手示意我们进去。

这家工厂每年加工不少于4万吨含铜废金属，每天的加工量大约为6个海运集装箱。当然了，并非所有含铜废料都是一样的。有些废料，如圣诞树彩灯，其含铜量为28%，有些的含铜量则比较高。但目标总是一样的：买到成本为1.2美元的废品，如1千克圣诞树彩灯，然后将之变成每千克价值6.9美元的东西，这正是我参观时伦敦市场的纯铜现价。这家工厂的价格和经营原则与全中国和发展中国家的废品站执行的价格和经营原则是一样的；唯一的差别就是这里要大得多。不过我很确定：不管在这里看到什么，都是其他较小地方的翻版。

霍默把车停好，就在我们下车时，一个年轻人从玻璃门里走了出来，此人个子不高，身材结实，长了一张娃娃脸，留着参差不齐的自创发型（霍默注意到了吗）。他穿着一件闪闪发光的黑色皮夹克，身上散发出一种自命不凡的自信，由此可见他一定很有地位。事实上，他的确有地位：他是这家工厂老总的侄子。在他身后玻璃门的另一边，我看到了他的秘书：一个穿着超短裙和黑色高跟鞋的美丽女子。我想说她与这里的环境格格不入，不过像这样的人我见多了，所以我知道，从他的角度来看，她和这里简直是绝配。

霍默和侄子先生用广东话热火朝天地聊了起来，我则借机环顾空荡荡的办公区，这里给人一种荒无人烟的感觉，仿佛一个人都没有，唯一的生命迹象是两三个穿着工作服的男人正在仓库边上专心致志地鼓捣一辆卡车的发动机。除了霍默的声音，几乎听不到其他声音，只有远处会传来短暂的机器轰鸣声。

一个二十来岁、穿着灰色工作服的年轻人开来一辆高尔夫球车。车子有三排座位，我在最后一排坐下，赖温坐在我旁边，霍默和侄子先生坐在我们前面。车子沿着车道疾驰而过，从一辆卡车边上经过，卡车上装着一个海运集装箱，正沿着一条宽路行驶。左边有一座仓库，在车子飞快驶过的时候，我看到一捆被压缩成捆的铜线散发着柔和的光芒。这捆铜线可能将被送到这家工厂在清远其他地方的一个熔炉进行熔化，然后卖给某个制造商，他们会将之熔化，制成新产品。右边还有一座仓库，比较暗，人们蹲坐在一堆电线中间工作着。

前面是几百个美国交通标志牌，有绿色的，有白色的，有的写着名词，还有的写着动词——转弯、地点、并道、高速公路、堪萨斯州。我希望能停下来，让我仔细看一看这些标志牌来自什么地方，不过转念一想，又觉得知道它们来自美国就够了，而美国对铝铜合金的需求远不如中国那么强烈。

突然间我闻到了废品站的气味，那股扑鼻的金属气味让我想起了祖母。即便闭着眼，她也能知道我们在什么地方。就算不是通过气味，锤子敲击金属发出的哐当声也能告诉她我们的位置。

穿过装卸平台的大门，进入了一个百米长的宽大仓库。左边有一大堆一大堆颜色很暗的电动机，电动机边上有六个男人坐在小塑料凳上，正挥舞着锤子拆解电动机。在这里，大约有二十组这样的人正在拆解电动机。有那么一会儿车子的速度慢了下来，我看着他们用手钳、铁钳和螺丝刀把细铜线拉出来，它们像是堆在理发师边上的一团红色头发。

随后，侄子先生的高尔夫球车就像是弹簧一样，飞快地驶出仓库，穿过一片开阔地，停在了另一个仓库的装卸平台门边。这次侄子先生提议我们下车走一走。这正中我的下怀：我前面是数百平方米的空间，里面有一堆堆散落的电缆和电线，有些齐腰高，有些高至下巴，这情形有点像世界末日后留下的一堆堆高科技冰碛石。“冰碛石谷”里有很多中年男女工人。女人们把单股电线、电缆送进桌子大小的机器里，机器会把绝缘材料自上而下割出一道口子。等到电线、电缆出现在机器另一边，男工人就抓住它们，沿着切口把绝缘材料剥开。没有了绝缘材料的电线放成一堆，绝缘材料放成另一堆。

在四大洲里，在富裕和贫穷的国家里，我都见过这样的机器和这样的剥电线方式。在和霍默见面的几个星期前，我和约翰逊去圣路易斯时就见过这样的机器；几个月之前，我在印度也见过几次这样的机器。这是非常简单的加工工序，既算不上高科技，也算不上低技术。然而，这就是一种技术，尽管它只是分类绝缘材料和铜线的成本最低的技术（只要电线足够粗，能够通过剥皮机）。

有件事很有意思，在穿行于这座仓库的时候，如果你问其中一个工人，她的妹妹在哪里，她准会指着她对面的那个女人；如果你问她，你丈夫呢，她准会指着在剥皮机那一面剥开她送过去的电线的男人。此外，要是你问她，她的父母呢，她会告诉你另一个镇子里一个小村子的名字，在那个地方，最好的谋生机会依旧是种地，而耕种的收入只比最低工资稍多一点。但在清远的这家工厂，她每个月能赚到大约400美元，有时候还会更多，而且，如果她把她的薪水和亲戚们赚来的钱合并在一起，很快就能攒到足够的钱在村子里盖栋房子，而且还可以支付孩子们的学费。

然而，霍默想的可不是这个。他正在看一堆堆面包条大小的电缆，这些电缆已经被割开，铜线也被抽了出去，只露出里面同样值钱的东西：衬在绝缘材料上的闪亮铜箔。这些闪亮的铜箔很漂亮，外面是一层坚韧的黑色外皮。人们只需要把它们分离出来即可。

侄子先生告诉我们，他正在等一家大型德国废金属公司的人前来参观，因此我们需要加快参观速度。我把脸转开，一堵由打印机电缆、带状线、鼠标、USB连接线和其他设备的小件废品组成的30米高的废品墙吸引了我的目光，这些东西都被压缩成了拉兹男孩牌安乐椅大小的砖块，我感觉就像站在一个布满贝壳化石的绝壁边，只是这些化石只有五年的历史，而且还弯弯曲曲的。我还看到了一个微软牌鼠标，我曾经在百思买购物网站上花了29.99美元买了一个这样的鼠标；还有一根旧打印机电缆，也是在这个购物网站上，每根售价高到有些荒唐的39.99美元。

甚至就是在五年之前，人们还会解开这些纠缠在一起的电缆，进行测试，然后在全亚洲的二手电子产品市场里再次出售。不过中国的消费者现在越来越有钱，和美国的消费者一样，越来越多的人更喜欢买新产品。曾经在中国会被重新使用的旧物现在则会被切割成碎片，进行重新熔化。

“这里。”赖温领着我绕过那片“绝壁”，来到另一组四条传送带边上，那些太细不能进行剥皮的废品，如鼠标线、USB连接线和细的带状线，会被放在这些传送带上，送进切碎机里，而切碎机就像是上下翻转的大众甲壳虫汽车一样大小。铜线和绝缘材料一碰到切割刀片，切碎机就会发出轰鸣声，然后，从机器另一端出来的就是橡胶屑和铜碎片。这些碎片从那里掉到抖动的大水床上，就和雷蒙德用来循环美国进口圣诞树彩灯的振动台一样。水把塑料和橡胶冲刷到一个方向；较重的铜则慢慢向另一个方向移动，仿佛湍流不息的河水里那些很沉的石头。这些水床并不适用于雷蒙德的圣诞树彩灯，却可以很好地分类电缆里的铜和塑料。而这些电缆都是美国人丢弃旧电脑时扔掉的。

然而，水床的目的和雷蒙德那些振动台的目的是一样的：把铜碎片分出来，准备出售。赖温轻轻推了我一下，示意我看一下大量装有铜碎片的大麻布袋，每个麻袋都装有约1800千克的铜碎片，就像我在印第安纳州韦恩堡市欧姆尼资源公司里见到的那种装铜的大袋子一样，随时可以把装在袋子里的铜碎片卖给以铜为原料的工厂。当然了，这里的切割线既不如欧姆尼资源公司精密，而且在规模上也没有可比性，但操作原理是一样的：把电线切成最小的颗粒，然后使用现有技术进行分类。只不过清远工厂选择的技术和全中国数百个废品站利用的技术如出一辙：振动水床。

这就引出了一个问题：清远工厂绝对有钱购买欧姆尼资源公司那样的技术设备，那他们为什么不这么做呢？答案很简单，那就是他们或许很快就会买了：2011年，中国政府筹措资金在浙江省搭建了一条高科技切割线。还有一个较为复杂的答案，在清远工厂的这条切割线上，还有很多工人在操作。即便该厂使用机械化方式切割和分类电缆，依旧需要花钱雇工人把鼠标从鼠标线上剪下来（有独立的市场接收这些被剪下来的鼠标），把钢插头从打印机电缆上剪掉（也有独立市场接收钢插头），或者把钢质USB插头从USB连接线上剪下（这种插头也有市场，约每千克4美分）。每剪断一个鼠标和USB接口，就意味着这家工厂卖给客户的铜里所含杂质（特别是钢）就越少。如果没有人工劳力，这家工厂就需要安装磁铁，但其效果无法保证和工人使用剪刀做得那么好。相比在使用高科技技术的发达国家，手工劳动意味着废品能得到更为彻底的循环再用，同时也能带来更多利润。从这个方面来看，可持续发展和盈利率是成正比的。

"那些塑料到什么地方去了？"我问赖温。

赖温俯身在侄子先生的耳边大声转述了我的问题。侄子先生扬了扬眉毛，冲着一扇敞开的装料门和一个长方形池子点点头，这个池子的长度大约是仓库长度的一半。池子里面的水就是这家工厂用来在水床上重复循环的水，还有数吨橡胶和塑料绝缘材料。

"这些东西就放在这里，然后统一运给需要它们的公司。"赖温说。

"值钱吗？"

"每吨可以卖到200～300块人民币。"也就是说，根据我参观那一天的汇率，相当于每吨31～47美元，或是相当于20世纪80年代末废旧电动机的价格。

"你饿了吗？"赖温问，"我想现在正好到午饭的时间了。"

我看了一眼霍默和侄子先生。他们正用广东话聊得热火朝天，于是我趁机走回去数了数工人的数量。大约有20个工人。大多数都是女性，不过工人都穿着宽松的工作服，还戴着面罩，所以很难看清楚。他们有条不紊地移动着，在由打印机电缆、USB连接线和带状电缆组成的"绝壁"边慢慢地进行切割操作，把这些特别昂贵的计算机配件切割成胡椒子大小的颗粒，以便把它们做成售价昂贵的新配件。随着中国变得越来越富裕，越来越多用废金属做成的新产品不再回流到美国，而是留在了中国，在上海和其他富有的大都市里一个又一个新建的商场中出售。

“你在想什么？”赖温问我。

“我在想，中国的确已经找到办法从美国赚钱了。”

“是吗？”他哈哈大笑。

“是的。在美国，他们管这叫倾倒。”

“倾倒？什么意思？”

我很想告诉他，这个词的意思是“把废品扔给穷人，这样就不必花钱去处理它们了”。不过我不肯定这种做法到现在还有什么意义，所以只好说：“没什么。”

霍默在一个小村庄里长大，但他现在住在清远一栋豪华大厦里，他住的楼层接近顶层，可以俯瞰北江美景。房子很大，有四间卧房，其装饰偏重于实用性，且非常朴素。墙上几乎没有任何装饰品；家具很大，很舒服，却并不昂贵。最突出的一件东西或许就是一台大的超薄电视机。除此之外，在这里我真正注意到的就是他们一家人：霍默的母亲已届耄耋之年，但精神矍铄，有她自己的独立房间，霍默的儿子赖温和身怀六甲的儿媳住一个房间，他们的房间在这套公寓的另一端；霍默那位身体健壮的妻子则是从另一个房间里走出来的。霍默的姐姐住在楼下的另一个单元里，她在霍默的家里进进出出，就好像这里是她自己的家。正如约翰逊告诉我的那样，霍默喜欢把家人聚在一起。

然后我注意到了窗户。

从公寓正面可以看到北江、江边的高楼大厦和快速发展的城市的美景。城市在向乡村及城镇延伸，正是在那些地方，废金属被加工成了铜。但从公寓后面看到的景物才真正令我感到惊讶。有一座城市就像洛杉矶一样，向远处的高山延伸，在那里，即便是现在，工厂还在山谷里通过最差的方法回收利用进口来的废品，监管者既看不到，也想不起要去注意它们，就连毗邻城市也不会注意它们。它们燃烧的很多废品都是高科技废品，如镀银铜线，这是很多高科技设备的重要元件。多年以前，美国曾有精炼厂可以把铜和银分开，但由于环保问题，这些工厂纷纷关闭了。现在，这些镀银铜线的最后一站就是这里的山中，此处远离监管者，人们通过酸类物质对其进行加工。一段时间之后，银和铜被从山上运下来，有人以它们为原料制成新产品，然后运往世界各地。

但从霍默的阳台上根本看不到这些。放眼看去，清远的楼房大都不超过十层，这些楼房沿着林荫大道延伸，远处则是一幢幢三十层高的摩天大厦。我此前一直以为清远是个小镇，与一座城市毗邻而居，可我看到的却是一个大都市。谁知道呢？在我吃惊地看着眼前的景象时，霍默提醒我，大部分大楼使用的电线都是由在本地加工的进口废金属制成的。

我心想：谢谢你，美国。

我被让到了一个大皮椅上，屋里一共有两把这种皮椅，对面是一个大理石茶几。霍默坐在我旁边的棕色皮双人沙发上，他沏好了茶，倒进之前拿出来的几个小茶杯里。赖温坐在我对面的椅子上，他那位身怀六甲的漂亮妻子坐在椅子扶手上。霍默拿起遥控器，播放了一张DVD："这是我儿子的婚礼。"第一组画面是一队由三十五辆汽车组成的车队，赖温正是坐着这些汽车去迎接他的新娘的。车队停了下来，好几十个人出现在画面里，其中就有约翰逊，我一眼就看到他了。

我问霍默他结婚时是不是也有三十五辆汽车。"我有一辆摩托车，"他笑着告诉我，"我们就是开摩托车去民政局登记的。"

赖温的婚礼持续了三天，摆的是流水席，来了数百位宾客。霍默安静地看着录像，显得很满意；赖温则满脸堆笑。

"你饿了吗？"赖温问我。

是的。不过我想先看看一样东西："霍默，我能看看你在半夜时接收约翰逊那些相片的电脑吗？"

他扭头看着赖温笑了笑："他想看看那个？"

或许我不该提出这个要求。

"来吧。"他说着站了起来，示意我去公寓里面。

走进一扇门，我很惊讶，还有点尴尬，因为这里是一个卧房——霍默的卧房。如果早知如此，我肯定不会提出这样的要求。我还以为他是在书房里看照片呢。房间布置得很朴素，毫不起眼，就和小村子里的房间差不多，或许这就是关键之处。床很大，木床头样式简单，床上铺着藤席。除了床，房间里只有一台立式电扇、一对折叠床，阳台门边上还有一张固定的桌子。霍默的联想牌笔记本电脑摆在桌子上，边上是一块化妆镜，我估摸这镜子是他妻子用的。镜子和笔记本电脑之间有一个柠檬。

“这就是你工作的地方？”我问。

他打开笔记本电脑，点开电子邮件收件箱。我站在他身后，只见他找出了那些我看到的约翰逊用黑莓手机照的相片。突然间，凯什废金属及钢铁公司的圣诞树彩灯和索罗肯有限公司的水表让我再次产生了熟悉的感觉。他翻找了几十张其他照片，然后速度慢了下来，点开了一张显示有一团电线的照片，那些电线是我们在南卡罗来纳州见到的。随后他戴上眼镜，认真地盯着那张照片，还轻轻敲着屏幕：“那个绿色的电线，铜回收率或许能达到60%。那个红色的就比较低了，或许只有40%。”

我看看他，又看看窗外。曾几何时，就在外面，在某个被阳光曝晒的地方，他通过双手了解到不同颜色的电线里可以取出多少铜，以及提取铜需要多少成本。比起那个时候，甚至是当理发师的时候，他现在的生活可以说好太多了。如果可以，我会毫不犹豫地选择这样的生活。“你不介意半夜起来，看约翰逊发给你的图片？”

“为什么不呢？这样不会吵醒我的妻子，而且看完后我就能回去睡觉了。”

他的家人围拢在电脑边上，讨论着他点开的照片。每个人都对他们的家族生意有一点点了解，每个人都能对一堆电线值不值那个价钱说出一番评论。我退后一步，拍了张照片：废金属收购商一家。

后来再看这张照片的时候，我从桌边那扇拉门中看到了外面那些新建的高楼大厦。在不久之后的某一天，和纽约、上海的高楼大厦里的人一样，那些高楼大厦里的人也会兴致勃勃地消耗掉各种各样的东西。他们是否会同样浪费呢？这个问题现在还没人能回答。但有一点可以肯定，不久以后，相比费心研究太平洋另一边在午夜时分拍摄的废品照片，霍默，特别是围绕在他身边的孩子们，一定会更为注意这些高楼大厦里产生的废品。

第九章
影子行业

一座人口2000万的城市会制造出大量垃圾。有些进了垃圾填埋地，有些则被循环再用了。北京是一座正在快速发展的城市，人口至少有2000万，这里的循环再用率要高于大多数城市，这在很大程度上是因为这里有数百万外来务工人员，其中数万人则依靠收购和分类他们那些收入和地位越来越高的邻居们扔掉的东西为生。

外来小贩十分常见。他们骑着三轮车，车上装满了被大部分北京人视作垃圾的东西：报纸、塑料瓶、少量电线、纸箱和电视机等废旧电器。有时候，他们会停在垃圾桶边上，寻找里面是否有值钱的垃圾；大多数时候他们会收到小区保安让他们上门收废品的电话：通知他们某大厦的居民要卖掉用来包装全新高清电视机的大纸箱和一些啤酒瓶。

多年以来，许多中国大学都在尝试统计北京每年产生了多少垃圾，以及其中多少得到了循环再用，最后都无功而返。这个行业太大了，又缺乏组织（收购废品的小贩都是外来务工人员，他们不用上税，而且不喜欢引人注意），因此根本不可能把数据统一起来。然而，大部分废品流向了何处还是可以确定的。

这就要提到我的朋友——美国南加州大学中国当代史教授乔希·戈尔德斯坦了。

十年前，坐在北京图书馆里钻研京剧时，他注意到很多收废品的小贩带着各种各样的废品和可循环再用之物从窗前经过。“于是，一天下午，我决定站起来，跟着他们去见识一下，”他告诉我，“最后我来到了一个巨大的废品回收市场。从此我就研究起了这个课题。”一直以来他都在查证北京废品循环再用的历史，而且还想方设法查找负责回收北京肯德基快餐店脏塑料杯的工厂在什么位置。

乔希为人聪明，伶牙俐齿，而且富于冒险精神。2010年6月中旬，一个熟人为他提供了一个机会，让他去看看“北京的塑料垃圾都去了哪里”。他立刻就答应去见识一下，而且随后给我打了电话：“想去吗？不知道能看到什么，不过我想肯定会不虚此行。我认识的人能带咱们去参观一下。”

那个地方叫作文安。

我爽快地接受了他的邀请。

清晨时分，我们坐上了一辆小巴，汽车向南驶出北京城，没有走收费公路，而是绕道走其他双车道公路。两个小时后，我们在一个乡村加油站边上下了车，这里尘土飞扬，正好处在一个交叉路口。往来于十字路口的卡车发出了震耳欲聋的轰鸣声，汽车尾气令人窒息。有些卡车上什么都没装，有些则拉着建筑用的干板墙。但大多数卡车上装的都是废旧塑料：汽车保险杠、塑料箱以及一捆捆又大又难看的各种废塑料，从购物袋到洗涤剂瓶子，从咖啡罐到食品包装袋，可谓应有尽有。美国废品回收商几乎都不愿意接收废旧塑料，起码在2010年的时候他们不会，可很多美国人还是会把这些东西扔进回收桶，有些人宁愿卖掉它们，也不愿意出钱进行填埋，所以他们会把这些塑料垃圾交给有中国客户的废品中间商。

然而，这里回收的废旧塑料总量还是有点让人惊讶：乔希告诉过我，文安县不仅从国外进口废旧塑料，还会接收北京的废旧塑料，不过我并不认为这里的废旧塑料只相当于祖母驾车穿过镇子去卖的那么一点点塑料垃圾。但回首过去，把关注点更多地放在废金属上，这限制了我的眼界。如果说走遍全球了解废品回收这一行的经历教会了我什么，那便是，对于美国人无法从循环再用中获利的废品，发展中国家的人往往能找到有利可图的用途。

据中国塑料加工工业协会称，2006年，中国有约6万家小型家庭塑料回收作坊，这是我在政府里的熟人提供给我的最新统计资料，准确与否则无法确定。其中2万家集中在这里。换句话说，这里不仅是中国北方废塑料回收业的腹地，还是全中国废塑料回收业的腹地。而且，由于中国是世界上最大的废塑料进口国和加工国，我认为，说它是全球废塑料再生行业的中心也一点儿不为过。

我看了一眼乔希：瘦高个子的他留着黑色络腮胡子，背着双肩背包，看上去就像是刚刚从“孤独星球”来到这里一样。他去过中国的很多地方，会说中文，知道他自己喜欢什么。而他不喜欢这个乡下加油站。幸运的是，提前联络好的面包车来了，于是我们赶紧乘车上路。

没过多久，我们走的这条单车道公路就变得尘土飞扬，垃圾遍地。路上都是卡车，车上满载着一捆捆电冰箱大小的进口废旧塑料；路两边一排排只有一个房间的平房作坊笼罩在尘土之中。我注意到这些作坊都有颜色亮丽的招牌，招牌上用两三个字母缩写宣传着买、卖和加工的各种等级的塑料：PP、PE-HD、ABS、PVC。它们的意思依次是聚丙烯、聚乙烯、丙烯腈丁二烯－苯乙烯和聚氯乙烯。这些字母看上去都那么异乎寻常，十分遥远，且充满了工业意味。但其实并非如此：它们只是一些塑料分子式，而我的电话、咖啡和洗涤剂的包装正是用这些塑料做的。这就是我的朋友和家人扔进回收桶里的东西。

车外的景物让我觉得，这里的人似乎都不会美化他们的店铺正面。仓库里没地方了，很多商家就会把一堆堆废旧汽车尾灯和保险杠放在外面，但大多数作坊都利用店铺正面的空间来晾晒潮湿的塑料碎片。这条大街熙熙攘攘，拥挤不堪，而且特别脏，偶尔有野狗穿行其中，抛锚的卡车堵住了部分路面，经常能看到路上有黑漆漆的痕迹，后来我才知道，有人会在夜里把不能循环再用的废旧塑料偷偷烧掉，那些黑色痕迹就是这么来的。在我的上方，风把塑料袋吹到空中，随风飘浮。不过文安县给我印象最深刻的是这里没有一点绿色，死城一般。

车子向前行驶，透过一扇敞开的门我看到几个工人赤裸着上身，正把红色的汽车尾灯送进机器里。机器把尾灯切成了手指甲大小的碎片。透过其他门口，我看到闪闪的光亮和炽热的烟气。“这就是现实。”乔希一边看着窗外，一边叹气。

第一站是住宿的旅馆，套房就和停车场一样大，床铺大得像拖拉机，地上铺着地毯，厚度就像美国的草坪一样。门外尘土漫漫，垃圾遍野，这个套房就是一个很好的提醒，告诉我们：某些地方的某些人正在这一带赚得盆满钵满。然而，就在我房间的窗外，一个小砖院子里，一个女人正在从垃圾堆中拾塑料袋。在她的另一边是一排红顶仓库，仓库尽头则是一栋二十层大厦的建筑工地，仿佛是破烂生日蛋糕上仅有的一根蜡烛。

事情并不总是这样的。

二十五年前，这里还是一个农业县，田园风光美不胜收，因其溪流、桃树和连绵起伏的风景而闻名于世。但凡了解文安县过去的人每每都是一边回忆着散发馥郁香气的土地、钓鱼的乐趣和柔美的夏夜，一边叹气。如果和当地人聊天，不出几分钟，你就能听到他们说你真应该在从前来文安，那时这里还没有以循环加工汽车保险杠、塑料袋和漂白剂容器为生，那时候青蛙和蟋蟀叫声震天，以至于都淹没了人们的说话声，那时候塑料再生业的发展还没有让二十来岁年轻人的肺变得塑化，跨国公司也没有为了说他们的产品是用“再生塑料做的”而到这里来做生意。

当时中国正开始加速发展，对塑料的需求十分旺盛，而且需求量越来越大，因为人们需要塑料盖新的高楼大厦、制造汽车、冰箱，以及人们会买的所有东西。当时大部分塑料都是用石油做的，属于新生塑料。但这种情况只是暂时的：人们买来的东西变成了扔掉的东西，很快中国的废旧塑料就达到了一定的数量，可以循环再用废旧塑料了，从此，再生塑料成了新生塑料制造商的竞争对手。

就在十五年前，文安县废旧塑料再生产业循环再用的几乎都是中国的废旧塑料。但中国和其他国家对塑料的需求快速增长，于是到了2000年，中国的废旧塑料商开始从其他渠道寻找废旧塑料，并在国外找到了他们需要的塑料。

后来，和现在一样，美国、欧洲各国和日本的废旧塑料出口商几乎都不知道是谁在循环利用他们出口的废旧塑料。他们只是把废旧塑料卖给中间商，这些中间商再把废旧塑料卖给中国的进口商，然后，这些往往具有海港优势的进口商会把废旧塑料转售给一些小商家，这些小商家则会把废旧塑料运到文安。废旧塑料一到文安，就会被转卖出去。等到进行实际分类和循环工作的中国家庭作坊买下一捆美国洗涤剂塑料瓶时，根本不可能追溯到底是哪些美国家庭扔掉了那些包装纸、包装袋和包装瓶。

这是一个影子行业，和涉及数十亿美元的可回收金属生意不一样，废旧塑料都是小宗交易。确实如此，对于文安县这个人口45万（截止到2004年）、占地180多公顷的小县城，除了临近的地区和相关工业，外界对这里的废旧塑料回收生意几乎一直一无所知。

虽然有很多不确定性，但有一点不容置疑：除非是来做生意，否则这里不欢迎外国人。而我和乔希当然不是去做生意的。要不是与相关公司关系好，我们也进不到这里。

我和乔希于上午晚些时候在宾馆餐厅的一个包间里再次碰面。同时见到了我们的司机，他是当地人，以及一家当地回收公司派来的代表。

包间的女服务员是一位非常端庄的女士，胸牌上写着200号，穿一件红裙子和同色外套，只是大了两个尺码。因为暂时没有其他受访者，所以我们就问她是不是了解当地的废旧塑料再生行业。“PP、PE-HD和ABS，”她一上来就说了这几个英文缩写，仿佛是在介绍当日的特价午餐，“我的家人就在干这个。”乔希非常感兴趣，就问当地到底有多少人在从事这一行。“文安有多少户人家，就有多少家作坊。如果你没钱自己做，可以给别人打工。”

一顿午饭的工夫我们就了解到，在这里，只需要300美元就可以进入废旧塑料再生行业，因为这些钱足够买这几样东西：一台二手切碎机，它可以切碎各种塑料，如汽车尾灯、WD-40塑料容器；一个水缸，在里面放上腐蚀剂就可以把切碎的塑料洗干净；以及一卡车用来循环再用的废旧塑料。这里并没有强制要求使用环保和安全设备，而且（经过我们查证）当地的设备和化学品经销商也不卖这种设备。

司机一边伏案大嚼一盘虾，一边抬起头来说：“我以前也是干这一行的。我的女婿也是干这个的——ABS、PP和PVC。”

女服务员点点头：“我的两个兄弟也在干这一行。他们赚的可比我做服务员多得多。”

乔希蹙着眉：“那你为什么不去做这一行？”

“这一行很不稳定，”她耸耸肩解释道，“而且有害身体健康。现在这里的一切都变了。”和我们遇到的其他人一样，她给我们讲起了别人给她讲过的历史：这里曾是人间天堂，桃子曾是那么香甜，他们可以把桃子当糖一样卖掉。

文安县变成全球废旧塑料再生中心的细节已经湮灭在了历史之中，无从考究。然而，在我们与一些当地人聊过之后，有件事变得清晰起来：这个过程完全是偶然的，绝非早有计划。“一旦有人做了，”一个学识渊博的当地人告诉我们，他从事这一行已经好多年了，“这个人赚了钱，于是别人也照猫画虎。纯属偶然。”

另外一个很成功的家庭作坊主告诉我们，他从20世纪80年代中期就开始收购塑料瓶盖，一开始根本没有人愿意要这些瓶盖，直到后来，他找到了加工办法，把塑料瓶盖转化成可重复使用的塑料，人们才开始重视这种东西（我脑海里出现了一幅惟妙惟肖的虚构画面：他的妻子怒气冲冲地瞪着一袋袋没用的塑料瓶盖，买瓶盖的钱是家里的全部积蓄）。他终于做到了，1988年，他和当地其他几位创业者合伙开设了小型加工厂。县领导只看到了经济效益，再加上越来越多的钱流入他们的口袋，所以他们也就不在乎把这里变成垃圾倾倒地所带来的显而易见的负面影响，尽管这些垃圾具有一定的价值。

事实上，这里的地理位置非常适合发展废旧塑料再生行业：这里毗邻北京和天津，但距离又不是特别近，而这两座大都市里有大量消费者和工厂所需的廉价的原材料。还有一点也是促进因素，因为当地石油工业的快速发展和不受监控，曾经充裕的溪水和井水都干涸了，这导致这里的传统行业——农业，随之消失。因此出现了大量闲置土地，大量劳动力在田地荒废后急于寻找其他谋生手段。听了这些故事，我不禁想知道：在这里循环再用的塑料中，到底有多少是由从这里的土地里抽出的石油做成的？所有那些在文安大街小巷里飘浮的废旧塑料袋，是否就是曾经在当地地下流动的燃料的鬼魂呢？

吃完午饭，司机开车带我们出了县城，去参观一家废旧塑料再生工厂，当地一家最大的废旧塑料加工厂派出两位代表陪我们一同前往。县城的灰尘、污垢和被吹得漫天的垃圾不见了，取而代之的是和缓起伏的田野和一片片果林，文安曾经因此而被人称颂。但这样的风景并不多见：左边有一片用围墙围起来的院子，棕色的土地上堆着一捆捆桌子大小的废旧塑料。塑料袋被夏季的热风卷起，在空中飘浮，飞过田野，最后落在僵硬枯死的草地上。

围墙里面，有两个工人正蹲在一捆拆开的废旧塑料汽车保险杠边上，从这捆被压得很紧的垃圾里面把废旧塑料拉出来，另外一个工人在把保险杠送进切碎机。挨着这捆废旧保险杠的也是塑料，它们也会被分类和循环再用。在美国，没有废品循环公司付得起钱雇人去做这些工作，因为塑料的价值太低了。但即便塑料价值足够高，也还有另一个问题：通过可循环包装材料和其他廉价塑料制成的再生塑料不符合美国、欧洲和日本制造商的质量标准。只有中国人，往往是那些迫不得已的制造商，才会使用这种再生塑料。

一路颠簸前行，一位工厂代表告诉我们，文安大多数废旧塑料加工作坊都坐落在四五十个村子里，这些村庄遍布文安的乡村地区，彼此互不相连。我们刚刚经过的那个小废品站就属于一个村子，其中一个加工厂代表这样解释；据说那里使用各种可怕的东西来生产塑料袋，其中包括工业用塑料，然后这些塑料袋会被当成安全产品用来包装食品。

车子从一座桥上驶过，桥下的河水已经不可能供任何水草生长，而且比县城更脏，受污染程度更高。然而，和县城的街道不一样，这里的小路上有很多孩子跑闹玩耍，他们半裸着身体，一般都打着赤脚，而在他们周围则是装有一片片瓦楞状塑料盒的卡车、旧塑料桶和大片已经变干的塑料溶液——看上去就像一堆堆发硬的牛粪，它们曾经滴落在某些工厂的地上，然后被胡乱塞进了集装箱，出口到了文安。

这个村子里连一个市场、餐馆或设备经销商都没有。有的只是破破烂烂的仓库、带有树皮的篱笆桩，空地上堆满了一捆捆保险杠、一堆堆塑料桶和一垛垛塑料筐。司机在一个位于角落位置的仓库处转了个弯，仓库外面还有涂鸦的电话号码，然后在一栋小办公楼前停了下来，旁边有一辆闪闪发亮的黑色宝马汽车。尽管我们在来的路上看到了废旧塑料再生行业的各种景象，但这个村子非常安静，几乎就和野外一样寂静。远处的机器轰鸣声和鸟鸣声差不多。

下了车，一个男人迎了过来，我称呼他为胡先生。胡先生五十岁上下，是我们参观的这家废旧塑料加工厂的老板。他戴着一块大劳力士手表，穿一件灰色连衫裤工作服；我注意到工人们穿的都是短裤，大多数人都赤裸着上身，只有几个人穿着汗衫。胡先生相貌英俊，红光满面；工人则骨瘦如柴，眼珠突出。在尘土飞扬的街道对面，工人们启动了一台小型塑料粉碎机，把胡先生从泰国进口的废旧塑料果篮切割成碎片，以便循环再用。

胡先生告诉我们，他从事废品循环产业已经有二十多年了，但这家工厂则是在七年前成立的。他拥有90%的股份，其他“投资者”拥有10%。他领我们走进了一个露天场院，有5个工人（其中3个是赤裸着上身的十几岁少年）正在分拣一堆从美国进口的废塑料，难以辨认这些废塑料是什么东西，而且其中一部分已经成了碎片。我问胡先生这些废塑料在被切碎前是什么东西，他耸耸肩：“可能是塑料盒，也可能是汽车上的某些零件。”

只见工人们把塑料碎片倒进装满腐蚀剂的金属缸中，然后用旋转金属过滤器清洗这些混合在一起的塑料，接着放在防水布上晾干。工人们做完这些工作以后，就会把多余的垃圾和清洁剂收集起来，要么卖给别人，要么扔在村子边缘的垃圾坑里。或许是没有注意到，或许是我们来得不是时候，反正这里没有任何安全设备，也没有防护面具、安全帽和钢头靴；事实上，包括胡先生在内，大部分人穿的都是凉鞋。

我看着乔希，他回头看了看我：这真是太糟糕了。

“今天我们只开了一台挤出机，”胡先生告诉我们，“在这里。”

我们走进了一个比较明亮的房间，大约有12米长，6米宽。房间里有一股金属和化学品气味。中间有一台很长的机器，长度大约是房间长度的一半。一个工人在机器一端把一盒盒塑料碎片倒进一个桌面大小的漏斗状物体中，塑料在里面被慢慢熔解。我可以看到热气和塑料熔化时冒出的烟气飘到那个工人面前。与此同时，塑料溶液流进了3米长的管子里，而机器吐出来的则是15根铅笔杆一样粗细的灰色长条。这个机器的工作原理和面条机差不多。唯一的区别是，塑料“面条”将会被切割成6毫米大小的颗粒，然后装袋卖给制造商。

胡先生工厂的条件其实要比文安大多数加工厂的条件都好，这与胡先生说的差不多。没错，工人是站在机器边上，吸入看得见的烟气，但满屋子都充斥着这种令人窒息的化学气味。但据胡先生说，他的工厂已经采取具体行动来改善这种情况:"我们过去会给操作挤出机的工人更多的工资。不过这还是我们改善这里的通风设备之前的事儿。"他冲着敞开的凸门和房间上方敞开的窗户点点头。现在,操作挤出机的工人和那些不戴手套便在化学溶剂中清洗塑料碎片的工人赚得一样多。

胡先生邀请我们去了他的办公室,并让我们坐在一个巨大的木工作台上。他的妻子在我们身后干活,他的儿子则在玩电脑游戏。胡先生一边给我们倒茶,一边说,他的客户中有两个是世界500强企业,其中一个还被《财富》杂志列为全球最受景仰的公司之一。另一家500强企业认为胡先生的工厂符合RoHS(《有害物质限制条例》)标准,这是一项工业标准,要求承包商在健康、安全和环保方面都要符合条例要求。为了证明所说不假,胡先生还拿出了一份证明文件。文件上写着好几个制造商的名字,正巧我口袋里的手机就是其中一个制造商生产的。我拿起手机问:"没准我这个电话上的塑料就来自这里?"

"有可能!确有可能!"

胡先生也记得文安在发展塑料再生业之前的样子。他是在北京长大的,但他母亲是文安人,所以他小时候经常来外婆家。"我小时候很喜欢到这里来,"他说,"土地都散发着香气。溪水可以直接饮用,里面有很多很多鱼。"他摇摇头,悲伤地笑了。

"有些东西一旦破损就无法复原。"乔希小声对我说。

"加工废旧塑料对健康有影响吗?"我问。

胡先生摇摇头:"说不清对健康有什么确切影响。可如果一个是来自健康环境的孩子,一个是来自遍地垃圾环境的孩子,有问题的一定是后面那个。"我看了一眼他的儿子,这时胡先生又说高血压和其他"血液疾病"在这个地区都很常见。但最大的问题还是生活在"肮脏、异味和嘈杂的环境中"受到的压力,"身体和精神都要付出代价"。他伸手拿过我的数码相机,握在手上:"如果你不要这个东西了,有没有地方来加工和处理呢?当然了,我们有相关的法律。可如果你问他们在哪里加工,他们肯定不会告诉你。"

我不太肯定他到底想说什么。或许他在暗示我们周围显而易见的污染其实并不是他的错。毫无疑问，政府监管的缺乏在某种程度上导致了文安废旧塑料循环产业在不安全的情况下毫无节制地扩张。但污染严重，无视工人的危险，最终还是胡先生这样的人一手造成的。我看了一眼他手腕上的劳力士手表和他儿子正在玩游戏的电脑。不管是用来买哪一样的钱，他都可以用来购买防护面具，以免工人继续吸入他们正在吸入的塑料烟气。如果他不开宝马，只开别克汽车，就可以用差价去买工作靴和他所穿的那种工作服，让整个村子里的工人避免锋利的边缘、烧伤和被掉落的物体伤到这些风险。

乔希撇了撇嘴："加工厂的老板们有没有因为他们在文安的加工活动而惹上麻烦？"

胡先生摇摇头，并解释说如果再生塑料商以次充好，肯定会有麻烦。不过在他的记忆中，只有一次违反健康或安全的事故引起了政府的关注：那时候低级塑料被错当成了可包装食物的安全材料卖了出去。"不然的话，（这个行业）是非常棒的税收来源。他们就是这么认为的。"

在过去的二十年里，文安得到了适度的发展，起码收入水平比较高。文安的大街小巷经常能看到宝马和陆虎这样的豪车。但在我和乔希看来，像胡先生工厂里这样的工人并没有因为这些钱而过上更好的生活。文安的学校很破，像胡先生这样的人，只要能付得起更好学校的学费，就会把自己的孩子送出去。没有人愿意住在文安，就连胡先生也不愿意。他在北京有房子，他的妻子和儿子大部分时间都住在那里。

在我们的谈话接近尾声的时候，胡先生提出了一个出人意料的提议：他问我们想不想去看看他和村子里另一家塑料加工厂倾倒垃圾的地方。

没准那里比我们周围的环境要好一点？我想不出还有其他理由让他提出这样的提议，我和乔希一口答应下来。

我们和加工厂的两个人坐在一辆 SUV 汽车里出发了，路很泥泞，时不时还会出现深坑，像是被炸弹轰炸过一样。我们用了十分钟才开出400多米；此处干旱异常，显得十分荒凉。然后我看到前面有一排排齐腰高的坟丘。这些坟足有数百个，分布在中国的土地上，这里是曾在此处以耕种为生的人们的长眠之地。我突然想到，我们正在穿过一片墓地，而不是农田。

我们向右开到了一片坚硬开阔的土地上，就在那些坟包旁边。前面的黑泥地上布满了一道道彩色的塑料，是人们向我们面前那个巨大的深坑里倾倒塑料垃圾时留下的痕迹：那个深坑至少有182米长，92米宽，12米深。泥壁上挂满了垃圾，在坑底，棕绿色的污水夹杂着五颜六色的塑料袋打着旋儿。我们得知，这座村子里很多不能再利用的塑料清洗溶液和废旧塑料就是被倾倒在了这里。胡先生的加工厂也向这里倒垃圾。

右边的那些坟包中的一座已经从中间断裂了，尸骨和所有的一切正慢慢向着这个深坑坍塌。挖这个深坑的挖掘机肯定是肆无忌惮地穿过了那片坟地，仿佛那里对任何人来说都不具任何意义，仿佛那里不过是一片泥地。这太令人震惊了：死者为大是中国文化的精髓，而那个正在侵蚀坟地的深坑就是对这种文化明目张胆的背叛。

我们盯着那个塑料垃圾和化学品深坑，胡先生的两个工人不说话了。我不知道他们在想什么，可他们看上去有些闷闷不乐。

乔希向他们的方向看了看，然后，他带着牵强的热忱说了一句话，在被问及环保义务时有人总是会给出这个千篇一律的答复："这个地方在经济方面大有起色。"他用中文说道："这是进步的代价。"

"是的。"一个工人含糊地说，并踢了一下脚下的泥土，很有可能他的祖先就长眠于此。

在每一天天亮前的几个小时，会有很多卡车开到一条400米长的宽阔小巷边，这条巷子是文安县城大街的一条辅路。文安县城的大道肮脏，凌乱，死气沉沉，相比之下，这里却有着惊人的不同之处。在那条带有焚烧痕迹的破旧鹅卵石小路上，有很多临时搭建起来的小台子和小摊位，在巷子外，拖拉机和卡车一直延伸到地平线上，车里装满了各种各样的废旧塑料，准备卖给巷子里的摊贩。据市场里的很多买卖者说，每天送到这里的废旧塑料中约有七成是连夜从港口运来的进口废旧塑料。其他废旧塑料都是从北京这些临近城市里运来的，相比不那么节俭的美国人和欧洲人扔掉的优质塑料，来自毗邻城市的塑料往往质量特别差。

这个市场是个杂乱无章的地方：台球桌就支在一袋袋色彩鲜艳的塑料颗粒边上；商贩玩纸牌时赌的是大批价值数千美元的废旧塑料。孩子们打闹玩耍的周围则是一辆辆卡车、一堆堆塑料、一堆堆垃圾以及坐在帆布袋上的大人，袋子里装的都是刚刚加工好的再生塑料，准备卖给那些以塑料为原料的厂家。清晨5点左右是交易高峰，这时候，连夜赶过来的卡车都到了，开始卸货，然后市场里的人越来越少，到了早晨7点，就只剩下了最差的废旧塑料和较小的商贩。

我们去得晚了些，6点左右才到，不过那条小巷的前半部分依旧停着一辆很长的挂车，车上紧紧捆在一起的废旧塑料足有3米高，里面有汽车保险杠、洗衣剂瓶子、洗衣机塑料齿轮、塑料水管、有缺陷的工厂零件、电视机外壳和重型塑料袋（里面装有远方某个塑料工厂的废弃物）。工人爬到废旧塑料顶上，用手把塑料零件和装有废旧塑料的袋子扔到地上，两个大腹便便的男人手里拿着笔记本，负责检查和称重。司机在我们看卸车时告诉乔希，那辆挂车上的废旧塑料有120吨（太夸张了），这辆车每个月都会从约1000千米外的哈尔滨到这里来三次。

我们沿着小巷往前走，从数十位商贩身边经过，还看到了一台文安县设立的秤，管理这台秤的人告诉我们这台秤每天都要称量超过100批的废旧塑料。鹅卵石小路被太阳晒得滚烫，路上遍布着垃圾、融化的塑料和焚烧的痕迹，人们会在夜里把无法循环的塑料（意味着卖不出去）烧掉，因而留下了这些痕迹。随处可见小型买家用运货车运送还在滴洒残余洗涤剂的废旧洗涤剂塑料容器；融化塑料的刺激性气味透过一扇敞开的大门飘散出去。这条小巷的尽头是一条臭水沟，没准这里曾经是一条清澈的小溪，现在里面都是垃圾，有塑料人体模型的头和一个绿色塑料桶的残存部分，桶上印着三个回旋的箭头和recycling（回收）字样。

文安县的污染程度大大出乎我的意料。应该采取哪些行动来改善环境呢？

约在我和乔希到访文安的两年后，我收到了他的一封电子邮件，从中得知了一个惊人消息：新上任的县委书记下令关停该县全部的废旧塑料循环产业。后来媒体称10万人因此失业，数千个小型家庭作坊倒闭(这些数字可信度很高)。我的第一反应是欢呼雀跃：如果有什么产业需要关闭的话，那就是当地的废旧塑料回收业。

我真应该看得更深远些才对。

几周后我飞去北京，并且了解到，随着文安的塑料回收业被叫停，北京的废旧塑料价格下跌了一半。那些终日四处收购废旧塑料的小贩突然间少了很多理由继续做这种生意。曾经，废旧塑料在被运去文安前都会在仓库里进行销售，现在这些仓库则出现了塑料泛滥的情况；曾经会被从垃圾堆和人们家里拣出来的塑料现在依旧待在垃圾堆里。

但更为严峻的问题还是能否长期坚持的问题。中国需要再生塑料去制造从手机到咖啡杯这些东西，关停了文安废旧塑料循环业并不会让这种需求消失，就好像堵上了一口油井并不能让人们不再使用汽油一样。文安的废旧塑料加工商和所有人一样对这一点心知肚明，在文安县被叫停之后，他们分散到了中国北方各地，继续着危险和高污染的加工生产。曾经只在一个县泛滥的灾难现在可能危及整个中国北方地区。

这是谁之过?

监管者自然负有一定的责任。尽管如此，即便中国政府如发达国家想象的那样既有组织，又强大，却无法立时就能把世界上最大的废旧塑料再生业转变成世界上最干净的废旧塑料再生业。若要实现这个目标，就要解决一个欧洲、日本和美国都解决不了的问题：如何既能循环再用各种混杂在一起的塑料，还能从中赚钱。

但乔希在电子邮件里告诉我，文安其实不必整体关停废旧塑料再生行业："从来没有人切实付出努力和(文安)数千个小型家庭作坊一起去解决(环境和安全)问题。"只需要很简单的办法，如工作靴、防护面具、城市污水处理系统，就可以带来巨大的变化。

我认为，责任最大的人还是中国和美国的消费者以及各家各户回收废品的人，他们先是买回塑料来，随后又扔进回收桶里，而且数量越来越大。毋庸置疑，各家各户回收废品的人不可能影响一桶可循环废品最终被送往何处。但他们可以在第一个环节就不把回收桶填满。不喜欢文安？那就少去担心你家附近收垃圾的人把你的垃圾送去了哪里，而是要更多地注意他们的卡车上装了多少垃圾。与此同时，在此奉劝那些从文安和与文安类似的地方购买再生塑料的企业去寻找更干净的原材料。用不了多久，有魄力的记者们就会明白，这些企业是通过制造污染的供应商来满足自身的需求。

或许在未来的某一天，某家公司将找出循环再用所有廉价塑料的办法。或许是某国政府率先找到了这样的方法，中国投入废品循环研究的资金多达数百万；美国政府在这方面的投入则很少。这肯定不是第一次科技和废品回收业联手把消费者从他们因浪费而制造的困境中挽救出来。然而，在这一理论上的救助到来之前，世界或许必须学会接受文安及类似地方存在的现实。

在离开文安之前，乔希想要找医生或其他医学专业人士了解一下文安人的健康状况。于是，在那天下午晚些时候，我们走在文安仅存的几条乡村风格的小路上，寻找诊所。事实上我们的运气还不差：中国的大部分乡村都有护士或村医负责医治普通病症。

很快，我们走进了一扇贴有五颜六色瓷砖的大门，门里是一个非常怡人的院子。院子里面有一扇敞开的屋门，穿过这扇门我们走进了那个小诊室，只见一个矮胖结实的中年男人坐在办公桌边，他穿着法兰绒短裤、灰色马球衫，脚穿黑色袜子和凉鞋。阳光穿过敞开的门照射进来，台灯也开着，但屋内还是非常昏暗。两张床靠在屋子里面的墙上。床上铺着又旧又脏的床褥，一个老人蜷缩着身体躺在距离我较远的那张床上，很难看清是男是女。

那位医生抬头看到我们进来，显然有些惊讶：没有多少外国人会到村子里的小路上来，更不要说来他的诊所了。我们得速战速决才行，乔希说他是美国学者兼教授，是个有声望的人，借此让那位医生放松下来。那位医生显然自认为是个博学多才的人，听了乔希的话，他打开了话匣子：他今年六十岁了，自从1968年就在这个村子里做医生。他告诉我们，在刚开始做村医时，他和他的同事只是受训治疗常见的小病，并不需要诊断和治疗大病重病。“在60年代、70年代和80年代初，这里的人得的大都是胃病、腹泻，总之都是与饮食和饮水有关系的疾病。”

后来文安有钱了，挖了更深更好的井，井水里再也没有人类和动物产生的垃圾，人们也就不再得因贫穷所导致的疾病。然而，进步是需要付出代价的：他提醒我们，虽然有了更好的井水，可人们在街上干起了废旧塑料循环生意。“自从80年代起，高血压患者开始激增，过去没人得这种病。现在村子里四成的成年人都有高血压。80年代的时候，人们在四十多岁时才会得上这种病，到了90年代，开始有三十来岁的人就患上了高血压。现在，有人在二十八岁时就得了这种病。而且，除了高血压，人们还患有肺病，这会影响人们的活动能力。三十多岁的人就会得上非常严重的高血压和肺病，因此失去了行动能力。有些人都瘫痪了。”

在去文安的几个星期后，我打电话给一个医生朋友，他告诉我，根据症状和所处环境看，年轻村民得的是发展性肺纤维化和中风瘫痪。

“在70和80年代，人们不会被高血压夺去性命，现在这却是致命的病。我现在已经六十岁了，只记得小时候见过一个人得了高血压，而且病得很重，甚至都起不了床（可能是中风患者）。现在则有几百个这样的病人。”

“病因是什么？”

他耸耸肩：“污染。百分之百是因为污染。”

“值得吗？”我问，“为了文安的发展而破坏环境和人们的身体健康。”

他摇摇头。“过去的人都比较健康。你知道得了什么病。可现在得了这样的病就会死。”他对我们笑笑，“我也有点感觉不舒服。等你们走了，我也打算去正规医院检查一下。”

第十章
“再生党”

废品站的气味强烈刺鼻，即使卡车里装着空调，还是让人受不了。我坐在印第安纳州韦恩堡大型废品站欧姆尼资源公司经理戴夫·斯特奇旁边，为人和蔼可亲的他开车载我简要参观了废品站。我的未婚妻克莉丝汀也来了，就坐在活动座椅上。我出来报道时通常都是独来独往，带着未婚妻出行还是“大姑娘上花轿头一回”；但是，如果我们要结婚，克莉丝汀就需要了解我为什么对这些废品这么着迷。

戴夫将卡车速度放慢，指着一堆看上去得有好几百台报废的可口可乐和百事可乐自动贩卖机：“大部分贩卖机里仍然有荧光灯和电冰箱压缩机，这些我们都得拆解下来。”这两种零件里都含有有害物质，得运到别处循环再用：“然后，我们会把贩卖机切成碎片。”

我回头看着克莉丝汀，说：“用汽车分解机。”

她佯装生气地白了我一眼，意思是说她当然知道。但我知道她其实不知道，若非亲眼看过汽车分解机，根本不可能了解这个东西。

我们行驶到一堆明亮晃眼的钢板旁边，戴夫说这些都是从汽车离合器制造商那里收购的，他们用这些钢板在冲床上冲出各种形状的零件。“看那边。”戴夫说着，向远处一个身影微微颔首，那人戴着电焊面罩，手持一个氧乙炔割枪，正在切割一捆金属。“他今年八十岁，只有一条腿，在这儿工作好些年了。”我一时没反应过来，再仔细一看：的确，他只有一条腿。我回头看看克莉丝汀：戴着太阳镜的她面带微笑，看来已经渐渐进入状态。

戴夫把卡车停在办公室旁，我们走在黄铜色的太阳下，身上暖暖的，耳畔充斥着加工废金属的嘎吱声，就这样，普通的废品变成了原材料。“拿着这些，待会儿用得上。”戴夫将安全帽、护目镜和橙色安全背心递给我们。

我们面前是两堆废钢料，堆得差不多有两层楼高。左边那堆是锈色的，大都看不出原来的形状，都被截得很短，以便钢铁厂进行加工和熔化，用行业术语来说，这些都是“成钢”。

右边那堆五颜六色的，混杂着各种东西：栅栏、旧机床、脚手架、管子和几辆破自行车，还有至少一副秋千和许多架子，行话叫“未成钢”。需要先把这类废钢料切割成一定大小，分拣出其中非钢的部分，再送入炼钢厂；整个过程有的工作只需手工和工具的协助即可完成，有的则要用上恐龙一般的起重机，这些庞然大物用鸟嘴般的钳子夹起粗管子时跟夹着意大利面条似的。

还有第三种处理方法，那些废钢料被举到废品站上空三层楼高的地方，在地上投下一条长长的影子。从我们所站的地方看不到别的，只能看到一条与汽车等宽的传送带正把一辆压扁的小汽车送到空中，从侧面看，传送带像一次自足式奇幻旅程——上升，下降，顶端有蒸汽冒出，还伴随着一声仿佛来自天外的尖叫和叹息——其实是小汽车惨遭“肢解”，被处理成笔记本大小的碎片。不过，至少从这儿，我们看不到整个过程。

戴夫带我们转过废品堆，只见两台起重机正挥舞着手指一样的抓钩，卸载两辆刚刚抵达的卡车上的基架。卸完货后，其中一台起重机抓起一团链状栅栏，像用钢丝球刷碗一样仔细清理空空如也的卡车车厢。“不能漏掉一丁点儿金属。”戴夫说。

克莉丝汀从包里拿出相机抓拍了一张照片。

我们走到一面由汽车堆成的墙壁旁边，“车墙”有6辆车高，50辆车长，上面所有的车都没有发动机、冷却器、变速器、车轮和轮胎，但凡能用手拆掉的零部件一个也没剩，看上去颇为凄惨。据戴夫介绍，每天都有几十辆汽车被运到这儿，起重机一点点把车子夹起来，放到“饥饿”的分解机传送带上。机器发出巨大的轰鸣声，让人没法思考，戴夫提高声音，在我耳边喊道：“每小时能粉碎130吨。”

“那得是多少辆车？”我也喊着问。

“每月7000~9000辆车吧，得看淡旺季和市场行情。”

这家废品站的分解机真够大的，不过它最不同寻常的地方就是它实在是再普通不过了。整个北美洲拥有超过300台金属分解机（并非全部用来切碎汽车）。还有至少500台分布在许多不同的国家，从南非到巴西，从中国到瑞典，都有这样的机器。分解机是人类发明的最重要的废品循环利用设备，此外，美国每年约报废1400万辆汽车，算是世界上数量最多的生活垃圾，为解决这一问题，分解机可谓是唯一真正的最佳解决办法。

我们来到通往分解机控制室的金属楼梯口，戴夫提醒道：“小心脚下。”

往上爬时，我回头看了一眼克莉丝汀，她紧闭嘴巴，可能是怕灰尘进入口中，但我注意的却是噪音。爬得越高，距离切碎加工的地方就越近，从这儿我已经能感觉到金属被挤扁压碎时发出的独特刺耳声。

爬到顶部，戴夫打开一扇门，我们三个走进去，里面居然有空调，这让我颇为意外，关上门后，周围静了不少。“欢迎来到控制室。”戴夫说。控制室约有浴室大小，由罗伯负责。罗伯是个二十五岁左右（我猜的）的英俊小伙子，留着短短的胡须，他站在控制室靠里面的一角，那儿有一扇窗户，能俯瞰分解机入口；一台监视器，显示着分解机各部分工作产生热量的红外线图（看起来像电视上的气象雷达地图）；还有一个带有操纵杆的控制面板，罗伯用操纵杆调整材料进入系统的速度。“你知道吗，汽车送进机器的时候，感觉像地震似的。”

“只有那时才这样吗？”我问。

我盯着电脑屏幕上不同颜色的脉冲，那里的某个点代表着一辆汽车正被几个大锤子砸成碎片，这些大锤子像刚学步的孩童那么大，每个重达几百千克，在一个双人沙发大小、高速旋转的转子周围自由转动；如果遇到异常坚硬的物体，第一次打不碎，大锤子会调转方向再次击打。

我转过身，透过后窗看向一直延伸出去很远的废品站，远处，在树林另一边的韦恩堡天际线上，有寥寥可数的几座建筑物。突然，控制室像被坦克撞击一样剧烈晃动起来，空气中弥漫着低沉的轰鸣声，如男中音一般。我看向罗伯。“是汽车。”他叹息道。他一只手握着操纵杆，双眼则盯着红外线屏幕上的一个红点。玻璃窗外，蒸汽从分解机的开口处升腾而起，那是曾经的新车所吐出的最后几口呼吸。

小汽车前部被粉碎之后，碎片透过筛网喷射过去，从磁铁表面掠过，由此分离出小汽车上80%的钢铁。

就这样，汽车上的钢铁得以顺利收获。

1969年，7万辆汽车和卡车被车主丢弃在纽约市街头，有的漏气漏油，有的成了老鼠和蚊子的乐园，大部分都丑陋不堪，影响市容；而这种问题不只是在20世纪中期的纽约才会发生。

1970年，当时废品回收业最大的贸易协会“废钢铁协会”就美国的废弃汽车问题召开了一次会议。通用汽车的高级工程师弗雷德里克·乌利希是当时的演讲嘉宾，当轮到他描述美国废弃汽车的规模时，他指出，自1955年以来，美国人在田间、开放的水体和城市街道上丢弃的汽车数量在900万到4000万辆之间。这个“估算”尽管不靠谱，却折射出一个事实：美国的汽车工业（更别提消费者）对于在路边“了结余生”的汽车从未承担过足够的责任。不过，这个估算也并非完全不着边，同场会议的其他专家估计废弃汽车数量在1700万到3000万辆之间。

报废汽车并非一个新问题。早在20世纪20年代，美国进入汽车时代的二三十年后，美国人每年淘汰的汽车就多达100万辆，而且还会淘汰更多：福特公司在1905至1927年间生产了1500万辆T型车（该公司并未向消费者提供循环再用项目）。“二战”减少了汽车的购买量，迫使许多美国人放弃了购买新车的念头，转而维修准备淘汰的旧车，不过，到了20世纪50年代，他们又开始买新车，扔旧车。1951年，美国境内共有2.5万家废车场，每一家都不可或缺：那一年，有370万辆轿车和60万辆轻型卡车被卖到废品站。

一般来说，经过大量手工处理之后，废品站能够循环再利用那些车辆。工人们团结协作，利用斧头和其他手工工具，将车内的铜、铝、织物和木头拆解出来，剩下来的主要就是钢铁了，这些钢铁很受美国钢厂的欢迎，他们急需原材料进行生产，从而推动20世纪中叶美国的经济发展。“二战”之后，一些废品公司发明了巨大的剪切机，用来进行切削工作，处理废品站收购的越来越多的旧车（但是，这些大型剪切机器在拔出车上五花八门的非钢铁部件时，远远达不到人工团队合作的效率）。汤姆·麦卡锡的书《汽车狂热》（*Auto Mania*）记录了汽车对美国环境影响的这一段重要历史，他在书中这样总结供应链的影响：“20世纪60年代以前，拾荒者和废品经销商的工作是供应链中减少汽车生命周期对环境所造成影响的最重要的环节，但他们的工作却很少受到肯定和认可。”

美国拾荒者的工作可谓不可或缺，意义重大！

20世纪50年代，两股风气从根本上改变了美国的废弃汽车贸易。第一，美国劳动力价格上涨，废品站越来越付不起钱找工人把汽车拆卸成各种零部件。同时，美国钢厂开始升级技术，到20世纪50年代初期，他们对熔化从废品站买来的旧车车身不再感兴趣。问题在于“铜”：哪怕一丁点儿，即便只有1%左右，在炼钢炉里熔化都会削弱钢的性能。废品站的工人可能善于拆除汽车上的各种金属，但要把铜拆除得一干二净颇有难度——而且成本很高。到20世纪50年代中期，许多美国钢厂已经不再从废品站购买旧车，因此这些废品站也就不再向美国人收购旧车，其连锁反应便可以预见：美国人开始成百万辆地丢弃他们的汽车。

20世纪60年代，废弃汽车问题带来了巨大的环境危机。纵观美国，不计其数的河流、小溪和田野被汽车及其泄漏的润滑油、汽油和其他液体污染；原本天然、未受污染的乡村景观也被堆着无数旧车的废品站破坏。曾经开展得轰轰烈烈的废品循环再利用也不再可行，迫使政府和企业一同寻求替代方案。那些替代方案如今看来很是荒谬：1964年阿拉斯加州的安克雷奇发生大地震，损坏了数以千计的汽车，居民们的应对措施是将这些汽车扔到100多米高的悬崖下；佛罗里达当地政府被大量的废弃汽车扰得不胜其烦，居然将它们扔进海里，臆想可能会形成汽车礁石的奇观。到20世纪60年代中期，美国第三十六任总统的妻子伯德·约翰逊夫人对美国乡村无处不在的废品站所带来的消极影响感到深深的震惊，她积极推行高速公路“美化工程”法案，要求在1970年之前，位于联邦州际公路约300米范围以内的所有废品站都必须在周围建好篱笆或彻底拆除，而这只是一系列改良措施之一。

这项法案以失败告终，汽车太多，必须得有个归宿，扔在高速公路旁的废品站总比扔在自家前院好得多吧。

1970年2月10日，美国总统尼克松对国会说：“美国很少有东西比那几百万辆废弃汽车更碍眼了。”尼克松很可能没有意识到，这个老大难问题的解决方案即将出现。处理陈年积压的废弃汽车固然需要几十年时间，但是第一辆汽车分解机的发明或多或少地解决了这个难题。

21世纪的美国人把更多的时间纠结于如何处理他们不想要的手机，而不是废弃汽车，废弃汽车重达数千万吨，比全世界每年产生的所有电子垃圾都多得多，数量之大，以至于有关人士认为把汽车切碎才是最好的解决方案。

分解机的控制室又开始晃动，轰鸣声不绝于耳，我靠到窗户旁边向外望去，只看到蒸汽，我又回头瞥了一眼克莉丝汀，她正专心致志地看着我和罗伯身后，想看看一辆汽车如何被拆解成碎片，但她不可能看到：真正的切碎过程是在一个铁皮箱中进行的。

“看得差不多了吧？”戴夫问。

我想说，还没呢。但这是戴夫的分解机，他又是“导游”，于是我们便跟着他下了楼，来到分解机后面。皱巴得像废纸一样的亮钢片从这里被高速运转的传送带运走，不过，你不会想站得太近：钢片很锋利，而且温度很高，摸着烫手。向着加工线的尽头走去，在一套九个井盖大小的钢片边上停了下来，这些钢片连接在一起，就像小孩的硬糖手链一样，两边有两个更厚的钢片。“等一会儿，这些转子就会被断电。”戴夫说。小一些的钢片表面钉有大钢钉（从我们这边看不到），上面悬着大钢锤。钢锤呈三角形，非常坚硬，重达数百千克，厚度有如成年男子大腿的宽度。转子转动时，大钢锤从钢片之间甩出来，遇到什么打什么。

我很想告诉克莉丝汀，据前几天遇见的一个人说，一台这样的转子价值近50万美元。但我想这个话题还是容后再说吧。

我们现在位于分解机后面，这里的环境相对安静。在我们头顶上，一条很窄的传送带将皱巴巴的钢片送到6米高的空中，然后倒在3米高的钢堆上，钢片掉落时“丁零”作响，像微风吹拂风铃发出的声音。钢片在钢堆上待不了多久：一台装有餐桌大小磁铁的起重机将钢片吸起来，送上拖车，然后运往钢厂。

有些人不愿意通过成本高、破坏环境的铁矿山获取炼钢材料，那么这些废钢料对他们来说可谓意外收获。保守估计，那辆拖车每装1吨金属碎片，就意味着明尼苏达州北部（或其他地区）少开采1.1万千克铁矿石，肯塔基州可少挖635千克炼钢炉所需的煤炭。诚然，汽车分解机运作需要耗费相当多的电力，可与经营一座铁矿相比，根本是小巫见大巫。正因如此，2007年，钢铁动态公司（北美最大的钢铁制造商之一）以11亿美元收购了家族企业欧姆尼资源公司。2012年美国废品业加工处理了7519万吨钢铁，其中近一半都被粉碎了，那些废金属碎片经过再熔化炼成新钢，约占美国新钢总量的30%。

克莉丝汀从包里掏出相机，走到我们前面，用相机把碎钢片堆在一起微微散发着热气的情景拍摄了下来，然后从容淡定地继续向前走。

不过后来我俩单独在一起的时候，她告诉我："那是我见过的最性感、最有男子气概的机器，只有男人能想得出分解机这种点子，只有男人。"

四个月之后，在1月的一天，清晨6点，天很冷，施莱德分解机公司首席执行官斯科特·纽厄尔到得克萨斯州厄尔巴索市外的一家汽车旅馆来接我，全世界超过30%的金属分解机都是由这家公司提供的。他脸上的胡茬硬邦邦的，肯定有三四天没剃须了，但他面部皮肤紧绷结实，整个人看上去反而更显神采奕奕。他今年七十二岁，但如果事先不知道，我准以为他只有五十五岁。"你觉得我给你的那本书怎么样？"我们坐着他的凯迪拉克离开时，他问我。

昨天在他办公室待了一小会儿，看到桌上有一本《凯恩斯和哈耶克》（*Keynes-Hayek*），这本书介绍了这两位伟大的经济学家的理论思想。他自己还没有读完，但执意让我带走。

"很深奥。"我怎么能告诉他因为昨天在厄尔巴索废品站待了一整天，我回去后连衣服都没脱便酣然入睡。

斯科特中等身材，走路很快，综合这两点，很容易让我联想到在大学里认识的那些走路飞快的学者，以及我小时候认识的废品商。认识斯科特之前，以及带克莉丝汀去欧姆尼资源公司之前，我想都没想过居然有人能设计一台机器，将汽车囫囵吞下去；但此刻我突然想到，设计这种机器的人一定是像斯科特这样的人。其实，斯科特的父亲奥尔顿·纽厄尔虽然没有发明分解机，但他的的确确改进了这种机器。现存的800台左右分解机中有超过一半都是根据奥尔顿·纽厄尔的设计思路制造的，用斯科特的话说，这就是"借用"。斯科特从一开始便跟他父亲一块制造机器，修改设计，然后在得克萨斯州纽厄尔家族废品站里装配使用。

1959年，纽厄尔家族在其旗舰店——圣安东尼奥废品站组装成了第一台纽厄尔分解机，之后又在那里生产了第二台。第二台分解机还赢得了一块牌匾，上面写着“国家工程里程碑”（由美国机械工程师学会颁发）。不到十年，纽厄尔家族生产或授权其他公司生产的机器已经遍及整个美国甚至全世界（斯科特参观纽厄尔家族里约热内卢办事处时有一段非常美好的回忆）。起初，他们与大型分解机争夺市场，后来分别有了各自的市场份额：大型分解机价格昂贵，客户一般是那些最大的废品公司和钢厂；相比之下，纽厄尔家族的分解机更受小型废品公司的青睐。

斯科特在越野车里向我解释，正是他父亲的“创新设计”促成了市场形势的变化。纽厄尔分解机出现之前，市面上的大型分解机都是岩石分解机，这种机器工作时，汽车只需被直接扔到高速旋转的锤子上，就会被干净利落地大卸八块，依我看，整个过程有点儿像将玩具汽车丢进搅拌机。整套系统非常有效，汽车变得支离破碎，碎得很彻底，可代价很昂贵，耗电量巨大，维修费用极高。有了奥尔顿·纽厄尔的“创新设计”，就可以在一台较小的机器上实现同样的效果，也就是把汽车切碎，而且耗电低，投资少；这个过程只需将汽车慢慢地放进两个滚轴之间，使其逐渐靠近旋转的锤子，然后任由锤子将其一点一点粉碎。当然，中间还有其他改进，不过是针对侧进料辊的。正是因为这个“创新设计”，较小的废品站才能用得起分解机，污染美国乡村的报废汽车才得到了清理。

天色微亮，我们穿过卡纽蒂罗小镇，经过一座座镇边正在建设当中的风车塔，它们看上去就和一根根不朽的吸管一样。“这是一个补贴行业，”斯科特说的是风力发电，他语气中流露出一种没享受过这种待遇的企业家所特有的轻蔑，“不能独立发展。”下了缓坡，他在一个停车标志前刹车停住，我看到施莱德分解机公司惨白的灯光彻夜不灭，绵延范围足有7公顷。

车开到车道上时，经过一辆平板半挂车，上面装载着一个老树干大小的分解机转子。“这个要运往中国，不，厄瓜多尔，”他纠正道，“是要运往厄瓜多尔。”

他把越野车停在一座小型平层建筑边上，旁边有几间大仓库，然后我们下了车。“我的一个前雇员如今在厄瓜多尔做传教士，”他解释说，“是他帮忙达成的那笔交易。还有其他一些部件要运往中国。”

周围很静谧，站在这里，我感觉一切都十分遥远。俯视那道连接墨西哥的峡谷，峡谷很长，很深，只有几盏灯光点缀其中，微微闪烁。这时，一阵机械的轰鸣声打破了清晨的宁静。声音不低沉，倒有点儿像男高音，听起来很忙碌。“是炼钢炉的声音。”斯科特轻声解释道。

穿过一片卸货区，来到一个运动场大小的车间，有那么一会儿，里面亮起橘黄色的光，不过很快就变回了棕灰色。我们头顶上空的灯投射出三角形的光晕，照在戴着安全帽的工人身上，他们快步辗转于一堆堆沙子和旅行箱大小的金属框架之间，身影在宽敞的车间里显得格外渺小。我停在一个金属框架旁：框架里是一个模子，模子里装着三个铃状分解机锤子。对面放着更多的模子，不过都覆盖着黑色的沙子，而且还在冒热气。我上前一步，准备一探究竟，斯科特警告我要小心：这些都刚刚倾倒出来，还很热。

我们小心翼翼地进入铸造车间，只见那里有一个大金属锅，旁边还有一个形状大小跟牛槽差不多的钢盒子，里面满满地装着大块圆形废金属。“那些是回收的锤子。”

“是用过的？”我问。

“是的，我们回收许多磨损严重到不能使用的锤子，然后把它们熔化，铸成新的。除此之外，我们还回收岩石分解机的零部件。”

曾经棱角分明的铃状金属早已被磨成圆块，只是看起来很重，但不再危险，因为它们不再具有使用价值了。斯科特说，分解机每粉碎1吨钢就会磨掉1千克铸钢，被磨损的大都是锤子，但也有其他零部件。简单来说，每粉碎1吨大众甲壳虫汽车，就要消耗1千克分解机上的钢材，你可以想象这是汽车最后1千克的“肉”。一段时间之后，锤子磨损得太严重，只能被换掉。

我漫步经过那一盒磨损的锤子，又看到几个牛槽大小的盒子，里面装的东西肯定是碎钢片，就是几个月前我和克莉丝汀在欧姆尼资源公司见过的那种被倾倒在传送带上的废钢料。碎钢片被轧得歪七扭八的，有点儿生锈，而且，没有了分解机的映衬，它们看上去平淡无奇，很是普通，就只是金属而已，表面星星点点地散布着一些白色斑点，斯科特告诉我那是石灰岩（在炼钢炉里，石灰岩会与金属中的杂质相结合，起到去除杂质的作用）。那天早上晚些时候，盒子会被倒入炼钢炉中，熔化，再浇铸成新铸件，有可能是锤子，也有可能是别的。“你看到的那些碎钢片是小镇那头我们自己的分解机粉碎的。”他告诉我。那是最早的分解机之一，说起来能追溯到20世纪60年代，在他们的养护下，它现在还能运转，斯科特非常以此为傲。“就好像一把家传的斧子，”斯科特开玩笑说，“你换了斧柄，换了斧头，可它依旧是那把家传的斧子。”

环视周围巨大的空间，目力所及到处是灰色、棕色，我突然想到，从某种意义上说，这里就是绿色天堂，循环再用设备在这里得到循环再用，成为新的循环再用设备，被切碎的汽车变成切碎其他汽车的工具。这是一个问题的解决方法：如何通过最大限度地重新使用这种方法来处理掉他们的旧汽车，而大多数美国人都还没意识到这个问题其实已经构成了问题。

奥尔顿·纽厄尔1913年出生在一个贫穷的外来佃农家庭，他们一家一直辗转奔波于加利福尼亚州和俄克拉荷马州两地，生活异常艰辛，在许多方面很像《愤怒的葡萄》（*Grapes of Wrath*）一书所描写的乔德一家。他们一度驾驶一辆由三辆汽车组成的拖车四处奔忙，所有人在果园工作时同吃同睡；汽车出现故障时，他们自己维修，找到什么零部件就用什么——在那时能找到零部件的地方就是废品站。所以就无怪乎少年奥尔顿在加利福尼亚州圣安娜市找了一份专门“拆解”汽车的工作。

20世纪20年代是从事汽车循环再用行业的好时机。美国人刚开始意识到他们面临着一个严峻的问题：如何处理完成使命的第一代汽车。成千上万的汽车拆解企业在美国涌现，其中大部分坐落在大城市的市郊，有时无须付一分钱就能收来旧汽车，或者只需要支付一点点钱。只有在极其特殊的情况下他们才向车主付钱。这些企业赚钱很容易：多数汽车或多或少会有一些尚可使用的零部件，他们将这些零部件拆卸下来，修理翻新之后再卖出去。但早期的汽车拆解商很快意识到，当时的汽车80%都是钢，这份钱不太好赚。

至少从理论上来讲，钢是可循环再利用的；但就汽车而言，情况并非如此。从钢厂的角度来看，汽车的构成材料并非全都是钢——还有各种其他东西，如垫衬物、橡胶、玻璃和各种各样的非铁金属（如铝、锌、铜等）。很多非铁金属与钢一起在炼钢炉熔化时会改变钢的属性，致其不可使用，铜的影响尤其大。当然，可以用手工方式去除大部分杂质，但做这项工作十分耗时，人们只有在走投无路的情况下才会做这样的工作；但凡有吃有穿，大部分人是不会干的。

亚特兰大纽厄尔回收公司现在由奥尔顿·纽厄尔的女儿经营，她在公司的官网上声称，奥尔顿·纽厄尔可以在十个小时内，一人一斧拆解一辆汽车。包括1938年创建企业的奥尔顿·纽厄尔在内，许多汽车拆解商都发现，至少有些问题可以用一盒火柴和一些汽油就能解决；垫衬物、地板、地毯都非常易燃，烧完之后只剩一个空壳，拆解那些未燃烧未熔化的东西就容易得多。不过这可不是个好主意，主要是因为没人愿意住在燃烧的汽车的下风向位置（不信你试试），还因为钢厂不大喜欢那些烧得乌漆墨黑的废品。

同时，远在底特律的亨利·福特也从废弃汽车中发现了商机。不过，他并没有进行大规模燃烧加工，而是想建立一条大规模的分解加工线，重现当初建立装配线所取得的成功。他认为规模经济效益可以解决盈利问题。例如，一辆福特T型车的座椅填充物可能是个毫无价值的麻烦，可是几百辆车的座椅填充物就可以拿来卖，或者在新的T型车上循环再用。1934年，传记作者罗伯特·格雷福斯将这种操作称为“再生党”，这种做法虽然存在时间不长，却是一道不可不看的独特风景：每天有几百名工人将几百辆汽车大卸八块，拆解成零部件。只有一个问题：重复利用损失了许多许多钱。规模经济能产生效益的确不假，可要产生效益就要花钱聘请大量工人，这也是笔巨大的开支。20世纪30年代末，废品站逐渐夺回这项业务，“再生党”折腾了几年后便开始消停了。

废弃汽车行业等待着创新的出现，以期用最小的代价去除掉汽车钢体中含有的杂质。唉，最受欢迎的创新是将焚烧汽车作业转移到自足式“坑式焚烧炉”中进行，这些焚烧炉位于地下，四壁用混凝土加固，其实就是燃焚汽车的火葬场。汽车被从轨道上推进焚烧炉，点火燃烧，然后再被拖出来，这时，汽车上能烧的东西都被烧光了，只剩下不能熔化的金属。只要无人注意到由此产生的污染，焚烧倒真不失为一个处理废弃汽车的好办法。但是焚烧会产生黑色烟雾，20世纪60年代中期美国国家空气污染管制机构收集和发布的数据表明，美国5%的空气污染是由汽车焚烧造成的。曾经担心废弃汽车问题的当地政府转而致力于关闭这些焚烧炉。

谁能责备他们？十年来，我去过亚洲一些情况极其严重的废金属加工地区，见过极其糟糕的循环再利用方法，也难怪那些企业主能想得到这样的办法；但不得不承认，我很少见过这么糟糕的事情，在不加区分的情况下，焚烧炉每天焚烧几十辆汽车，发出的气味肯定相当刺鼻，对环境的破坏肯定也十分严重。

但是，关闭焚烧炉无法解决废弃汽车问题。1965年，美国人丢弃了960万辆汽车，只有100万辆得到了循环再用。结果很糟：根据废钢铁协会收集的数据资料显示，1970年，至少有2000万辆废弃汽车散落在美国各地，无人愿意花钱买下它们。在这种情况下，把旧车扔在小溪里也算是正常之举。

斯科特带我到施莱德分解机公司附近一家墨西哥小餐馆吃红玉米粉蒸肉，那里的服务员礼貌地称呼他的名字。他几乎没看菜单就点了菜。“你问‘你为什么要切碎汽车’？”他对我说，“因为汽车上有带垫衬物的座椅，有橡胶，有铜……我们只能进行露天焚烧。”

1955年，得克萨斯州休斯敦市普劳勒钢铁公司的萨米·普劳勒也遇到了这些问题。萨米遇到了一个大难题：他有4万吨必须拆解的废弃汽车，但不能进行焚烧，也没钱雇人手工拆除。一天，他登上了从盐湖城飞往奥马哈的航班，飞了几个小时，喝了四杯伏特加和橙汁鸡尾酒之后，他找到了解决方案：粉碎汽车然后用磁铁吸出其中的钢。

这个想法既没什么创新性，也不像现在听上去那么疯狂，早在1928年废品回收公司便已经开始把镀锡白铁罐切碎（如果易拉罐被切碎了，就比较容易采取化学方法去除镀锡），后来，这些分解机逐渐改进，切碎的物体越来越大，包括较薄的汽车零件、门等物体。萨米的分解机于1958年首次亮相，被正式命名为普劳勒牌分解机（Prolerizer），身长320米，装配有从美国海军战舰上拆卸下来的发动机。这台机器非常强大，人们只需将汽车扔到其旋转的锤子上，几乎立刻就能看到碎片。整个操作过程不产生有害烟雾，虽然费用高昂，但相比用手工完成同样的任务，还是便宜得多。

同时，身在圣安东尼奥市的奥尔顿·纽厄尔成了小镇上最大的废品公司的老板。像普劳勒家族的人一样，他也在经营拆解汽车业务，不同的是，他并没有4万吨废弃汽车的存货。不过，奥尔顿也有切碎镀锡白铁罐的经验，而且他也跟萨米一样看到了粉碎越来越大型废品的市场潜力。

吃午饭时，斯科特告诉我，他父亲早在普劳勒牌分解机上市之前就有粉碎汽车的想法。纽厄尔家族早就开始粉碎汽车零部件了，而且他们坚信粉碎一整辆车也是可以实现的事情。后来，普劳勒牌分解机问世的消息传来，纽厄尔有了尝试的理由，“一看到那（粉碎一整辆汽车）真的可以实现……父亲便制造了一台更大的机器，大得完全可以放进一整辆汽车”。那是1959年，斯科特欣然承认，普劳勒家族首先开始经营粉碎汽车业务，但他毫不谦虚地表示，他们家做得更好。

后来，又回到施莱德分解机公司，斯科特带我去了一间会议室。会议室角落里放着一个木制的比例模型，其大小像一个大型微波炉，而且是一个在后面伸出一条传送带的微波炉。

他握住模型的手柄，将分解机整个左侧抬起来，汽车慢慢地被送到锤子那儿的侧进料辊（不是把汽车从高处扔下来）。但是斯科特想让我看的不是这个。他举起那个装着转子和锤子的小一点的盒子，说：“这样打开外壳。”扇形转子一览无余地展现在我眼前——跟我在印第安纳州看到的一样，不过要轻好几千倍。转子上有一个手柄，斯科特一时手痒，童心大发，像玩玩具擀面杖一样转动手柄，转子跟着转动，旋转产生的离心力将小锤子从木片之间的狭槽甩出来。

在现实中，汽车进入分解机的切碎腔内后，转子在汽车引擎盖上逆时针

从霍默的公寓看到的清远市（人口370万）。1980年，清远还是个中等农业市镇。

这是霍默废品站办公室的一个普通早晨，里面挤满了讨论生意的朋友和亲戚。在这张摄于2009年的照片中，最左边一位是约翰逊·曾，他旁边头戴棒球帽扭着头的是霍默。

这是清远市最大的铜回收商清远某企业的一个仓库，约翰逊·曾通过霍默销售的废金属都被送到了这个大型仓库里。工人们把电缆送进剥离器里。

太小的电缆被送进剥离器，并用切碎机进行加工，这些切碎机的功能和雷蒙德·李的圣诞树彩灯回收厂中的切碎机类似，只是规模更大。

工人剥去从泰国进口到文安的水果篮上的标签。

水果篮上的标签一旦被剥去，就会有一对夫妇把水果篮切碎并清洗，为再熔化做准备。

2011年，在欧姆尼资源公司下属韦恩堡废品站里，数堆报废汽车等待切割。这家公司每月可切割数千辆报废汽车。（照片由克莉丝汀·谭提供）

这是弗吉尼亚州林奇堡市的一台金属分解机。汽车和其他废金属在传送带上高高堆着，被送到左边，然后通过（位于右下的）侧进料辊送进切碎机盒中。（照片由肯特·凯瑟提供）

日本半田市丰田金属公司的两台金属分解机中的一台，用来拆解和循环再用试验车辆。

半田市丰田金属公司的一位工程师站在新旧分解机锤头边上。每分解1吨汽车，就要磨损掉锤头上1千克左右的钢料。

图中是位于泰国曼谷郊外的GJ钢铁公司内部的汽车碎钢料特写。

GJ钢铁公司每个月可以为泰国的汽车和家电制造业生产10万吨钢材。

这是上海一家二手电脑市场。这些设备中使用的很多元件都是被当作所谓的电子垃圾进口的。

这是中国贵屿镇一个仓库内的手机零件。大部分零件都一模一样，这说明它们是工厂废料、超额生产物或维修项目产生的残余物。印有三星商标的袋子散落得到处都是。这样的零件作为可重复使用的元件，被用于中国二手电子产品行业。

在贵屿电子元件市场，一个显示器盒子里装满了旧电脑芯片。这个市场里销售的每一样东西都是从电子垃圾中回收来的。

西格玛集团上海工厂中的汽车废料分拣仓库，照片摄于2002年。

2005年，西格玛集团在上海建立了一家新工厂，手工分拣工人多达800人。

2002年，西格玛集团的工人正在分拣进口切碎汽车废料。铝废料将被熔化成新铝料，这些铝料可能会被出口给日本的汽车制造商。

一辆汽车被切碎后，钢料会被分拣出，剩余物中有3%到95%的金属。这是密歇根贝尔维尔市休伦谷联合钢铁公司里一堆切碎的非铁金属。

这个洗衣机大小的盒子里装的美国硬币都是休伦谷联合钢铁公司从非铁金属中找出来的。每辆美国报废汽车里平均有1.65美元的零钱。

在中国佛山的一家废金属回收公司内，工人正在分拣进口切碎汽车废料中的小型碎片。

经验丰富的分拣工每月能赚到超过500美元的薪水，还经常被其他废品站挖走。

一台拆解开的苹果4S手机。屏幕和面板（右上）使用的稀土和玻璃无法回收再利用。（照片由iFixit拆解网站提供）

这款2012年产苹果笔记本电脑的电池固定在外壳上，几乎不可能更换或安全拆除用来循环再用。（照片由iFixit拆解网站提供）

在位于中国汨罗市的湖南某公司里，废旧电视机正在等待循环再用。

湖南某公司的工人把电视机拆解成零件，用于循环再用。

旋转。然后粉碎的物料在切碎腔内高速旋转，碎到足够小的时候，便被向上推着穿过一个筛网。这种设计跟第一台纽厄尔分解机很像，只有一些细微的差别，斯科特承认，根据“五十年来的错误”，他们逐渐了解并做出了一些改进，“其中很多都是由我完成的”。

斯科特重新组装分解机模型时，突然换了个话题。“我带这个模型去中国参加展会时遇到了麻烦，我们所有的潜在客户都在那儿，”他比画出一副给模型拍照的样子，哈哈大笑起来，“绘制蓝图，他们按照相机拍摄的照片绘制蓝图。”

即便如此，斯科特比任何人都清楚，分解机已经不再是个秘密。这个“年过半百”的对策可以解决大多数发展中国家在某个发展阶段所面临的问题：废弃汽车太多，但却只有很少人愿意为了循环再用，拿着低工资去手工拆解汽车。

2008年夏初，全球经济繁荣发展，但却随时有崩溃的危险。受《废弃物》（*Scrap*）杂志所托，我跑到曼谷去调查为什么泰国这种小国在短时间内变成了美国粉碎废金属的进口大国。在一定意义上，个中原因在我们从上海南下泰国之前就已经了然于胸：东南亚地处中国附近，在其影响下，正在经历一场基建热潮，需要越来越多的钢材建设越来越多的大楼，生产越来越多的汽车，而美国正好废金属过量。

在几天的行程中，我参观了曼谷地区的几个大型钢厂，只见废金属在工厂里堆得满满当当，到处都是，其中大部分都是进口的。GJ钢铁公司是泰国最大的钢铁公司，那里的一个经理告诉我，他们光是堆在地上的钢料就有12万吨，沉默片刻之后，他问我：“是不是很多？”

是很多，我向他保证。这相当于一艘非常庞大的邮轮的重量，约占当年美国出口到泰国所有废钢料总量的15%。站在钢厂内，看着一股状似小溪的废钢徐徐流入亚洲最大的炼钢炉中。那个炼钢炉看起来像个科幻小说中的梦魇：一个被灰尘覆盖的飞碟高声尖叫，火星四溅。那里的温度高得令人难以忍受，所以不能靠得太近，我被领进一个控制室里，里面有几名技术人员，他们正盯着一台显示器，上面显示着接下来几分钟要炼制钢材的详细情况。

20吨——生铁（炼钢需要的一种铁矿产品）

30吨——废钢料混合物（废钢铁）

20吨——1号捆（扎成一捆的钢板）

60吨——边角废钢（洁净钢）

60吨——进口废钢（IMP是进口的简称）

为什么要进口呢？因为金属制品使用时间过长会生锈，但美国人和欧洲人不会使用那么长时间；所以他们产生的废金属，包括粉碎后的金属，一般质量比较高，比当地的废金属更易熔化。不过，即便泰国本土粉碎后的废金属与美国的质量相当，数量也远远不够，在基建热潮时期，所有的钢厂都争先恐后地炼钢，以满足市场的需求，泰国本土根本没有那么多废金属。

我离开控制室，绕过一个脚手架，来到机器输出新钢板的地方；在被运上巨大锃亮的管子上冷却之前，崭新的钢板银光闪闪，干干净净。未来，它们会被装载上船，运给汽车制造商、洗衣机制造商和其他各种制造商，从而让泰国的中产阶级生活得更舒适。那些废弃汽车回炉再生，以另一种形式离开工厂，进入人们的生活，而那些人永远不会知道或许一个美国人曾经驾驶着这辆汽车带他的妻子去约会，我越想越觉得不可思议。童年时，我一直以为我们在当地粉碎的汽车终究会兜兜绕绕回到我们家。但现在看来，这种小范围的兜兜绕绕已经过时了。

我感到很困惑。

那天晚上9点多钟，我在曼谷跟兰迪·古德曼一起坐出租车回酒店，兰迪当时是欧姆尼资源公司国际市场营销和物流部门的主管（他现在是肯塔基市一家小型家族企业的执行副总裁）。我们都到镇上开了个会，现在吃完晚饭正要回去。我告诉他，曼谷郊区有这么多进口的碎废钢料让我感觉很奇怪。

“他们在国内搞不到，”他说，“所以找我们要，你以为我在这里干什么？”

兰迪是个大块头，穿着一件花衬衫，因为遭遇堵车，空气又十分闷热，他热得汗流浃背。他的黑莓手机响了："我是兰迪。"

是总公司打来的电话。我转头望向窗外，凝视着这个笼罩在雾气和炎热中的城市。人行道上有一个瘦得皮包骨头的男人，他推着一辆手推车，车里好像装着几根从爆破现场拆下来的细长钢筋。随着经济的增长，废钢的价格也与日攀升，我怀疑这个小贩能赚不少钱。上午早些时候，我在会议上与几个贸易商聊了一会儿，他们很坦白地说，他们希望钢价能突破每吨1000美元的大关，这个价钱在以前是想都不敢想的，然后不要再下跌了。这对我来说简直不可思议：在我十几岁时，收购废钢料，有时还要向卖的人收钱，那时的废钢料一点儿也不值钱；不过那时中国还不需要金属，亚洲也没大的需求。可如今在全球经济扩张的最后关头，任何钢料都能卖钱。就连大街上的下水道井盖半夜都经常被人偷去卖钱。

"像滚轴似的，对吧？"兰迪用低沉的声音问，"外面裹着橡胶。好的，嗯，我考虑一下怎么办。给我发几张照片过来。"他挂了电话解释说："他们想给一些钢质大滚轴定个价，滚轴外面还得裹着层橡胶。"

"这东西是用来干吗的？"

"织布厂里用的。"他说。

"谁买呀？"

"在这个市场里，只要有人买钢料，他就会买这个。钢料价格这么高，他们不在乎那点儿橡胶，但是换个市场就不一定了。"

裹着一层厚橡胶的钢料通常不讨买主的喜欢，除非他们迫切需要铜料。2008年夏天，废料价格连创新高，惊慌失措的买主不论好坏，见钢就买，生怕早上一觉醒来，价格又涨了——其实还真是如此。

直到三年后的2012年夏天，我才又记起这次出租车之旅。我和克莉丝汀待在欧姆尼资源公司韦恩堡废品站经理戴夫的办公室，我们刚刚参观完粉碎机，正在讨论在2008年秋天全球经济尚未崩溃前废品市场炒得有多热。我告诉了戴夫那晚和兰迪在一起的经历。

"我知道那些滚轴是什么，"他点点头说，"我见过，那时的市场太疯狂了。”

“真的吗？”

他大笑起来：“当然，2008年夏天，我们有一条到韦恩堡市中心的专线，有3200米长，专门收购沿途的废品。”

他的话引起克莉丝汀的注意：“真的吗？”

“要走七个小时。价格暴涨时就会这样，人们从车库、树林、田野里拖出各种他们以前连碰都不会碰的东西。”

几个月前，我和休伦谷联合钢铁公司的高级副总裁丹尼斯·罗斯坐在一起，这家公司位于底特律郊外，由伦纳德·弗里茨所创立。休伦谷联合钢铁公司的分解机是底特律的第一台分解机，罗斯告诉我，废弃汽车太多，既亟须放置空间，又亟须及时出售，所以，20世纪60年代他们的公司刚刚成立之际，废品站甚至都出现了“交通堵塞”。即便如此，到20世纪90年代，囤积的废弃汽车数量才开始有所减少，而一直到2008年，钢价走高，美国的废品行业才开始起步，此后开始循环再用废品站收购的汽车。“从那之后，库存流动率一直非常快。”

我坐在戴夫对面，问他2008年的时候，是不是连最后一辆车都被从树林里拖了出来。

“给你说个故事。在2008年夏天，我们废品站收购了一辆需要粉碎的旧农用拖拉机。拖拉机里有一棵树，树干有棒球直径那么粗，一看就知道车在树林里待了多久。所以，我想是的，2008年的情形就像你说的那样。”

“那些专线真的要走七个小时吗？”

他哈哈大笑：“我们请来两三个警察在拐角处维持秩序，路边有人摆摊卖三明治，我们会给赛百味、必胜客打电话，订购一百二十份比萨饼。卡车司机会在院子里支起烤架做烧烤。”

克莉丝汀跟戴夫一起笑得前仰后合。的确很有趣儿，但是仔细想想，又会觉得很讶异：从亨利·福特的生产流水线制造出第一辆T型车后过去了整整八年，美国人终于设法清理囤积已久的废弃汽车——而他们之所以能这样做，部分是因为曼谷的钢厂需要原材料为东南亚的居民制造新汽车和新冰箱。

废弃汽车囤积时代的终结应该被拍成电视纪录片，纳入总统演讲的内容中，或许还可以发行一套纪念邮票；可是，这些统统都没有，只有每天订购的比萨饼和在北美最大的纽厄尔分解机投下的长长的影子里支起的烤肉架。我真希望我能受邀前往。

但那时我在中国——全世界分解机需求量增长最快的国家。斯科特在这里忙忙碌碌地工作了近十年，主要负责将最大型号的纽厄尔分解机运到中国的废品站和钢厂，这些地方很信赖分解机这个东西。他们断定总有一天，中国要切碎的东西在数量上会超过美国。

2010年隆冬时节，午夜过后，我醉醺醺地坐在汽车后座上，为了一台新分解机连夜乘车前往上海以北430千米以外的连云港郊区。这段荒凉的路上空空荡荡，什么都没有，当地政府为了照明而架设的路灯均匀地分布在道路两侧，绵延数千米。跟我同往的还有弗兰克·黄，他是美卓林德曼北京公司的销售代表，这家芬兰企业是循环再利用设备的主要供货商。弗兰克跟我一样也喝醉了，为此他非常郁闷。“你看看，我天天就干这个，逃都逃不掉，”他抱怨道，“做生意就得这样，我不喝酒，他们就以为我不给面子。”

半个小时以前，跟阿姆柯可再生金属公司的经理们一起吃了个饭，我们要去看的分解机就是他们公司的。值得一提的是，一开始，那些经理对于让一个外国记者去参观他们刚刚花费数百万美元购置的新设备的提议表现很冷淡。这不能怪他们，弗兰克告诉我，尽管阿姆柯可再生金属公司同地方和中央的政府部门及政府官员联系密切，但还是没有足够的电力拉动新分解机的运转。结果，这些天机器只能每周运转两次，还得等到午夜之后。换作是我，我也不想把这种情况告诉记者。

吃饭时，每次“干杯”我都将杯中的高浓度酒精一饮而尽，渐渐地，阿姆柯可再生金属公司的经营团队产生了一种“废金属英雄惜废金属英雄”的感觉，这倒也不错。我这个堂堂正正的“废金属英雄”声情并茂地给他们讲述了很多我家废品站的故事，痛心地陈述了在美国运转一台分解机的种种难处，但这不代表我家有分解机，不过到晚饭结束时，我感觉所有人都以为我家有台分解机。第二瓶酒下肚后，我开始感到恶心，阿姆柯可再生金属公司那帮人终于觉得我这个老外还不错，应该去看看他们的新分解机。

跟我们一起吃饭的还有宋彦召（音译），他长着一张娃娃脸，看上去不过二十二岁，但眼神中却流露出一种与年龄极不相符的冷淡与漠然。开始喝酒之前，他告诉我他们家在创业伊始做的工作很简单：用手工工具和火焰切割及清理金属，然后切割成中国的钢厂能够接受的尺寸。他们的生意很成功：到2005年，他们利用手工工具、火焰切割机和状似鳄鱼的大型剪切机，每月能够加工处理2000～3000吨钢料，这可是10～15条蓝鲸的重量，钢料是从他们废品站周围方圆几千米之内收购来的。

这种情况相当不错，不过前方的机会更好。到了2005年，中国已经成为全世界增长速度最快的经济大国，中国人和他们的企业开始扔掉钢料，包括建筑材料、汽车、招牌，速度之快以至单靠人力无法进行加工处理。如果一家公司想要处理掉越来越多的废钢，就需要分解机，具体来说，就是一台1000马力的国产中型金属分解机。宋彦召告诉我，他们公司的分解机经常发生故障，但是没关系：短短几年的时间，公司切碎金属的重量从最初的每月10头蓝鲸飙升至每月50头，公司的业务辐射范围也扩展到总部周围方圆185千米。没有分解机的帮助，他们每月切碎的金属重量必定还局限于10～20头蓝鲸，而且与现在相比，肯定需要雇更多的工人。

尽管如此，宋彦召知道未来公司还会遇到更大的发展机遇。2009年，中国超越美国成为全球第一大汽车销售市场，汽车销量高达1800万辆。虽然现在已经有部分旧车被淘汰，但十年后当中国人开始丢弃使用十年之久的旧车时，中国才会迎来最大的淘汰浪潮。问题来了：虽然中国的劳动力依旧很廉价，各公司能够雇得起工人手工拆解汽车，可是在接下来的几年中国要回收利用数百万辆汽车，人手根本不够。中国即将面临的废弃汽车问题不是资源回收问题，而是劳动力问题。没有足够多的分解机，中国的废弃汽车会从北京堆到上海。

这就是宋彦召在这辆车上的原因：他的父亲对他委以重任，让他找外国产的高质量分解机以便应对即将到来的浪潮，所以他请求弗兰克让他看一看美卓林德曼分解机的运转情况。宋彦召承认现在开始考虑汽车切碎行业还为时过早，但他们还是想早做准备，这样在汽车淘汰浪潮席卷山东省时，他们才能从容不迫。

寒冬的空气十分清冷，因为环境污染，周围一片雾蒙蒙，钠灯在空中晕出橙色的光圈，几座两层楼高的废金属小山在灯光的照射下投下黑色的轮廓。“那就是阿姆柯可再生废金属公司。”弗兰克告诉我。司机将车停在空旷的停车场里，旁边是公司总部，两层楼高，黑漆漆一片；两个阿姆柯可再生废金属公司的经理醉醺醺地坐在车里等我们。下车时，一阵轻风吹透了我的薄外套，让我顿时清醒不少；但毫无疑问，我们都醉得不轻，真正醒了酒的人会多个心眼，先溜进总部找外套和手套，而我们径直走向钠灯照射的地方。远处，一台分解机在发出低沉的轰鸣声，控制室就在一堆堆即将被粉碎的废金属后面。

我落后几步，跟着其他人走进一条双车道小路，小路两侧耸立着堆积如山的废金属。这些金属真丑陋，一点儿也不像过去几年我在其他废品站所见的：歪七扭八，有种断骨的鬼魅气息。我停下脚步仔细看了看，发现这些奇奇怪怪的金属其实是被拆掉轮胎、车链、发动机的自行车和摩托车车架。它们是钢铁，生了锈，变了形，一副瘦骨嶙峋的模样，堆在中国第一股消费主义热潮产生的垃圾上面。几块金属薄片从张牙舞爪的废金属堆里伸出来，难以辨别是什么形状，金属堆上还有金属框架、脚手架、金属制的衣橱、几块招牌、许多弹簧、一些油箱和一截自行车车链，甚至还有几扇车门。但引起我注意的是那些被拆得只剩车架的摩托车，在美国没人大费周章去干这些，因为美国的劳动力太昂贵。我很好奇：中国的劳动力这么便宜吗？可以用来拆解汽车？既然如此，为什么还需要分解机？

弗兰克回头对我说：“他们打算进口美国报废汽车并进行粉碎。”

“美国的废弃汽车？”

“中国的废弃汽车不够多。”我们一起从废金属堆后面走出来，面前赫然耸立着三层楼高的分解机。钠灯照耀下，两辆橙色的起重机正在工作，它们用爪子似的抓斗抓起摩托车车架，放到传送带上，而那上面放满了各种各样的废金属。

“人们居然连摩托车也拆，我感到有点惊讶，”我对弗兰克说，“人工费很高吧。”

“如果赚不到钱，没人会做这样的工作。”他肯定地告诉我。

来到分解机脚下，我抬头看到了那个“创新设计”——奥尔顿·纽厄尔的进料辊掩藏在一块防护钢壳和巨型铁链后面。这绝不是偶然：这台分解机是美卓林德曼在得克萨斯州的分解机分公司制造的，得克萨斯分解机公司的创建者与奥尔顿·纽厄尔及其发明有直接联系。金属被挤压粉碎发出的尖叫声音很熟悉，也很响，但却并非震天动地。不知怎么的，大多数东西都被黑夜吞没了。

我们从后面的楼梯爬上这台功率为4000马力的庞然大物，然后停在一个梯台上，工人们在这里监视粉碎后的金属片被喷到两条传送带上。我回头看向装有锤子的切碎腔，却只能看到钢料和蒸汽。“这些钢料会被运到哪里？”弗兰克说了一家华北地区大型国有企业的名字，这家企业生产建筑施工所用的钢铁制品。只要中国的基建热潮仍在继续，对废钢的需求就不会减少，因为炼钢炉里熔化的废铁能铸成他们需要的管子、架子和门。“他们会把钢料装船送到客户家门口。”弗兰克补充说。

我突然感到一阵晕眩，赶紧后退几步，远离传送带。上来五分钟了吧，我第一次记起自己醉得多厉害，第一次意识到在一台分解机或者说传送带周围晃来晃去是多么不明智——我这个样子肯定没法通过呼气测醉器的测试。如果《废弃物》杂志的主编（他们开了一个废品站安全专栏）知道了，肯定会大发脾气。我看了下手表：快凌晨1点了。

“亚当！”

弗兰克的酒量显然比我好，他在楼梯上冲我招手，我跟着他进了楼梯井，爬上分解机顶端的控制室。刚才爬那段路让我有点儿恶心想吐，但我不能吐，因为这是间狭窄的控制室，里面很拥挤。

控制室有一扇大窗户，透过窗户可以俯视扭曲变形的摩托车车架掉入分解机的过程。窗前有一个上升平台，坐在上面可以更好地看到窗外的情况。

现在，那里有一个三十岁出头的男子，端正地坐在一把椅子上，那把椅子让我想起“进取号”星舰（出自电影《星际迷航》）舰长的座椅。男子的手随意地搭在两条控制废钢进度的操纵杆上，眼睛来回扫视传送带和面前的电脑显示器，显示器上显示着机器内部运转情况的详细信息。黑夜里，这一切极像科幻小说里描述的情景，我感到自己仿佛穿越到了未来。

然而，我的目光被一批批从水泥场院里运上来的金属所吸引，只见它们从窗外一闪而过，最后落入一个只会冒蒸汽的大嘴巴里。远处道路的轮廓和连云港的美丽街灯也在远处沉默不语。从这里往南，在一个长江岸边的小镇里，有世界上最大的金属分解机，由奥尔顿·纽厄尔的儿子斯科特制造并组装。我调查过，那台分解机也是在晚上运转，只要是附近的上海中产阶级不要的钢料，无论是什么，都会被这台机器砸成碎片。这里离得克萨斯州很远，离外来的佃农很远，但是我觉得奥尔顿·纽厄尔不会对此感到吃惊，毕竟粉碎一辆汽车比花十个小时用一把镐劈碎一辆汽车方便得多。问一问那个坐在椅子上手握操纵杆的人，他更愿意干哪种工作，你就能知道其中的分别了。

第十一章
垃圾变黄金

2010年8月初，我搭地铁去上海城北的一个二手电子产品市场，打算把手中透明塑料袋里的五个旧手机卖掉。其中的旧摩托罗拉手机自从2004年开始就一直待在抽屉里面；旧诺基亚手机从2009年初（我想大概是那个时候）就被钢琴上的一堆纸压住了。在美国，这些东西的最终归宿就是杂物抽屉，对于迷恋最新产品的文化（我也是这样）来说，它们毫无用处。具有环保意识的人都觉得它们是麻烦更大的东西：电子垃圾，这个词是指所有人都不再需要的废旧电子产品。

但在中国，旧手机并不是电子垃圾。数以亿计的人买不起或不愿意买新手机，这些废旧手机提供了一种低成本的方法，让这些人都能用上无线通信。

至少，在2010年8月我就是这么认为的。

我穿过大街，来到二手电子市场那栋长长的两层建筑；楼上贴着略微有些过时的计算机硬件海报，在海报下面的户外摊位边上，留着鸡冠头的年轻男人正在兜售破旧的台式电脑和显示器。入口没有门，只有长长的透明塑料帘子，天冷时，屠夫用叉车在肉类加工场所搬运切好的肉，为了保温，就会挂上这种帘子。

市场里面的屋顶很低，一排排日光灯照耀着两个街区那么长的空间。成排的玻璃展柜里摆着电脑硬盘、光驱、键盘、内存条和主板；柜台上面放着笔记本电脑，有二手的，有翻新的，还有彻底重新组装过的，屏幕上覆盖着塑料膜，以免落灰。所有的一切都有些脏脏的，不够整洁，非常像美国的旧货店。不过不要介意这里的环境，这其实再贴切不过了：只需要花上75美元，就能把一台具有上网和文字处理功能的笔记本电脑买回家。

市场里大都是三十岁以下的年轻人。所有人看上去都是大学生的年纪，有的年纪更小，他们会用很多时间和同伴轻轻聊天，因为即将花钱购买电子产品而面露紧张的神色。以前，如果我缺钱，又需要电脑，也会来这样的地方。

我搭自动扶梯上了二楼。整个二楼里的空间都摆满了柜台，除了像楼下一样卖电脑、硬盘、鼠标和键盘，这里还有卖手机。柜台上面摆着更多的笔记本电脑，价格也相对便宜，但不知怎的，这里的笔记本电脑看上去比较新。显示器更亮，外壳更干净，更平滑。笔记本电脑下面就是手机，看上去也很新；乍一看，没有一部像我袋子里的手机那么旧。我伏在模糊的玻璃柜台上，仔细寻找有没有和我的旧手机一样破的手机，可就在我寻找的时候，一股刺激性的塑料熔化气味扑鼻而来。

气味是从右边传来的，一个留着鸡冠头的年轻人伏在一张桌边，右手抓着一个烙铁，正在处理一台笔记本电脑的内部零件。他上方的架子里摆满了几十个笔记本电脑，就像书一样排成一排，此外还随意摆放着许多硬盘、CD光盘和装满了螺钉、螺栓及接插件的塑料箱。他的工作台上更是一片狼藉。钳子、电压表、硬盘、CD 光盘、纠缠在一起的电缆和手机，通通混合在一起。然而，他清楚地知道他在做什么：修理看上去相当新的笔记本电脑和手机，然后送到柜台上出售。

根据美国电子产品翻新商兼联合国环境规划顾问威利·凯德所做的调查研究显示：在美国，25% 送去循环再用和翻新的硬盘的使用时间都不超过500小时。总而言之，这些其实都属于新硬盘，还可以再使用几百个小时。但美国有谁会不怕麻烦重新使用这些硬盘？几乎没有人会这么干，而硬盘和其他电子垃圾之所以会从发达国家流向发展中国家，这是一个非常重要的原因，当然还有其他原因存在。至少是从20世纪80年代中期开始，中国就成了二手电子产品重新组装和翻新行业蓬勃发展的大本营，有的废旧电子产品来自发达国家，有的则来自中国自身。没人知道这个行业的规模有多大，收入有多少，但有一点我很肯定：中国的每一个城镇、乡村和城市至少都有一个二手电子产品市场。在较大的城市里，整个购物中心出售的都是二手电子产品，就像上海北部那个二手市场一样，但并不涉及循环再用。

还有其他原因使得中国企业购买被美国人称为“电子垃圾”（这个词从2000年初开始流行起来）的东西，非英语国家往往称之为二手硬件。有一个简单的事实最为重要：世界上一些最大和最著名的电子产品制造商都把中国当成大本营，而这些制造商需要黄金、铜和其他贵重及次贵重金属来制造新产品。获取这些原材料的一个办法是挖矿；另一个办法就是购买从废旧产品中提取出来的金属，因为这些产品里的合金与要生产的新产品中的合金或许是一样的。

有很多东西都可以循环利用。2010年，中国成了世界上最大的电脑和小型电子产品消费国，据中国家电行业官员的保守估计，中国消费者每年扔掉1.6亿台电子电器（只包括电脑、手机、空调和带甩干功能的洗衣机）。这可谓是相当惊人的数字，根据美国国家安全委员会提供的数据显示，从1997到2008年，美国人共扔掉了5亿台电脑，相比这个相对适度的数字，中国的数字恐怕就更惊人了。与此同时，2006年，美国地质调查局估计，美国人每年扔掉1.3亿部手机，每吨手机中含有280克黄金。这看似并不多，但即便是从1吨高等级矿石中也提取不出这么多黄金。那么，从理论上说，循环再用废旧手机和其他小型电子产品就是较为便宜和绿色的黄金获取方式。

但现实并非如此简单。就拿笔记本电脑、台式机、平板电脑或手机中常用的主板来说，在“对环境无害”的美国电子垃圾回收企业，这些主板会被送进与汽车切碎机差不多的切碎机里，包括芯片在内的所有东西都会被切成碎片，这样家庭作坊就不能重新使用芯片，也不能轻易提炼废金属了（意图非常明确）。然后，含有黄金的废旧主板碎片以及没有被切碎的主板就会被运到欧洲或日本数百万美元的高科技精炼厂，通过化学和其他非手工方式来提炼金属，美国第一家电子垃圾精炼厂将于2013年秋开工。这是一种精确且在很大程度上很清洁的循环利用方式，但非常非常昂贵，而且美国尚没有这样的提炼厂。最重要的是，这是一种并不彻底的循环方式：旧手机、平板电脑或笔记本电脑中最稀有、价值最高的材料都得不到彻底提取或循环再用，其中就包括七种贵重金属和稀土化合物，这些物质都存在于触摸屏幕、振铃器和其他现代高科技产品中。所有这些不能提取的物质不是被焚毁就是被填埋了。

还有其他方式可以达到相同的目的。

在发展中国家，电路板一般都会被切碎，但在它们碰到刀片前，工人们往往会用手把含有贵重金属的芯片拆下来。工人把电路板放在炽热的烤炉上加热，熔化掉将芯片固定在电路板上的铅焊料。除了面罩和护目镜，做这种工作的工人很少能享受到其他保护措施。即便工人穿上全套隔离服，加工过程中产生的烟气也会飘散出很远（早在2013年初，中国许多加工作坊就开始采用机械方式拆解芯片，这在一定程度上就是为了保护工人和环境）。更糟糕的是，为了提取电路板上残余的黄金，就会用到高腐蚀性酸性溶液，却并没有同时给工人配给安全设备。用完之后，这些酸性溶液一般都会被倒进河流或其他开放水域中。

发展中国家电子产品低科技循环方式造成了相当严重的破坏。贵屿镇是中国最大电子垃圾循环加工区，根据一份针对该镇的研究显示，在一群六岁以下的农村儿童中，有81.8%的孩子身上出现了铅中毒现象。可能的毒源就是拆解电路板和熔化铅焊料过程中产生的含铅粉尘。2011年当地的一项研究显示，25%的新生儿体内镉含量过高，这种有毒重金属可能导致肾功能受损、骨密度降低和其他使人衰弱的疾病。而这些新生儿的父母往往干的就是电子垃圾加工行业。其他研究则显示，在当地电子垃圾加工厂最密集的地方，土壤和水源受污染程度都相当高。然而，无须亲眼见到那些身体受到损伤的新生儿，你就能知道当地的确出了问题：每一天，政府都会派卡车给受污染最严重的地方送饮用水。

这并不是特例。在印度、巴基斯坦、罗马尼亚、阿尔巴尼亚、泰国、越南和其他发展中国家，也有类似的地方。但是，由于贵屿距离亟须原材料的中国工厂最近，因此堪称之最（如果某一行业经常背人耳目，则很难估计其规模）。与此同时，不管在什么地方，其中也包括美国，只要人们需要黄金，小型家庭作坊就会激增。在You-Tube（世界最大视频网站。——编者注）网站上，美国人录制的视频提供了精确指导，教人们如何采用很多发展中国家采用的相同的“原始”方式，从电子垃圾中提取黄金，视频点击率已过千万。我们无从得知美国有多少电子垃圾家庭加工作坊（偶尔出现的事故报告显示数量不在少数），但无论这个数字是多少，它们都是一个重要且必要的提醒，这使我们知道，并不只有发展中国家的穷人在采用所谓的原始循环利用方式。在你家那条死胡同的尽头或许就有人在这么干。

正因如此，我才去了上海那家二手电子产品市场。我不希望我那几个还可以重新使用的手机被人拿去循环再利用，因为他们使用的加工办法会让蹒蹒学步的孩子中毒；我也不愿意把它们带回美国，因为他们只会把它们切碎，然后送进欧洲的精炼厂（或是郊区死胡同尽头的车库）。总之，我就是不愿意送它们去循环再用。我希望以环保的方式利用我的旧手机：把它们卖掉，以便可以旧物再利用（这样就用不着我自己去重新使用了）。我希望，在中国数以亿计年收入不足5000美元的人中，有一个能用上我的旧电话设备。

减少使用，重复利用，循环再用。和大多数美国人一样，我不喜欢第一个，所以我尽全力去做第二个。第二个总比第三个好，特别是对于那些没有了保留价值的电子产品。

我走到另一个柜台前，只见两个留着鸡冠头的年轻雇工正拿着电压表，检查一台拆开的笔记本电脑的连接线。一个人手中拿着一个光驱，我想他是要把这个光驱装进其中一台电脑上。他看上去挺从容，于是我停下来，给他看我的旧手机。他抬起头，眯缝着眼睛看了看我那个装有各式手机的袋子，然后摇了摇头。

很好。

我又去了另一个柜台，一个约二十五岁、表情冷冰冰的年轻女人飞快地看了一眼我的塑料袋，也摇了摇头。徘徊了一会儿，我想我明白她是什么意思了：没错，她的柜台里有很多手机，可没有一个像我的那么旧。“3G。”她说着点点头。

我的手机自然没有3G功能。它们只是很旧但很结实的普通手机。如果一个从外地来的建筑工人需要用手机上网，那么他就应该另外寻找了。但如果他只想在周末时给他母亲打个电话，那么我袋子里的这些手机就能帮上他的忙。问题是这个市场里的每个人似乎都想要3G手机，就连经常来这个市场的学生和工人也不例外。柜台内的每一部手机都有上网功能。像我的塑料袋里那样的普通手机，就和录像机在曼哈顿无人问津一样。

我走出市场，沿街闲逛，路过了几家销售二手电脑和其他翻新物品的商店，后来我看到两个硬纸板箱，里面装着碎裂的电脑塑料外壳。走出几步，又看到一个装着旧电脑主板的纸箱。我琢磨着是不是要把我的手机扔进这个盒子里，就此结束这趟显然毫无意义的探索之旅。

然后我改主意了。几乎可以肯定，这些主板会被送到当地那些有毒的加工作坊里去。这个纸箱的主人多半不会介意我把手机扔进去，让它们搭顺风车到当地去。

但我想到了另一件事：要知道我可是个废品专题记者！因此，与其随便找一位废旧主板商代我处理我的手机，我为什么不自己去一趟，亲自把它们卖掉呢？这是个有些异想天开的主意，没有哪个人会为了卖旧手机而特地去一趟，可在搭地铁回家的路上，我便认定自己是做这件事的合适人选。现在万事俱备，就差一个引路人了。

自从20世纪80年代初中国开始进口废金属，二手电子产品就会被装进集装箱里。举例来说，一个美国出口商告诉我，从20世纪80年代初到中期，也就是电信行业向数字设备升级更新的时期，他把大量旧模拟电话设备装在集装箱里出口，因此赚了大钱。包括东泰的乔在内的其他废品交易商对我说过，在20世纪80年代中期，他们开始向中国出口旧电脑主机。早在1985年初，他们就开始出口IBM牌和苹果牌电脑。这么做的原因很简单：当时美国没有废旧电子产品循环产业。但即便美国有很多工厂能找到有利可图的办法，把旧手机拆解成各个可循环再用的部分，如塑料、铜和钢，却依旧缺乏一个关键因素：有兴趣使用再生塑料的制造商。因此，在20世纪60、70和80年代，美国的垃圾填埋地充满了废旧电子产品。

现在就要来说一说中国的台湾地区和大陆地区了。在这两个地方，劳动力很廉价，更重要的是，经济高速发展，从旧手机或主板里提取出来的所有东西都大有用处。就这样，美国各家各户的废品回收者再也不会把旧手机扔进垃圾填埋地了，而是将其送到了亚洲，在那里，不仅有工人把塑料和金属分开，还有企业亟须这些塑料（尽管他们的回收方式并不总能达到发达国家的环保和质量标准）。

把废旧电子产品送到亚洲往往会被称为“倾倒”。这是一个很形象的词，往往会让人联想到一个画面：把废品从处于上游的富有发达国家倾倒向下游的贫穷的发展中国家。但这个词有一个大问题：它在暗示通过把废品向亚洲

“倾倒”，出运人就可以省下在本土采用恰当方式循环再用的费用。但这与实际情况差了十万八千里。甚至是在2013年，把很多种类的电子产品倒进美国的垃圾填埋地依旧属于合法行为，因为这和扔掉满满一袋子同等重量的汉堡王包装纸的成本是一样的。因此，如果可以把废旧电子产品随便扔进垃圾填埋地，为什么还有人会受累花钱把这些电子产品运到中国呢?

答案很简单：那些电子产品的价值比海运费用要高，而且中国人擅长挖掘其中的价值。然而，这里面的价值还赶不上废金属的价值。在大多数情况下，一台电脑显示器中所含金属价值不超过2～3美元，根本不足以抵偿把一个集装箱900台旧显示器从明尼苏达州运到深圳的运输成本。相反，其价值和潜在商机在于重新使用整套废品，而不是只涉及部分废品。

即便是在20世纪80年代，美国出口的所谓报废电脑其实依然还有很长的使用寿命，而有些人则只盼望能拥有计算尺这样的机械或电子计算用具，如果你从这些人的角度来看，就会更加认为那些报废电脑还可以使用。想想看：如果你是个很穷的人，买不起新电脑或计算器，那么一台已有五年历史的IBM牌电脑总比没有这台电脑要好。而且，如果你是1990年的一位在大学工作的贫穷科学家，一台还很新的二手电脑则近乎奇迹。有些旧电脑从集装箱里取出来后就能重新使用（可以直接卖掉）；有些坏了，必须换零件进行修理。

这算不上“倾倒”。

从中国人的角度来看，这反倒是利用市场差价赚钱的大好机会。华尔街称之为套利。在我和祖母经常去逛的邻居车库旧货卖场，他们称之为“巧取”，有点像一个古董价值200美元，你只用四分之一的价钱就把它买到了手。在上海，他们说这是二手电子产品市场库存的来源。

无论过去还是现在，这都是一个有利可图的产业，商人从中赚了钱，当地政府视之为财源，但到了20世纪90年代初，广州和深圳这两个电子垃圾循环产业蓬勃发展的地方渐渐成了大都市。地方政府无可非议地注意起了与电子垃圾加工有关的污染，并且鼓励大规模搬迁。于是中国的电子垃圾贸易商和加工商开始寻找较为偏远且愿意从事这一产业的地方。

一位亚裔美国废金属加工商同意带我去当地卖我的手机。2011年的一个晚上，我和他一起吃晚饭，席间我向他提出了这些问题。为了便于叙述，我称呼他为亨利。他把废金属（也包括废旧电子产品）从发达国家出口到中国，生意做得很大，并且和中国的环保政策制定者、监管者和海关官员保持着紧密的联系，和加工废旧电子产品的国有企业也有着很好的关系，同时他还很有兴趣地把发达国家的回收设施介绍进中国。

换句话说：划出一个专门区域，他们希望看到中国产生的废旧电子产品在那里得到再生。

当时有这样一个问题：中国人自己扔掉的电脑并不多，因此，即便中国的海关法规禁止进口二手电子产品，某些地方的某些人依旧源源不断地向当地供应进口废旧电子产品。亨利的一个合作伙伴在我们出发的前一晚提出了一个观点：当地加工的废旧电子产品中，一半以上来自中国，这个比例还在增加，而且速度非常快。

还有其他原因使得有毒产业持续存在。

隶属于中国国家环保部的一位年轻研究员多年来一直致力于找出中国解决电子垃圾问题的适当方法（而且没有美国、欧洲和日本废品回收商的技术支持），2007年，他提出了另一个当地电子垃圾再生业持续存在的原因：中国面临着严峻的环境和健康问题，让一个地方变得干净起来，对这个国家的整体环境质量没有任何显著影响。

从个人来说，我在上海住了十年，相比关心我的旧手机在中国南方的一个小镇里会遭遇什么命运，而且这还与我的职业息息有关，我还是更关心空气质量和食品安全。无论如何，即便中国确实是在践行承诺，禁止进口旧电子产品，但数以亿计的中国人已经晋升为中产阶级，他们扔掉的电子设备越来越多，广东当地仅凭借这些东西就能支撑下去。据清华大学教授李锦辉（音译）称，2012年，中国一共产生350万吨电子垃圾。相比之下，根据美国国际贸易委员会在2013年进行的综合性调查显示，2011年，美国产生了410万吨电子垃圾，超过八成都留在了美国。

这些数量很大吗？这是一个值得商榷的问题。

2010年，在美国家庭和企业产生的所有垃圾中，电子垃圾的比例不到1.3%。从美国是个浪费大国这个大局来看，这个比例并不算大。但请允许我进行进一步论证：根据一份美国环境保护局的研究结果显示，2010年，美国产生了超过3380万吨的食品垃圾，也就是说，在那一年，食品垃圾的重量是电子垃圾的十倍多。

那么，在我们说到废品循环业的时候，为什么电子垃圾会如此受到关注呢？美国的食品垃圾危机显然更加严重，却几乎乏人问津，在这样的情况下，为什么像BBC这样的新闻机构会经常报道所谓的电子垃圾危机呢？

活动家和其他人会说，电子垃圾中包含有害物质，需要采用适当的循环方法，他们的说法很正确。一旦循环方法不当，就会破坏环境，有损健康。我同意这个观点，但只是在一定程度上同意而已。毕竟，大量其他可循环产品在被送去循环再用时也面临着类似的问题，从纸张、塑料，到铜，莫不如是，但是活动家却很少关注这些东西。我们没有“废纸危机”（中国二十年来一直在努力整顿污染严重的造纸厂），也没有“塑料瓶危机”。但我们却有“电子垃圾危机”。为什么？

在我看来，答案其实很简单：只要与21世纪的信息技术产业有关，任何产业都会没来由地受到媒体的特别关注（废旧苹果手机对记者来说有着莫名的吸引力；被扔掉的一堆堆腐烂食物则不会入他们的法眼）。还有一个推波助澜的因素：在全球信息技术产业周围，有很多实力雄厚的人和企业投入大量财力和其他方面的支持，坚定地阻止向发展中国家输出废旧电子产品（三星和LG公司在这一方面尤为活跃）。因此，在过去的十年里，完全可以修好的旧电脑（它们会阻碍新电脑的销售）被贴上了“有害电子垃圾”的标签。这不利于发展中国家的消费者，对环境亦有不利影响。

作为一个参观过世界各地循环设施的人，我认为有必要回顾一下发展中国家的当务之急，而这往往和欧洲及美国活动家的关注点并不一样。之所以会这样认为，还要从2013年3月我去参观印度德里一家非营利性环保组织“毒物链接”时开始说起。该组织做了大量工作，试图让该市数千家小型废旧电子产品加工商了解，使用有毒化学品危害巨大。“毒物链接”的一位资深项目协调人蒲丽提·马赫什告诉我，他们的说服工作并没有成功，而且她认为他们不会成功。“（电子垃圾加工商）会告诉你，‘要到二十年后，我才会关心健康问题’，‘如果不干这个，我明天就会饿死’。”在后来的采访中，她给出了这样的结论：“人真不能总是那么理想化。”

数日后，我在印度的硅谷班加罗尔也听到了类似的言论。这里是世界上最繁荣的信息技术产业所在地之一，同时也有人在重新使用、修理和循环再用电子垃圾，这个产业虽然发展繁荣，却并不正规，也不安全，而且污染严重。在那里，我曾和卡纳塔克邦（班加罗尔是卡纳塔克邦首府）污染控制局局长瓦曼·阿查里雅博士坐在一起讨论电子垃圾问题。考虑到这座正在发展中的城市随处可见明显的贫困现象，我便问他，电子垃圾问题是不是他面临的最迫切问题。

他笑了：“不是。”

“那是什么？”

“垃圾。”他随后解释道，他正在想方设法处理在他的管辖区域内家庭制造的不可循环垃圾，大多数都是食品垃圾。他关心的第二个问题是污水，然后是工业污染、建筑工地的粉尘污染、来自医疗机构的生物废弃物、塑料垃圾的处理与循环回收以及化学废品的处理。到了最后，在想不起其他需要关心的问题时，他才说到了电子垃圾。“我有更严重的问题需要担心！”他说。

发展中国家对环境问题的关注点由此可见一斑。

2011年末的一个下午，我、亨利和四位广东当地的回收商在一家餐馆里用餐。这家餐馆在一条高速公路下面，走这条途经纺织品制造中心虎门的高速公路，从深圳到虎门需要四十五分钟车程，从深圳到那里则需要五个小时。我在这里的身份是亨利和他佛山的生意伙伴（我称他为杜先生）请来的客人，算是一个不速之客。情况真有点棘手：该镇的商人并不热衷于让另一位外国记者把这座镇子最糟糕的一面拍摄下来。这样的来访必定会使当地开始作秀，从而暂时关闭加工企业。

亨利立刻就把我介绍给了那几位先生。他是这样介绍我的：我的父亲是美国一家废品站的老板，我很有兴趣了解更多的当地废旧电子产品再生行业。而我的身份证明就在我的背包里：除了五个旧手机，我还带了很多东西，包括一台旧惠普牌电子记事簿，它曾属于我在明尼苏达州的一个朋友；一台2008年产的戴尔牌笔记本电脑，在买了一年多后就出了故障；一团缠绕在一起的旧电源线；一个旧LG牌手机充电器。这些硬件并非我来这里的唯一原因（毕竟我还有一份写书合同），但已经足够让当地人欢迎我了。长期以来，美国人都是向当地出口废旧电子产品的主要出口商。

那几位回收商面面相觑。其中一个耸耸肩，吸了口烟，清了清喉咙。这个人很瘦，眼睑上有一道疤，我估摸这是在一起电子垃圾加工事故中留下的。“这还要从大约二十年前开始说起。从前电子垃圾会被出口到南海。我们这里有人去那里把电子垃圾买了回来，并因此赚了钱。其他人看到这个人赚了钱，也开始干起了这一行。就这样，这一行发展得越来越大。”我看着在座的几个人，没有人表示反对或做补充。他们只是拉着亨利追问他这次来要做什么生意。

亨利向他们提了一个很有意思的建议：他想要收购电脑芯片，不过是那些尚未由当地臭名昭著的有毒作坊提炼过黄金的芯片。他说他有一个日本客户想要在日本提炼这些芯片。这些贸易商都点点头：当地擅长从电脑芯片中提取黄金，却没有有效提取包括铂与钯在内的其他贵金属的技术。其中一个回收商告诉我们，就因为这一点，至少是在近十年来，日本人都会来这里购买含金的芯片。当地的加工商知道国内的作坊没法与日本的先进科技竞争，所以乐于把芯片拆解下来供应给日本。这在我听来并不像“倾倒”；倒像是构建真正良好的供应链。这其实并不稀奇。印度废旧电子产品回收商出于同样的原因，把大量含有贵金属的电子垃圾输出到比利时的精炼厂：高科技精炼厂能从发展中国家作坊里拆解下来的电脑芯片中提取更多的贵金属，因此支付的价钱也更高。

匆匆吃完饭后，我们就回到了高速公路上，一路向目的地进发。一个年轻的加工商兼贸易商葛先生陪同我们。他二十八九岁，有点孩子气，很可爱。他和那些从事这一行业的人不一样，说话轻声细语，带着年轻人的纯良。他不知道我是个记者，我突然因为隐瞒他而心存内疚。

一路无话，大部分时间都在高速公路上行驶，某些地方的高速公路还挨着海岸线。我们经过了几座渔村，看到了船和标志出渔网位置的浮标；还看到了加油站、维修店和开在卡车里的麦当劳。半路上，亨利睡醒后看了一眼我的旧三星手机，然后告诉我："你这个手机，可能是1999年生产的三星。"他眼前一亮："对你来说这可能就是垃圾。但我知道这是1999年生产的，我知道里面的芯片能以某种价格卖出去。这个屏幕或许另有价值。我知道里面可能有内存条，那也有一定的价值。所以我能比你看到更多价值。"

"谁会买呢？"

他哈哈大笑："那些认为芯片有利用价值的人！很多生产滚动数字招牌的企业都很喜欢这些比较旧的芯片。用这种芯片可以让标识牌运转的时间更长。"

换句话说，我的旧三星手机里的芯片或许会被拆解下来，移植到滚动数字招牌上，然后堪萨斯州一家餐厅买走了这块招牌，用来宣传他们的每日特价午餐。这虽然比不上运行电子表格、浏览器和电脑游戏，但总好过去挖黄金、铜和硅制造新的芯片。

"安装了可重新使用的芯片，一块招牌能用多久？"我问。

"很难说，大概是十五年。"

在我看来，这要比把芯片切碎后循环再用好很多。

据亨利所说，对当地的贸易商而言，正是重新使用带来了真正的利润，废金属和塑料的价值带来的利润则有限。可以这样想：当地的加工商购买旧手机以吨计，价格可能低至每个手机一两毛钱，而其中或许会含有价值几毛钱的黄金、铜和塑料。但是，如果正如亨利所说，一部旧手机里的芯片能以10美元的价格卖给招牌制造商呢？那就是一笔大有赚头的生意了。"当地八成的利润都是靠重新使用得来的，"亨利告诉我，"这是非常非常大的商机。"

这并不完全出人意料。2009年，我到日本废品回收商Econecol处参观。这个回收商在日本富士山下有几个仓库，其中一个就是用来拆解从日本数千家赌场收来的旧弹珠机（日本的一种赌具，和吃角子老虎机类似）。在该公司一个经理的陪同下，我参观了那个仓库，他告诉我，他们会小心翼翼地把这种赌博机的小型触摸屏从其他零件上拆解下来，然后打包运到中国，到了那里，人们会把这种屏幕安装在GPS设备上。很显然，弹珠机屏幕大小正适合安装在仪表盘上。

那天下午四五点钟我们到了另外一个城市。这里有150万人口，是一个人口密集的城市。窗外是一排又一排显得非常破烂的密集水泥楼房。城里的大道上就和上海高峰时间一样拥挤，但要危险得多（这很说明问题）：没有信号灯，大人们让孩子坐在自行车上，等车一少，就飞速穿过马路。

天快黑了，街上店面林立，照得大街上非常亮，有餐馆、便利店和五金店，偶尔能见到几盏路灯。每隔几分钟，新建筑的身影就会消失在我们车后，取而代之的是带有微微拱形屋顶的古老村落。在夜色中，这些村落看上去阴影重重，没有一丝灯光，显然已被废弃，它们是农耕生活的最新遗迹，曾几何时，农耕是这个新兴城市的中流砥柱，是古老中国的谦虚价值。我想人们还没有时间把它们拆掉，或者所有人的心都变得冷酷了。

这些废弃的村落要比广东山区那边隐秘得多。事实上，那片臭名昭著的电子垃圾倾倒区根本无从隐藏；那里并不偏远，交通也算是四通八达，而且很容易就能找到。在这座杂乱无章的新兴都市的大街上开三十分钟车，再经过一座架设在漆黑运河上的短拱桥，就到了。“一过桥就到了。”亨利告诉我。

一道明亮的闪光突然照亮了我们的面包车。

“我们的照片，”亨利又说道，“他们会给每辆进入这里的汽车拍照，并把照片保留一个月。”

或许当地政府并不像当地再生资源协会的网站所展示的那样，对外界的关注抱着轻松的态度。

夜色降临，乡村里一片漆黑。我看到很多三层建筑在黑暗中闪闪发光，然后车子向右急转弯，拐进了一条小巷停了下来。左边有一个熄了灯的招牌，印有中文和两个字母：IC。IC代表“integrated circuits（集成电路）”，正是有了芯片，全世界的设备才能运转，这个全球回收业的前哨基地才会赚到这么多钱。英特尔、三星和其他制造商生产的新集成电路板价值数百美元，有时候甚至高达数千美元；然而，等到它们到了这里，则是以千克计价，每一片的价格很少能超过0.3美元。

我跟着亨利、葛先生和杜先生下了面包车，只见夜空中星光闪烁。但这里有些异乎寻常的东西，那是一股很缥缈很模糊的气味，有化学品的气味，有点像熔化的塑料味；还有些微微的甜腻味，像是菊花的味道。这股味道充斥在鼻尖，我连忙屏息：谢天谢地，我们只打算在这里停留一天一夜。

对面，也就是路的另一边，有一大堆装着长方形电脑壳的塑料袋，一直延伸到很远，可以看到远处有光亮，“很多年前，”亨利小声对我说，“那里一亩地也就价值8万美元。现在，100万。”

其中的原因显而易见。在当地，电子垃圾回收商很有钱，能把钱花出去的地方却不多，于是他们开始购买不动产。

亨利冲着一扇很高带有尖刺的大门示意了一下，门内是一座灯光昏暗的仓库。“那片土地是他儿子的。”亨利说着指了指路对面的开阔地。

“他”是一个瘦小的男人，六十岁出头，在黑暗中向大门走来，长得很难看，还留着山羊胡子，脸上也有胡子。亨利小声告诉我，杜先生和这个老人做生意已经有很多年了，由杜先生把电子垃圾从佛山运到这里，之后又运回深圳，重新制造成新的电子产品。这是很常见的渠道，从发达国家出口到中国的废金属用的就是这样的渠道。这没什么可深究之处。与此同时，老人热情地笑了笑，向我们致意，我注意到了他那口又大又闪亮的牙齿。那肯定是一副假牙，我想这绝对是用加工集成电路板赚来的钱买的。

很快我就意识到保安措施很有必要：眼前的空间足有冰球场那么大，随意堆满了数千个箱子。而这里的全部照明设施就是几个日光灯泡，灯泡在黑夜中来回摇晃，四周非常昏暗。我看到了主板、电脑主机和硬盘，还有心电图机、键盘、笔记本电脑风扇和屏幕。但有一点让我感觉非常惊讶，那就是这些所谓的电子垃圾看上去一点也不旧。相反，它们都被包裹得像新的一样。

四下里仔细看，却没有发现一台电脑像是办公室里淘汰下来的，也没有看到哪台笔记本电脑像是被某个学生用过。举例来说，那些惠普牌笔记本电脑屏幕既不旧也不脏；而且依旧装在印有惠普标志的纸箱里。那一卷卷的三星电脑芯片既没有烧毁，也没有被搁在托盘里，而是装在有三星标志的新纸箱里。角落里有一盒松下的屏幕，还贴有单个的粉色纸条，上面印着“废弃”和“松下航空电子公司”的字样。是松下公司送来的这些东西吗？是惠普公司卖掉的，还是通过其他方式来到这里的？亨利给我讲旧物再利用市场的时候，指的就是这个吗？这些屏幕也能重新使用吗？

如果不问，就算想破脑袋肯定也想不出这到底是怎么回事，我决定暂时先不去提及此事。可这些东西在这里，而不是在其他地方，就很能说明问题。毕竟，印在纸箱上的制造商就在由此向南四五个小时车程的地方，全球很多小型电子产品都是在深圳、东莞和中山这些城市里生产出来的。这类产品的制造商也分布在马来西亚、中国台湾、新加坡和泰国，运往中国的交通也很方便快捷，运费便宜，而且十分简便。他们的剩余物品都变成了这里要加工的存货；他们那些有缺陷的主板、显示器和芯片则为这里带来了赚大钱的机会。

举例来说，一纸箱笔记本电脑显示器残次品或剩余物其实不只是一纸箱显示器，它们是一纸箱零件，只是有些坏了而已。如果你有数十箱显示器，很可能你就拥有了数百个完全相同的零件，既可从中提取贵金属，也可以转售。如果你能拆解出200个某种微处理器，你就能把它们卖给路尽头的遥控玩具车制造商，而这可是笔大买卖。因此，用很少的钱买来的处理器就变成了价值100美元的商品上的零件。

但留给我观察的时间并不多。那个老人打手势示意我们和他一起坐在一个没有垫子的木沙发上。他坐了下来，将骨瘦如柴的腿蜷缩在他的下巴下面。杜先生和那个老人聊起了家人，聊起中国的春节和深圳一家很受欢迎的湖南餐馆。老人把刚刚泡好的一壶茶倒进小杯子里，并用钢爪一样的手端给我们每一个人。我接过递来的茶杯，抿了一口茶水：香甜滑过我的舌尖，温暖、回味无穷，毫无疑问，茶叶肯定很贵。

环视房间，我发现边上的墙壁上安装有监视器，黑白画面显示的是仓库和大门前摄像头传来的画面。监视器散发出模糊的光，这个老人一整夜都要盯着屏幕。

“五年前，”亨利用英语小声对我说，“他还是个不起眼的人，一个苦哈哈的农民。现在他有钱了。他儿子在深圳开了个商店，专门销售在这里加工好的芯片，很赚钱的。”我突然想到，这个老人一个星期负责重新使用和循环再用的电脑比旧金山普通地区的人十年里重新使用和循环再用的都要多。

然而，这个老人似乎并不知道他从事的行业有问题。他一边露着牙齿灿烂地笑着，一边告诉我们，中央政府派来的高级代表团近来曾到镇子里视察。据他所说，政府已经投资了8000万美元来治理环境，把污染最严重的加工作业从岸边移走，挪到作坊内。镇政府正向镇里约5500家电子垃圾循环加工作坊每家收取约1.1万美元，以便继续筹措资金，进行升级。

但是，如果通过税收筹措到的这额外的6000万美元不足以整顿当地的污染情况（在我看来，这些钱根本不够），而据说已经找到了一个新合作伙伴来共同处理这种情况：TCL集团。这家公司是中国最大的消费家电制造商之一。TCL集团会投入多少资金，将会起到什么作用，这些细节都还不甚明朗，但根据我听说的计划，这里将兴建工业区，然后强制回收加工商迁到区内，而TCL公司将在这个计划中起到关键作用。在这个工业区内，回收加工商要按照要求使用升级技术进行芯片拆解、提炼和其他循环再生工序。作为回报，以金属和塑料为原料的TCL公司将享有该工业区提供的某些原材料的优先购买权。然而，后来我联系了TCL集团，询问他们是否会进行这一投资，他们却拒绝发表意见。

无论是在河边加工，还是在工业区内加工，老人都不关心。他和他儿子的生意做得很好，家里赚了钱，比当初种地的时候富裕了很多。如果地方政府和中央政府决定关掉这些把这里变成全球电子垃圾循环加工中心的小作坊，他肯定会感觉失望，但这还不至于成为一场严重的灾难。政府及其合作伙伴或许会垄断电子垃圾循环产业，但他们依旧需要像这个老人这样的人去中国和外国寻找电子垃圾，并把拆解下来的可重新使用的元件卖出去。

对于这个老农来说，正是重复使用芯片让他赚到了大钱。根据亨利和当地再生资源协会以及其他人所称，当地的最大客户是邻近的一个城镇澄海，那里有大量玩具制造商，被称为玩具之城。那里制造的玩具多是电子玩具，需要拆解下来的微处理器。再生资源协会称澄海是当地产品的第一大客户。想想吧：在某个地方，父母送给孩子一个玩具，而这个玩具正是由这里某个作坊拆解下来的二手芯片做成的。

这就是电子垃圾再生产业一直存在的原因：中国经济过度依赖这些由废品加工出来的东西。只要这个能赚钱的产业发展得越来越大，这个老人在市中心投资买地就是必然的。

在我们准备出发去旅馆的时候，老人匆匆跑到后面的一间储藏室，拿出了一个纸盒，里面装着咖啡杯大小的茶盒，据亨利说，一小盒茶叶的价值在80美元左右，然后老人把纸盒交给了杜先生。亨利轻声说那一大盒茶大约值1500美元，不过这对这个有钱的老人来说只是九牛一毛。“春节快到了，他买了一卡车烟花。几天之内就会放完。这个老农民很有钱呐。”

这天一早我就和亨利、杜先生、葛先生和葛先生的两个堂亲坐着面包车出发了。天空碧蓝，在污染严重的上海，我并不能经常见到这样的蓝天。在距离这里几十千米远的地方，那里的喧嚣和这里宁静的田间和乡村公路简直有天渊之别。但这份宁静很快就会不复存在：葛先生降低了车速，让我们看巨大的混凝土桥塔和轨道，原来镇子外面正在兴建高速铁路。该项目的目标之一就是带动中国乡村经济的发展。“距离这里3千米远的地方将会修建一个火车站，”葛先生说，“这会给这个地区带来商机。”

很难说清到底会有多大的商机。据再生资源协会称，在全部的21个村庄中，有300多家私人企业和5500多家家庭作坊，从业人数超过6万，每年拆解和加工155万吨电子垃圾。从这些电子垃圾中，当地的电子垃圾循环加工业拆解出了13.8万吨塑料，24.7万吨包括铁、铜、铝等在内的其他金属，以及令人瞠目结舌的6.7吨贵金属。

在车子行驶的过程中，我看到河边有一大片纺织厂，每个工厂的厂房都有七八层楼那么高。葛先生说，时装及纺织品是当地的重点产业。招牌上的品牌名字我一个都不认识，但我认得出他们的产品：袜子、胸罩、衬衫和裤子。真有趣：昨天我们碰到了几个意大利设计师，他们来这里和承包商一起筹建几条新的加工线。我们简单聊了几句，他们问我来这里是不是为了监督制作我公司的“春季新款”。他们似乎并不知道这里最著名的行业其实不是他们从事的行业，这里最出名的行业把当地的土地变成了一片有毒的荒地。他们怎么可能不知道呢？我想这样问会更好：他们的承包商为什么要告诉他们这里有那样一个行业呢？

中国经济快速发展，具有几个世纪历史的农村不再与世隔绝，渐渐出现了狭窄的街道、肮脏的高楼大厦，街上的店铺鳞次栉比，吵闹喧哗，这里正是在这个大背景下的新鲜产物。那些让它闻名于世的活动家和记者说这里有黑色或橙色的浓烟，我却没有看到。这在某种程度上是因为浓烟都是在烧掉绝缘材料时产生的，但随着石油价格的飞涨，二手绝缘材料市场不断扩大，这种情况已经不复存在。

但也有其他原因。据亨利和其他几位本地的商人所说，第一阶段的目标之一就是把这一产业转移到室内，这样一来，外人就更难以有所发现了。这些外人包括活动家、记者以及邻市数量日增、越来越有钱的居民。

车子驶过镇中心，我惊讶地发现它看上去极为普通。在我看来，它与其他中国小镇并无不同，四五层的楼房林立，街上有很多店铺。但很快我就发现了异样：第一，太多店铺前面的招牌上都有 IC 字样，表示他们卖的是像英特尔奔腾处理器这样的集成电路。第二，这一点更为糟糕，每隔大约两栋建筑，就能看到建筑前面的门边有一个小屋，会有一到两个圆形金属烟囱（取决于小屋的大小）从墙壁里伸出，一直伸到屋顶上方。这些烟囱让我联想到了准备攻击的眼镜蛇，而且每隔两栋建筑似乎就有一条这样的“眼镜蛇”。

很快我就意识到镇中心有数百个这样的烟囱，可能还不止这个数，而且每个烟囱都在冒烟。但算不上浓烟：葛先生告诉我，烟囱上装有“简易滤水器”，这样就能把肉眼看得到的污染降到最低。“要是焚烧得太多，政府肯定会来管的。”他补充道。亨利也补充了另一个细节：“他们可能通宵都在焚烧。”我想这就解释了为什么昨天晚上在那个老人的仓库外面，空气中的味道会那么强烈。

等到终于下车的时候，那股甜腻的臭气依然扑鼻而来，但并不浓烈。

我们现在来到的是一位有钱的电脑芯片贸易商的作坊。走进作坊，我惊讶地看到几个孩子正在一个工作台边的水泥地上骑自行车玩儿，另一个台子上摆着数千个小集成电路板，工人们把它们按类型分类，然后放进十五个小红碗里。左边有很多架子和柜台，上面摆放着数百袋足有几万个准备出售的电脑芯片。

但是亨利想要我看的东西在角落里有两个闭锁的金属门后面。门是敞开的，他领我走了进去，并且建议我拍照，但动作要快。地上有一堆电路板，芯片已经被拆掉了，还有一小堆一小堆的从电路板上拆下来的芯片。除此之外，还有重型工业烘炉和灶台，大小和大微波炉差不多，上面还有熔化的焊料，边上有一块老旧的铺路石，石头上放着一把手钳、一把铁钳和一盒刀具。另一块石头上也有熔化的焊料，一道一道的，都是亮银色的。我抬起头，看到一个圆洞直通过滤器和天空。这里既原始又现代，既有电脑芯片，又有铁钳，令人触目惊心。

“嘿，嘿，嘿！”主人从房间的楼梯上走了下来。他又矮又胖，是典型的农民的体魄，长了一张让人看起来很不舒服的娃娃脸。他可能只有三十岁，也可能已经五十岁了，反正我看不出来。

但现在没有时间继续聊这个了。娃娃脸示意我们到茶几周围坐下来，他正在那里给我们倒茶。他只是看了我一眼，目光冷冷的：他不希望我这样的白人接近他的生意。可以想象得到，如果我单独一个人来，他肯定会把我“生吞活剥”了——我肯定不会有好果子吃。但我是和亨利一起来的，而亨利背后又是有钱的日本精炼商。娃娃脸喊他的妻子从架子上拿过来几个袋子。她按照吩咐，把袋子拿过来，放在了茶几上。

娃娃脸点了根烟，然后打开袋子，用低沉、冷冰冰的声音为我们一一介绍价格。英特尔奔腾三芯片每个大约0.3美元（我还记得，如果是全新的，这种芯片要卖到几百美元，而我以前就特别想拥有一台装有这种芯片的电脑）。亨利说这种芯片含金量很高。就这样，无数芯片都被按重量卖了出去。亨利把价格记在笔记本上，之后把本子放回公文包里，随后我们就离开了。

开车十分钟来到了当地的电子元件市场。这个市场坐落在一栋六层高的结婚蛋糕式的建筑里，和台州的旧货市场一点也不一样。该市场坐落在镇子边缘，周围是一片片开阔的废弃耕地，当地政府会利用这片地整顿当地的电子垃圾循环工业，使之转型成为全国现代化再生中心。亨利指了指街对面的长形建筑："那些都是进入本地的大型经营者，小型经营者会被淘汰掉。大型经营者将进驻这些建筑里面。"

市场的停车场里停满了摩托车，每辆摩托车后部都有一个小箱子，我猜，这种小箱子正好可以容纳人们通宵在焚烧小屋里拆解下来的一袋电脑芯片。本来以为会看到混乱的场面，就像我在上海的公寓边上那座菜市场那么嘈杂，但我却看到了一排又一排展柜，里面摆着芯片和其他高科技元件，而且市场里非常安静。我们沿着通道走着，偶尔停下来对这里出售的东西赞叹一番，比如一捆旧英特尔芯片、一捆旧摩托罗拉芯片和一堆像新的一样的电路板。

在这里，你可以买一个英特尔奔腾三芯片；也可以大量购买几百个这样的芯片。而被人大批量买走的芯片并不是来自在美国"循环"的家用电脑，它们有的来自中国和全世界的企业，人们把从这些地方淘汰下来的过时电脑装在集装箱里，大批量运到这里；还有的来自于残次主板，制造商在清理仓库时会把这些主板清理出来，然后卖掉。

这些芯片不会被送去日本精炼，而是被重新用来制造新产品。这就是为什么这个市场在上午11点左右这么安静了：工厂都是在清晨和下午晚些时候来这里买芯片。

这个市场是这么干净，这么有序，所以很难想象有人会在拆解芯片的过程中中毒。

亨利在外面和葛先生以及两个显然想做生意的摊主聊天，并不介意我也在场，即便他们对我的存在有所顾虑。我想亨利会不慌不忙的，因为他不是那种受人威胁的人，即便在这里也是一样，他的路子很硬。

趁着他谈生意的当儿，我走到了这个二手市场前的景观广场上。在广场的中心位置，我惊讶地发现了一个小艇大小的金锭雕塑。然而，这雕塑可不是金砖造型，而是有点像中国古代的银锭，仿佛一个碗，碗中间有一勺冰激凌。一个多世纪以来，银锭形状的金银早已不再是流通货币，但在整个中国，它仍然是好运和繁荣的重要象征。放假的时候，父母会给孩子们买银锭形状的巧克力；在出租车上，司机会在后视镜上悬挂塑料银锭挂饰。

那么，在这个市镇广场的中间位置摆放一个巨大的金锭有何寓意呢？我真的不太肯定，不过金锭雕塑下的基座或许能给出一些暗示。基座上有用金色油漆写成的一个大字：聚（集合在一起的意思）。换句话说，黄金都聚集在此地，要向黄金致敬。

每一年，当地的商人从电子垃圾中提炼出多达5吨的黄金。5吨，这可是一辆大型运输卡车的重量，是一点点积少成多来的，为了提取黄金，人们要把电脑芯片泡在酸性物质里，老农的眼睛因此变得浑浊，如同一对黄色大理石。

亨利走到我身边，“我们走吧。”不过在看到金锭雕塑的时候他停了下来。“老天，”他说，“瞧瞧这个。”

下午2点左右，我问亨利是不是还有机会把我的电子垃圾卖掉。我觉得直到现在我都没遇到确实有意向买下它们的人。他向我保证，等拜访葛先生的家人时，我就能如愿以偿。

葛先生的家在一条尘土飞扬的狭窄小道里，房子周围是很高的水泥围墙，钢闸门十分厚重，需要用几把钥匙才能打开。穿过大门，来到一个小院子，里面堆满了旧台式电脑、显示器、被焚烧过的电路板和一个渔网，渔网里都是已经拆开的手机，就等着有人把零件取出来。一边是一个焚烧小屋。我还没来得及细看，就被让进了房子里。进门时我脱下了自己的鞋子，换上了拖鞋，然后走上楼梯，来到了宽敞的居住区。

葛先生指了指仿皮革沙发，我在上面坐了下来。他母亲从厨房里端出一盘刚刚切好的西瓜，把西瓜放在桌子上的时候冲我笑了几声。葛先生的家里人（既有他的亲兄弟，也有堂兄弟）一个个从走廊里走过来，和亨利、杜先生打招呼。按照当地的标准，他们都很有钱，但他们的生意污染了他们自己的家园。亨利说我家是开废品站的，他们一听，眼睛瞪得溜圆。

“我想打听一下一些东西的价格。”我打开背包，把我的五个手机和带来的其他旧电子产品都放在沙发上。那几个年轻人把这些东西拿起来，在手里翻转着端详，讨论里面含有的芯片种类及含金量。

“看见了吧，他们很了解电话里的芯片，”亨利惊奇地说，“有些他们可以卖到10~12美元。但他们只会用买废品的价格从你手里把它们买过来。简直不可思议，只是看看手机，他们就能知道里面的芯片。”

“这些手机不能重新使用了吗？”

“当然不行！”他哈哈大笑，“这些手机已经五年了。谁想要用这样的手机呢？就算是在非洲，这种手机也没有多大的市场了。”非洲的生活标准往往还不如向这里输出劳动力的穷山村，可即便是在非洲，他们也想要升级到更好的手机。正是这种总想使用新东西的心态才让这里拥有源源不绝的电子垃圾。

其中最年轻的一个把我的旧三星手机拿在手中抛上抛下，然后说，这一批，也就是所有这些手机的售价大约是每千克16美元。

然后这些人又去看那个旧电子记事簿。我没抱太大希望：毕竟多年以来电子记事簿都没有新的细分市场了。重新使用是不可能的。他们轮流看了看，还撕下了塑料膜，想把后面的盖撬下来。他们就显示器争论了一番，最后一个年轻人说价格是每吨约3200美元。

给电线定价就很容易了：每吨1000美元，这些线缆会被送到电线剥皮商处（而不是送去焚烧），把铜和塑料分开。我的旧戴尔充电器的价格要贵上一倍，每吨2000美元，这在很大程度上是因为这东西可以重新使用（或许通过易趣网卖给丢掉了这种充电器的美国人）。

最后轮到了旧戴尔笔记本电脑。

“屏幕还能用吗？”

“能用。”

“那就可以重新使用。或许可以价值31美元（按我去参观时的汇率，大约折合200元人民币。）”

“怎么重新使用？”

“或许可以安在新的笔记本电脑上。”

最后证明这台笔记本电脑和英特尔赛扬处理器芯片太旧了，不能重新使用，在这里不行，在这里催生的那个上海二手电脑市场也不行。不过，由于这台电脑还很新，其他零件或许还可以重新使用，因此根据这里对电子垃圾的估价方法，这台笔记本电脑算是非常“高级”的。“每吨大概可以达到3万元。”根据那一天的汇率，这个价钱相当于4761美元。

说完了这些，也就没什么好聊的了。他们先是看看我，跟着又看看亨利。“你们还要把这些东西带走吗？”

我看了看那些摊在沙发上的旧电子产品。我曾经用它们给祖母打过电话，给她讲我在中国废品站里的所见所闻。我告诉她，从中国的废品站能看到家中废品昔日的样子。“我想不必了。”我答道。

“那么我们来为你将它们循环再用。”

我犹豫了。很快，或许就是那天晚些时候，我的旧电话就会被扔进楼下的渔网里，然后被浸泡在酸性溶液中提取黄金，并且散发出甜腻的臭气，让这个尘土飞扬的镇子变得令人窒息。不过这还没完。用不了多久，工厂就会买走从中提取出来的黄金和其他原材料，并用它们制成新的智能手机、电脑，也可能是日常生活中用到的其他物品。

我拿起一根牙签，扎了一块葛先生的母亲为我切的西瓜。水果饱满多汁，在舌尖上留下了甜甜的味道，而西瓜里可能含有电子垃圾循环加工业产生的毒素。谁知道呢？或许这些毒素曾经让生活在这里的人的亲戚和朋友受害于无形。我咬了一口，西瓜甜极了。环顾房间，只见所有人都在笑，个个都很开心。他们似乎都不在乎楼下的院子里正在进行有毒作业，不过他们或许并不应该在乎。毕竟如果他们还在靠耕种为生，他们还能像现在这样生活吗？我不知道，问这样的问题也不礼貌。不过我问了另一个问题：“这里会变得更干净吗？毕竟现在焚烧作业都转移到室内了。”

葛先生摇摇头，非常遗憾地皱起了眉头：“不会更好。只会更严重。”

“更严重？”

“近来流进来的电子垃圾越来越多了。大部分都来自中国。来自美国的电子垃圾越来越少。中国的电子垃圾不如美国的好，所以重新使用的比率也降低了。”

“最近从美国进口的电子垃圾有多少？”

“不到一半。大多数都来自中国。”

多年以来，活动家和媒体都认为是外国人的贪婪之心把这里变成了现在的样子。他们表示，为了结束这样的不公平现象，废品循环商必须停止向中国出口废旧电脑。回顾过去，这其实是把复杂的问题想得太简单了，即便是在中国成为世界上最大的电脑消费国之前，他们的想法也太简单。然而，今时今日，这已经不仅仅是把问题简单化了：简直就是故意装无知了。即便是不再接收从外国进口来的废旧电脑，这里的电子垃圾加工业也不会消失。只有当中国建立起环保和安全的系统，回收和循环其国内产生的所有电子垃圾，这里才会告别电子垃圾加工业。2013年，中国政府投入资金进行试点工程和研究，还在类似这样的地方进行了产业升级。然而，对于很多中国人来说，不管对与错，电子垃圾循环产业都是一个赚钱的好方式，他们可以用这样赚来的钱解决那些更严重的问题。

在离开之前，葛先生带我们去看了点东西。暮色越发低垂，我们开车驶过当地的一个个村庄，经过了挂有一个又一个“IC”招牌的狭窄小巷，还通过一栋栋三层建筑侧面的烟囱，汽化了的酸性物质被直接释放到了蓝天中。终于，我们在一个村子的外围区域停了下来。这里有一些比较旧的建筑，是在出现电子垃圾再生加工业之前建造的，都是平房，很坚固，屋顶是带有微微倾斜的瓦顶。

在这一片破碎的历史遗迹中，有一座宗祠，宗祠只有一层，挂着红色的灯笼，摆放着褪色的陶瓷神像和陶瓷飞鸟。从前，旧中国沿袭着旧有的习俗，富有的家族会在宗祠这样的地方缅怀过去，祈求一直富庶下去，最重要的是，这里是他们与过往的纽带。可这些地方不复存在了，大多数都被毁了。

葛先生领着我们穿过宗祠敞开的大门。这里既华丽又无可挑剔，挂着制作精良的塑料灯，桌子上覆盖着红丝绸，摆放着新的黄铜烛台。几个老人围坐在一起，一边喝茶，一边看一台旧的彩色电视。葛先生冲他们点头示意：他们和葛先生属于一个家族，因为年事已高而值得人们尊重。

葛先生陪我们一起走到大厅的前端，这里有一个供坛，上面摆放着刻有祖先名讳的木制小牌位，葛先生显得很自豪："这个宗祠已经有两百年历史了，不过我的家族最早起源于宋代。根据可查资料可以追溯到四百年前。"

这座宗祠的横梁也有两百年历史了，可以追溯到中国的上一个繁荣时期：清早期。但是其他东西，比如墙壁、塑料灯、画和石匾，都是现在这个高科技繁荣时代的产物。在中国，情况一向如此：宗祠代表着家族和民族的盛衰。至少是在现在，葛先生的家族因为电子垃圾而变得非常富有。

我们出门走上一条狭窄的土路，小路蜿蜒曲折，周围尽是古老村庄里的废弃民房。大门都是由红色的木头做成，墙壁由厚厚的水泥砌成。在小路的另一头有一根晾衣绳，绳子拴在房子上，上面挂着几件衣服，在另一条小路附近我闻到了尿味。这里没有焚烧电子垃圾的气味，也没有钱的铜臭气。

走下一座山丘，可以俯瞰到那些高低不平、微微有些弯曲的旧房顶，这里是我从不曾了解的旧中国，这里是如此贫穷，以至于人们心甘情愿放弃富饶的耕地，去循环加工别人的旧电脑来赚钱。在右边的山脚下，一栋栋五层建筑在古老的农田里拔地而起。楼房里有阳台，有大窗户，据葛先生所说，过去在这些小路周围比邻而居的家族都搬进了楼房。楼房里有自来水，通了电，也不会经常停电。葛先生告诉我，这些宗族是用循环加工进口电子垃圾赚来的钱买下的那些楼房。

第十二章
金属分拣

2002年9月，我搬来中国。七个星期后，接到美籍华人废金属收购商詹姆斯·李的电话。我在我家的废品站工作时认识了此人。詹姆斯和别的中国买家不一样。他喜欢聊些废金属之外的话题，而且真诚地关心我和我的家人（尤其是我年迈的祖母）。我告诉他，我不经营废品站了，并且找了一份工作，在做这份工作之初，我要去上海做几个月的自由职业者（我的一个朋友形容这是“提前步入了中年危机”），听说这个消息后，他便提出带我到处转转，去一些中国废品站转转。

这个提议对我来说十分珍贵。对于一个不了解中国且不会说中文的美国作家来说，可供报道的故事非常有限。报纸杂志关于中国废品回收业的采访报道寥寥无几，他们只会关注遍布着非正规且污染严重的小作坊的地方。

詹姆斯是我的老朋友，他为人热情，和蔼可亲，在我认识的废金属收购商中，数他最爱笑，最开朗。但他有时候喜欢开一些恶作剧式的玩笑，我觉得这对做生意并没有好处，不过他在这个行业混得相当不错，这证明我的这种直觉是错误的。

我们把车停在一幢低矮的办公楼前面，然后在大厅里见到了一位中等身材、衣冠楚楚、年龄在五十岁出头的男人。他上身穿一件黑色的运动夹克，系灰色的领带，下身穿卡其裤，散发出超凡的魅力，让人理所当然地认为他天生就是个领导。“嗨，你们好吗？”他用低沉的嗓音说。

詹姆斯开始做自我介绍，我一开始还以为他和托尼认识呢。然后詹姆斯又介绍了我。我不知道该说些什么，所以自然而然地照詹姆斯的建议说道：“我发现门口有列宁的半身像。”

“哦？那些东西吗？都是从废品堆里捡回来的。你要是有办法，可以把它们拉走。但它们相当沉。”他诡秘地笑起来，我们也跟着笑起来。我们来这里不是来收集共产主义纪念物的，而是来参观废品站的，托尼十分乐意效劳，我认为这在很大程度上是因为詹姆斯想和他做成生意。他递过来安全帽，然后我们就在办公楼四周逛了起来。

天空下着小雨，将两大堆约30米长、1.5米高的废金属碎片冲刷得干干净净。但是，这一堆废金属不是钢制品，而是一辆被切碎汽车的2%，包括铜、锌、铝、镁和其他有色金属（也就是说，这些有色金属既不含铁，也不含钢），切碎机上的磁石吸不出这些材料。对于每吨大众甲壳虫车碎片，2%就是18千克，可值不少钱。如果你开一家汽车分解公司，至少每个月能获得数十万美元。

只要问问托尼·黄，一切就都明了了：2002年，西格玛进口了大约10万吨各类废金属碎片，90%来自美国。在将这些废金属进行分类后，托尼几乎把铝全部出口到日本。他告诉我们，日本资源匮乏，他是该国汽车业最大的铝供货商。还不止如此：十年后，也就是2012年，西格玛集团的铝出口量占中国铝出口总量的40%（也就是说，新生产出来的铝取自废金属）。

在室外的废铝堆四周，随处可见身穿青色连体装、头戴工作帽和口罩的瘦小身影，这些工人将较大块的废金属铲进黄色的独轮手推车，装满后便推走。尽管衣着肥大，戴着口罩，我还是很容易就看出来这些都是女工：她们太瘦小了，尤其是她们的肩膀不像男人的。我们跟着几个女工向一幢有着平缓的尖屋顶、窗户上遮着布的四层仓库走去。尽管相隔15米，仓库里发出的声音依旧清晰可闻：像风雨交加的强劲台风——事实上，这种声音比我们刚才冒雨走进来时听到的雨声还要大。这声音听起来很刺耳，带着金属质感，像是模拟电视台之间静电干扰的声音，但要更为缥缈。我们在装货间的门口停了下来，眼前的一切让我大吃一惊。

数百名身材瘦小的人身穿青色工作服，蹲在地上的一堆堆废金属碎片边上，安安静静地将各种金属分门别类，并装进不同的塑料箱子里，每一个碎片就像一个雨点，汇聚在一起，便形成了那种刺耳的暴雨声。我小心翼翼地走进去，被眼前的宏大规模惊得目瞪口呆。仓库足有数百平方米，两边堆满了深色的废金属碎片，从地面上流向操作台，然后再流向地面，如此循环往复。仓库中间有一条狭窄的通道，像条河一样将废金属分隔在两边，身穿青色工作服的工人推着装满废金属的独轮手推车穿梭其中，有时把金属从车上倒下来进行分类，有时把分好类的金属装车推走。

我离开托尼和詹姆斯，走到那些女性工人中间。走近一看，愈发可以看清她们的确是女人：手套戴在她们手上显得太大了，几绺长头发时不时从工作帽里钻出来，偶尔还能看见她们涂的睫毛膏。我还注意到她们都很年轻：眼角没有鱼尾纹，脸上没有上了年纪的赘肉。这些年轻女人刚刚参加工作，是第一次离开家在社会上闯荡。

我走到一组工人面前，她们四个人一组，蹲伏在一堆金属面前，这些废金属散落在地板上，有七八厘米高。她们飞快地挥舞着双手，一刻不停顿：抓起一块废金属，扔进一个箱子里；抓起另一片废金属，扔进另一个箱子里。这是机械工作，很有节奏，而且她们很有把握，没有一丝犹豫。我站在那里，根本认不出这些废金属都是什么，而工人们却能清楚分类，我心想：这就好像是有人叫我随意把废金属碎片扔进箱子里，并且要表现出很在行的样子。

一个箱子里装着沾满污垢的红色金属，一看就是铜；另一个箱子里装着一段一段的电线。但是，其他金属就不那么好分辨了。有一个箱子装得满满的，后来有人告诉我那里面装的是铝。还有个箱子，里面的东西只有一半，是不锈钢。说实话，在我看来它们全都灰不溜秋，有金属光泽，除此之外，没别的特点，实在很难分辨。

“她们要接受整整一个月的培训，”托尼解释道，“学习分辨不同金属的手感和外观。她们从来都不会出错。”

“为什么这些活都是女人在干呢？”

“女人干这一类活时更仔细，更有耐心。男人不大擅长做这类工作。”

西格玛有800名员工，但我猜测，这个仓库里就有150名。我屈膝蹲在两个女工旁边，试着和她们眼神交流，但她们没有看我。我把照相机对准她们注意力高度集中的眼睛，她们还是没有反应。我按下快门，闪光灯亮起来时，她们没有躲闪，反而愈发把注意力集中在这些废金属上面，继续在废金属堆里忙活。我站了起来，发现越来越多身穿青色工作服的女工推着装满尚未分类的废金属的黄色独轮手推车走进来。这些未分类的废金属数量远远超过了已经分好类的金属。这给人一种无休无止的感觉，我觉得可以用“永无止境”来形容这个场面，而且毫不夸张。

托尼告诉我，这些分类工人每人每月的工资是100美元，包食宿。这样的薪水在2002年是不错的，西格玛乃至整个中国的大部分工人都来自农村，这样的工资比种地的收入要多得多。在地里干活，挣的钱仅能维持生活，没有任何前途。也不能说在西格玛有什么前途，但至少这些工人领的工资能攒起来（中国的农民工因喜欢把一半工资攒下来而闻名）。工人们也可以把储蓄留给他们的家人用：和整个中国的农民工一样，西格玛的工人把工资寄回家，养活他们的父母、子女和兄弟姐妹。事实上，根据我的采访，大多数生活和工作在像西格玛这类工厂的工人给自己留出来的生活费不会超过工资的30%。他们怎么花那些钱似乎不是我应该花时间去研究的问题。我想研究的是这些工厂的工作：枯燥乏味，没有成就感，干这类工作时成天想的就是多加十分钟的班，能多挣多少钱。

托尼似乎看出了我的心思："你是不是觉得她们应该在田里种大米？至少在我这里，她们一天只工作八小时，周末休息。"

"真的吗？"

"她们一天的工作时间要是超过了八个小时，就会疲劳，做不好分类。如果分类出错，我的产品质量就会下降。"

我看见那些戴着手套的手掠过废金属，将碎铝片放进盒子里。这种活干上八分钟我都觉得不可思议，更不用说干上八个小时了。而且一个月才100美元，尽管包吃住。但眼前的这150名女工似乎觉得这份工作很值得去做。没有人逼她们来这里，无论她们的家在哪里，她们本可以待在家里的。

托尼带我们去了另一个仓库，里面堆积成山的箱子看起来很像巨大的包钢壁炉，使秋天的寒意退去不少。在那里，一间屋子的金属门缓缓升起，被一条链子吊了上去，可以看见里面的橘色火焰在熊熊燃烧。托尼告诉我，被女工们分好类的美国汽车废金属在另一个仓库里熔化。熔炉间里工人不多，我注意到这里的工人都是身穿蓝色工作服的男人。我想，这或许是因为熔化金属这个工种的要求不像给金属分类那样严格。2002年的中国金属并不受人称赞这个事实表明情况可能就是这个样子。

托尼将我的注意力拉回到仓库右边的尽头，在那里，银白色的铝锭被扎成捆，层层堆放在地板上，堆到1.2米高。那里堆放了很多捆，铝锭有成千上万根。我用手摸了摸那些铝锭，将其中一捆的标签拍了下来：

西格玛金属

中国制造

收货人：丰田集团

材料：ADC-12

目的地：苫小牧（日本北海道南部港市。——译者注）

批号：1021K2-44

净重：506 千克

一两个星期后，这些铝锭可能就会被送达日本，用不了多久，它们会被熔化，浇铸成发动机机体和其他零件，然后组装成新汽车。有些汽车留在日本，还有些被出口到美国，如果运气好的话，这些汽车会在路上行驶十到二十年。然后，和它们取材于其中的“先辈”一样，它们也会被卖掉，最终被切割打包装进集装箱，然后运到中国，这个回收过程将循环往复，无休无止。

情况就是这样，至少早在2002年时是这样。

九年之后的今天，我在观看一辆自动倾卸卡车将18吨看起来像一大堆红土、泡沫和垃圾的废品倾倒在密歇根贝尔维尔的休伦谷联合钢铁公司的地面上。这些废品和另外20堆废品堆在一起，每一堆大概有一辆小型敞篷货车那么高，周长在4～5米之间。从远处望去，它们看起来像是从9千米高空看到的缩小的落基山，只是这座“山”是由废品组成的。

我和休伦谷联合钢铁公司高级副总裁大卫·华莱士、车间质检经理杰克·诺埃三人走到其中一堆废品旁边，停了下来。乍一看来，我便认为：这就是那些注定被送进垃圾填埋地的垃圾，肮脏、灰暗，还夹杂着塑料。用废品回收行业的说法，这些废品被称作非铁金属碎片（简称SNF），从切碎机里出来的碎片，除了钢，就是这些东西了。其他废品还包括车内装潢用品碎片、仪表盘碎片、橡胶密封垫碎片、被卡在座椅里的硬币和所有其他塞在座位底下的麦当劳外卖包装。然而，其中还包括我在上海西格玛见过的那些金属，只是这些金属不容易拆解而已。

“那么，你们觉得这些金属的回收率怎么样？”杰克问。他指的是从这些非铁碎片中可以提炼出比例为多少的金属。杰克四十五岁，但他穿着灰色的帽衫，安全帽下的那张圆脸显得相当年轻好胜。他向前走去，用靴子踩了踩那些黏糊糊的废品。根据这些非铁碎片的来源不同，它们所含的金属从3%到95%不等（休伦谷联合钢铁公司没有公开平均数），因此，猜回收率就成了经验丰富的废金属收购商的猜谜游戏。“照我说，35%。”杰克猜道。

大卫噘了噘嘴，将手插进羊皮外套的口袋里。他是一位训练有素的律师，眯缝着眼睛瞧了瞧那些废品，犹如在寻找有助做出评估的证据。“这些都是塑料，所以不好说，”他叹了口气说，“我觉得是25%。”

“亚当呢？”

我毫无头绪。我走上前去，用一只新穿上的工作靴踩了踩这些废品。“20%。”我猜。

“等一等。”杰克说，“我看看地图。”

杰克一路小跑地回到办公室。那些松散的碎片看起来没什么价值，不只是我这样认为，早在20世纪50年代末和60年代初，普罗勒斯和纽维尔第一次使用切碎机时，就不假思索地将非铁碎片扔进了垃圾填埋场。毕竟他们的目标是提取钢铁，只需用一块磁铁就可以搞定。但谁又知道如何从这些塑料堆里把所有无磁性的金属找出来，更不用说把它们分门别类了？

在底特律，休伦谷联合钢铁公司的创始人伦纳德·弗里茨也问过同样的问题。他靠挖掘废品长大成人，并在“二战”前的那些年里靠这门行业发了财。从国外打完仗回来之后，他建立了休伦谷联合钢铁公司，1963年他带领公司开始拆解汽车。然而，伦纳德从一开始就因那些质量不错但混在一起的金属（非铁碎片）被扔进垃圾填埋场而犯愁。他的寻宝天性被激活，故而带领公司员工开始寻找从这些非铁碎片里提取金属的方法，于是，在美国风行一时的切碎机就这样诞生了。

如今，休伦谷联合钢铁公司是世界上最大的非铁碎片回收商。它在密歇根的贝尔维亚和亚拉巴马州的安尼斯顿有多家工厂，2011年回收了35万吨来自整个北美的非铁碎片。这不算什么：2007年，这一年是美国废品回收业史上最挣钱的一年，积压了八十年的报废美国汽车都在这一年得到了循环再用。该公司回收了45万吨用于加工的碎片。

为什么是休伦谷，而不是别的公司？

答案大都隐藏在几座高大但外观毫无特色的包钢建筑物的墙壁后面，这里有着迄今为止最先进的回收技术。至少就精确度来说，唯一能够与之媲美的对手我只在上海见过：数百名员工加上训练有素的眼睛。

杰克手拿写字夹板赶了回来，翻阅着上面夹着的纸。“35%。”他得意扬扬地说着，指着那些清清楚楚印在纸上的数字让我们看。销售这些非铁碎片的公司是他们的老客户，和大多数负责切碎的厂商一样，那家公司提供的非铁碎片的金属回收率始终如一。

我瞥了一眼纸上的“35%”，回头看了看废品堆，开始估算起来：这里大概有5吨金属（金属的比例很少，每千克的价值相当于6美元）。换个角度，如果一辆切碎的汽车含有20%的非铁碎片，每堆碎片重18吨左右，那么一堆小型敞篷货车那么高的碎片中30%的金属大约和70辆大众甲壳虫汽车除去钢铁的材料相当。我再次伸出脚踩了踩那些废品堆，仍然觉得像踩着海绵一样。“我不觉得能回收35%。”我对杰克和大卫说。

“不用担心，”杰克对我说，脸上带着推销员自信的笑容，“事实就是如此，我们检验过。”这只是保守估计。

我跟着大卫和杰克走上紧挨传送机、与之形成交叉线的金属台阶，传送机正在将不含铁的碎片升起并送往其中一栋高大、毫无特色的建筑物里，材料就是在那里分类的。到了上面以后，我将照相机的镜头盖盖上了。我将看到的是高度机密的东西，尽管有些技能和技术几乎沿用了一个世纪，在国际废品加工行业人尽皆知（至少大体如此），但他们的组装和运作方式并不为人所知。拍下照片相当于给那些不能与休伦谷联合钢铁公司的精确度相匹敌的竞争对手提供了模板。

走进去以后，需要过一会儿才能适应室内的暗淡光线，待眼睛适应过来后，第一印象就是，我被带进了一个危险的急水滑坡。滑道里水流涌起，滑落，全部围绕着一个巨大的封闭空间，然后水流穿过狭小的通道和黑暗，通过四四方方的古怪装置，震得脚手架和空气都跟着动起来。

然而，当我注视着这片黑暗的空间时，最让我吃惊的是，这里竟然如此空寂，一个人也没有。在远处，一个头戴安全帽的年轻人走在狭小通道上，但也仅此而已。这里不是西格玛，没有娘子军，只有这架强大的、无法看清的机器在运转，就像一部电影在一间空屋子里放映一样。总而言之，这里似乎没有了时间概念，仿佛这些湍急的液体自己在滑道里流动，而不是受了工程师的操纵。

尽管如此，这幢大楼的目的不是要让人敬畏，而是要从一辆被切碎的汽车的泡沫和塑料碎片以及其他非金属碎片里把金属碎片分离出来。这种分离过程的物理原理貌似很简单。

比如，如果你将一个普通的鸡蛋放在一碗清水里，它会沉下去。但如果你在水里加一些盐，水变得比鸡蛋沉，那么鸡蛋就会浮起来。20世纪60年代中期，从1957年开始为伦纳德工作的工程师罗恩·道尔顿就曾设想过，往水里加入什么就可以使各种金属浮起来。他在一次采访中告诉我，这个主意来自他读到的一本关于在采矿行业如何用浮选的办法分离矿物质的书籍。在书里，矿工用“重介质”（和食盐的用法一样，只不过是作工业用途）来增加水的重量，然后将压碎岩漂离出去，留下压碎的矿物质。这种原理用于分离废金属似乎也是符合逻辑的。

如今，罗恩承认事情并不像他当初设想的那么简单，他是第一个承认这个事实的人。首先，要想使铝在一堆非铁物质里浮起来，所用的物质远比普通食盐要贵。尽管如此，经过若干年的改进，休伦谷联合钢铁公司的第一套“浮选”设备（部分购于明尼苏达州北部的一家老铁矿场）1969年开始投入使用。那时和现在有着同样的目标，也就是使杂物从金属中浮出来，然后使轻金属（也就是铝）从重金属（包括红铜、黄铜和锌）中浮出来。

我们走上狭小的通道，靠近其中一条水流湍急的滑道，水里用了悬浮介质使非金属物质从金属物质中浮出来。毫无疑问，水面在翻搅，一些橡胶和污物从水里浮出水面。我被告知水下各种金属在继续向前翻滚。最终，流到一个专用通道的某个点时，金属集中流向一个方向，浮起的杂物流向另一个方向。这时的水流中大多是纯金属，夹杂着少量塑料、橡胶和玻璃碎片，它们一起顺着输送带流进终端的滑槽和箱子里。

在输送带的尽头，奇怪的事情发生了。金属碎片本该跳入空中，然后一批一批掉入滑槽和箱子里，同时，剩下的橡胶、塑料这些废品杂物互不影响，各自漂走；当然这个掉落过程仅靠传送带产生的动力无法实现；但实际情况是，从空中掉落的金属比跳入空中的金属要少。

让这个奇怪的分离过程得以实现的装置叫涡电流。托马斯·爱迪生于19世纪80年代发明了第一个涡流机，并申请了专利，当然，他当时肯定不会预见到涡电机会被用来粉碎汽车。不过，他要是在这儿，肯定一看就明白了。驱动传动带的高速旋转的转子上装满磁体，磁体转动时，在转子附近的无磁性的金属碎片（例如铝、铜，这些金属通常没有磁性）周围形成一种磁场。当金属碎片接近转子时，会受到磁场排斥，就好像将两块磁铁的同极放在一起就会互相排斥一样。这个过程产生的实际结果就是：金属碎片被从正在传送中的剩余废品混合物中弹射出去。

杰克带大卫和我从楼梯走下去，来到车间潮湿的地面上。在那里，杰克用手指向一个装满轻基质产品的料斗：被剥掉塑料和橡胶的乱作一团的电线，皱皱巴巴的铜片，红的、灰的和银色的金属，小块的齿轮、支架和其他部件等。箱子被称重，重量被记录并反馈到发货方，然后付款。就这样，现在箱子归休伦谷联合钢铁公司所有，由他们计算出如何精确地回收利用这些混合金属。

有个很简单的办法：把它们装船运到亚洲去，让某家或多家工厂通过手工的方式，把里面的金属按种类分拣出来，以便能放进熔炉进行熔化。

“中国买家很快就会把它们买走，”杰克告诉我，“他们喜欢这些东西。”他们当然喜欢了：在过去的十五年里，上海西格玛这样的中国公司每年要进口上百万吨这样的混合金属，雇佣廉价劳动力给它们进行分类，然后把分好类的金属卖给中国和亚洲其他地区的一些原材料匮乏的制造商。

但出口并不是回收本钱的最佳办法，尤其是如果你掌握着能与手工分类相媲美的技术。毕竟在底特律和整个北美地区，制造商迫切需要获得高质量的废铝来制造包括汽车零配件和电线在内的产品。如果美国的一家废品回收公司有办法把铝从其他金属中分离出来，就像休伦谷联合钢铁公司一样，那么这家公司在北美就会拥有稳定的、能够带来丰厚利润的客户群。尽管休伦谷联合钢铁公司使用技术对金属分类已有数十年，但不见得就代表了废品回收行业的未来，不过他们为那些想转变劳动密集型回收方式的企业提供了一种模板（尽管他们的回收方式属于私人拥有、资本高度密集型模式）。

杰克、大卫和我跟着门边一辆装满混合金属的装载机走进重介质车间，那里就是把铝从其他金属中分离出来的地方。那是一个黑暗的、相对狭小的空间，感觉里面有着同样多的滑道、楼梯和涡流，使人产生一种局促的轻微幽闭感。金属的撞击声和哗啦声响彻耳边，输送带产生的涡流使得机器发出低沉的轰鸣声，这些声音震得我浑身发颤。这个车间也是一个浮选车间，但和使废品从金属中浮起的车间不同，这个车间负责使轻质铝从重金属（包括红铜、黄铜、锌和不锈钢）中浮出来。在狭小的通道上，灰色的铝碎片的确从满是泡沫的水里浮出来，沉在下面的则是被休伦谷联合钢铁公司称作“重金属”的物质。

但是，这只是一个开端，其余的加工过程还复杂得很。抬头望去，只见一条表层装有湿金属碎片的输送带快速升起。朝左边望去，更多的输送带和类似于水道的通道在来回移动，像洛杉矶车水马龙的立交桥。在它们后面的是汽车大小的、包含涡流的箱子，不仅用来从废品中分离金属，而且稍作调整后，对于从金属中分离其他金属也很有效。这里的原理很简单：不同种类、不同大小的金属在磁场作用下被抛向不同的方向。如果你把箱子放在距离涡流合适的位置，你就能收集到符合要求的金属。比如说，大小不超过20毫米的铝碎片和大于40毫米的不锈钢碎片，这里举的是两个再恰当不过的例子。

不过，涡电流机在这里根本算不上最有趣的装置和程序。

大卫从我身边走过去，走到一个超过1米的金属盒旁边，那个金属盒放在一个浴室大小的箱子下面，他称之为“硬币塔”。圆形硬币被从塔内高速弹射到盒子里，弹射的时间间隔不等，但都不到一秒钟。我走上前去，想看个仔细，杰克轻轻拍了拍我的肩膀，叫我当心一点：“你应该不希望眼睛被硬币射中吧。”

听他这么一说，我小心往后靠了靠，只见金属盒的一边堆满30厘米高的25分美元硬币、5分镍币和便士。那个已被装满的盒子边上还有另一个盒子，盒子里装满了从美国人的口袋里掉落的硬币，他们常常忙得顾不上捡这些零钱。按照杰克的说法，一辆普通的美国报废汽车被拆解时，里面会有价值1.65美元的零钱。如果情况真是这样，再加上我所看到的，我觉得他说的可能是真的，那么在好年景时（至少对汽车回收行业来说），美国的1400万辆报废的汽车会包含超过2000万美元的零钱，等着被人找出来。可以理解，休伦谷联合钢铁公司的兴趣不在于披露他们从美国汽车上找到了多少硬币（他们把这些货币上交美国财政部，得到一定比例的回报），大卫希望提醒大家的是，通过回收硬币赚到的钱刚好用来购买硬币寻获机器。

我突然发现，休伦谷联合钢铁公司在偶然中找到了绝妙无比的生意：他们的产品就是钱！也就是说，休伦谷联合钢铁公司不是制造产品卖掉换钱，而是直接制造钱。

我靠近硬币塔，以便看清他们是如何完成这项有利可图的任务，这真是棒极了，不过出于商业机密的考虑，我不便透露。一言以蔽之，他们能够把隐藏在废金属里的类似硬币的东西分辨出来，然后通过精确的瞄准设施，使它们从传送带上射出来。在采访废品行业的生涯中，没有什么比看弹射硬币更有趣的场面了。

但是，重介质车间的主要目的是把铝从“重金属”中分离出来，与之相比，就其高精确度来说，把硬币从金属中分离出来是一门副业。杰克和大卫带我走出潮湿的屋子，走进仓库之间的通风地带。在那里，靠近一面墙的是暗灰色的金属碎片漂流物，朝着约3米高的顶棚向上爬升，看起来很壮观。个别碎片有挂锁那么大，它们形状各异，像飘在冬天里的雪花一样。

“那是切片铝废料。”杰克告诉我。

按照美国废料回收工业协会的标准，“切片铝废料”就是铝碎片，休伦谷联合钢铁公司通过浮选车间分离出铝碎片，其中应该含95%的铝（和铝合金），在我用工作靴踢这些铝碎片时，感觉这个比例应该是准确的。然而，大卫提醒我，休伦谷联合钢铁公司的切片铝废料所含的铝实际上达到了不可思议的99%。95% 和99%，听起来似乎没多大差别，但在金属回收行业，这可是天壤之别。这使休伦谷联合钢铁公司的铝材可以得到更为广泛的应用，更值得注意的是，它还可以使休伦谷赚点外快。

我用钢头靴把一些轻量的废金属踢过地板。过不了多久，或许甚至就在今天，它们就会被装进卡车，运到32千米之外胭脂河的休伦谷联合钢铁公司的熔炉，那里离亨利·福特的再生部门不远。在那里，这些废铝将被熔化浇铸成新的铝材，然后被休伦谷联合钢铁公司卖到北美的各个公司，偶尔也包括汽车制造商。在短期内，或许不超过一个星期，所有的切片铝废料，包括所有在美国报废的和回收的切片铝废料将被加工成发动机、变速器、车轮和其他美国汽车的基本零件。大家购买休伦谷联合钢铁公司的再生铝并不是为了做好事。美国汽车制造业购买休伦谷联合钢铁公司的再生铝是因为它们和原生铝质量一样好，而且在价格上有竞争优势。休伦谷联合钢铁公司的初衷是盈利，但带来的绿色环保效应不容忽视：制造再生铝只需要消耗用于制造新铝的约8% 的能源，它不需要铝土矿（生产每千克原生铝需要约5千克的铝土矿）。省下来的钱直接进了需要制造铝制产品的厂商和铝回收商的腰包。

我朝右边望去，那里的装料门敞开着，有待加工的非铁碎片正等候在外。四十年前，这些东西只会被填埋，然后被遗忘。如今，休伦谷联合钢铁公司不仅在从北美收来的非铁碎片里提取金属，偶尔还去垃圾填埋区挖掘。

对于休伦谷联合钢铁公司的创始人、八旬老人伦纳德来说，到垃圾填埋区挖掘有着更深层次的意义。他九岁时就在底特律城翻垃圾，赚到的钱足够他买校服。初夏的一个下午，在他办公室里，为期两小时的采访快要结束时，他陷入了沉思。“你看，我出生在这里，”他坐在桌子后面，鼻梁上架着一副琥珀色的眼镜说，“然后不停地挖，不停地找。”他若有所思地顿了顿，然后说：“我从九岁就开始翻找这个城市的垃圾堆，总是从别人扔掉的物品里找到有用的东西。”

几个月之后，我和休伦谷联合钢铁公司的副总裁弗兰克·科尔曼在新加坡废金属回收大会期间共进早餐，他负责销售不含铁的金属。弗兰克年近花甲，身子瘦削硬朗，看起来很结实，至少比同龄人年轻二十岁。弗兰克的父亲是一名技工，他一开始在休伦谷联合钢铁公司早期（早在1971年）的分类生产线上担任手工分类工人，凭着自己的能力坐上了办公室，每天负责和来自世界各地的、对休伦谷联合钢铁公司的“重金属”感兴趣的废金属买家谈生意。

他上穿马球衫，下穿便裤，宽阔的肩膀把衣服撑得紧紧地，显得很有力量，和许多其他在饭店里走来走去的废金属收购商有些不一样。至少对我来说，他是亲切风趣（带着犀利的风趣）的弗兰克・科尔曼。在过去的这些年里，他是我最喜欢的废品收购商之一。他喜欢沉思：几个星期以后，他就要告别从事了四十年之久的废金属回收业了。

弗兰克一边吃着美式早餐，一边告诉我，关于废金属回收行业，他最喜欢两件事：一个是从事废金属回收的人，一个是目睹了废金属回收行业的发展。早在1970年初，一辆汽车的金属含量和现在大不相同。现在的汽车可能含75%的轻量铝。但那时候，一辆汽车可能含65%的重金属，这其中又有65%的锌。“我们曾经粉碎过20世纪50年代中后期和60年代早期的汽车，这你知道的，”他一边吃鸡蛋一边回忆，“所以，你想象一下，这些东西有多沉。”体积庞大沉重的道奇车含有大量的铬，后视镜全是锌做的。车上的所有铬合金都掺了锌，就连收音机旋钮也不例外。

只要美国人还在开体积庞大沉重、外观闪亮的由锌制成的汽车，休伦谷联合钢铁公司就是世界上的锌金属的主要回收商。回收锌的办法是这样的，先是回收含有锌和其他重金属的合金，加热直到锌熔化，然后就能从未熔化的其他金属中提炼出锌。再生锌（很多看起来灰蒙蒙的）的客户主要是汽车制造商，他们给车身镀锌，可以起到防锈的作用。

但多年以来，在休伦谷联合钢铁公司数目庞大的再生锌的各种用途中，这绝对算不上是最引人注目、最具历史性的用途。1982年，美国政府决定把铜币换成含95%锌的硬币，对此，休伦谷联合钢铁公司提供了约1814吨的锌金属。

试想一下，下次如果你偶然在口袋里发现一枚1982年的硬币：那可能是你祖父曾经开过的镀铬改装车上的一部分可回收金属。

不管怎样，在燃料丰富廉价的时代，汽车加入了大量锌的确是不错的，可令外观闪亮。但是，20世纪70年代爆发的石油危机使美国人开始考虑使用节能轻便、但大小不变的汽车。一辆汽车从生产线下来到被拉进废品站通常需要十年时间。毫无疑问，20世纪80年代中期，也就是石油危机爆发十年后，从车间里来回穿梭的不含铁的碎片中，休伦谷联合钢铁公司开始注意到大的变化。“我们眼看着锌遭到替换、淘汰，逐渐被铝所取代。现在，如果你的汽车车门有曲柄，你会发现包括其在内的所有车门的曲柄都是塑料制成的。车上没有三角窗。三角窗是过去的设计。到了20世纪80年代，你可以看到这个变化，一切都在发展，废金属行业也在发展。铝或塑料取代了锌。”

对美国废品回收行业来说，这种转变意义深远，尤其对于休伦谷联合钢铁公司这种公司，他们的大部分生意都在对锌有着巨大需求的底特律。但是，这绝对算不上意义最深刻的变化。最深刻的变化发生在亚洲，在那里，新兴经济大国开始出现，他们开始寻找金属，用这些金属进行基础设施建设并生产出口到美国和欧洲的低成本产品。有些国家，比如中国，他们有办法开采矿山和进行熔炼。但是，既然美国和欧洲有大量废金属等着熔化再利用，为什么还要去开采矿山呢?

“弗兰克？弗兰克！”

我们都转过身去，看见了绿色菲尼克斯的创始人兼总经理梅丽莎·蔡。绿色菲尼克斯是台湾人在中国大陆开设的大型废金属代理公司。梅丽莎手携真皮公文包，肩挎沉重的单肩包，她用手拍了拍弗兰克的肩膀，看起来他们关系很熟。梅丽莎和休伦谷联合钢铁公司做了很多年的生意。事实上，几年前，我在洛杉矶公司的一次非正式晚宴中见过她。

“哦，抱歉，亚当，”她笑着说，“我只是想问弗兰克一个问题。”

弗兰克脸上露出温和的微笑，就好像他知道她要问他什么问题一样。“明天我们是不是要共进晚餐，梅丽莎？”

“是的，”她的语气有点抓狂，接着向我瞟了一眼说，“但是我想知道我能不能得到一些重金属。我需要重金属。”

弗兰克轻声笑起来，我连忙借故告辞。本来我们那天晚上要一同吃饭的，但是弗兰克和梅丽莎要谈生意，要把所有这些美国汽车的碎片运到亚洲，我就算在场也帮不上忙。

1986年，经过耗资巨大的集中研究规划后，休伦谷联合钢铁公司将一部设备投入使用，这部设备不可思议地做到了集涡流和图像识别装置于一体，将一盒混合重金属变成分别放置纯铜、黄铜、不锈钢和锌的几盒。这给休伦谷联合钢铁公司的生意所带来的影响在发生变化：在1986年到1995年期间，公司从不含铁的材料中分离出来的金属量几乎增长了4倍，每年大大超过了4.5万吨。不用分类工人在分类台面上工作，就实现了这种分类。

废金属回收行业是一门水很深、竞争相当激烈的行业，即便最好的朋友都可能对对方的废品站加工产品的质量进行挑刺。但是，没有人敢说自己能超越休伦谷联合钢铁公司对重金属的分类技术。

或者，更确切地说，没有哪家公司能像休伦谷联合钢铁公司那样用机器对重金属进行分类。然而，手工分类又是另一回事。20世纪70年代，中国台湾的废品加工商给他们那些低薪水的员工进行培训，教他们学会如何通过手工进行分类。80年代，有些台湾人输出专业知识到中国大陆，认为大陆用不了多久就需要大量金属用于基础设施建设和生产廉价产品出口到美国。

的确如此，但是发生在中国大陆的，还有别的事情。

且不说别的，中国和印度的废金属进口商极力反对在这方面纳税。所以你可以想想：你是愿意为不值钱的东西支付17%的税，还是为1.8万千克值钱的东西支付17%的税，也就是说，每千克支付约2.2美元？碰巧，一堆红铜、黄铜、锌和不锈钢的混合金属不及分类好的金属值钱（首先，这反映出了分类成本）。如果在进口废金属时想避开大量的评估程序，你最好进口混合金属，而不是（进口）单一品种的金属。这样，当这些混合金属到达你在中国的仓库时，你可以以每天15美元的工资雇佣工人进行分类。这的确需要成本，但比你进口分好类的金属支付的税费要低一些。

换句话说，如果中国政府决定允许对废金属进行手工分类，那么要想实现这一点，最快的办法就是取消对混合金属征收的进口税。

根据大卫·华莱士的说法，在20世纪90年代中期，休伦谷联合钢铁公司开始接受中国和印度进口商的订单，订单里有类似这样的话："一箱红铜、一箱锌、一箱黄铜。在送过来之前，能否先把它们混在一起？"当然，在休伦谷联合钢铁公司看来，这是一个值得探讨的问题：为什么要费这事去给重金属分类呢？所以多数情况下他们索性就不分类了。

与此同时，20世纪90年代的中国人对金属的需求与日俱增，和成本低廉的中国竞争对手相比，因遵守环保法规而日益攀升的成本使得北美铜精炼厂越来越没有竞争力。北美的商家不仅无法像中国企业那样控制成本，他们收购废金属的价格也没有中国人的高。结果，美国的铜废料本该留在本国，却不得不运往东方，美国曾经引以为傲的铜工业发展受阻。到了2000年，事实上，北美仅有一家铜精炼厂存活下来，但这种情况现在依然存在。无独有偶，在2002年，休伦谷联合钢铁公司关闭了北美的重金属分类生产线，2003年又关闭了刚建起不久的欧洲生产线。从此以后，重金属的发展转移到东方，只有铝业留在了本国。

销售混合金属并不像说的那么容易。它需要有人懂行，不仅要熟悉从分类生产线上下来的金属，还要明白放进去的混合金属都含有什么。弗兰克不仅具备这些知识，还知道建立这些分系统需要哪些设备，因为他从一开始就和这些东西打交道。

当弗兰克走进休伦谷联合钢铁公司的废品站，便成了一个全能工人：他身穿白色工作服，头戴安全帽，嘴角叼着一根小雪茄。在我看来，他就像一个外科医生，正寻找在酒吧打架斗殴的人，给他们疗伤。他没有转向左边的介质车间，而是转向右边的一排混凝土仓储隔区，那里的空间，存放汽车绰绰有余。尽管如此，那里没有存放汽车，而是存放着被切碎的汽车残片。有些碎片堆是灰色的，有些颜色发红，还有些介于红与灰之间。

时值8月，天气暖洋洋的，杰克和我们在这里会合，他显然很喜欢与弗兰克为伴，也欣赏他的知识。而这次仍然和工作有关：弗兰克走到一堆装满电线碎片、皱巴巴的铜片、大量银色和灰色的其他金属的混合金属堆面前，停了下来。他掐灭手上的小雪茄，说："这该死的锰是从哪来的？"

我简直不敢相信。我和弗兰克这样的人打了一辈子的交道，但从来没遇到过谁能像他一样，从一堆比碎掉的咸脆饼干还小的金属碎片堆里认出锰来。说实话，即使我喝的汤里漂着一块锰，我也认不出来。

对于眼尖的弗兰克，杰克并不像我一样吃惊。在某种程度上，这是因为这些金属（堆）归杰克负责，里面的新情况他比弗兰克还熟悉。他踢了踢那堆金属，然后转身看着我："有时可能会遇到这样的问题，重介质车间让太多其他的杂物也掺了进来。"

弗兰克点了点头，继续沿着生产线走去。他现在开始做起了质量监督工作。"这是什么？"他用雪茄指向另一处隔区。

"那是新产品，"杰克回答，"铝和镁。"

我低头挨个儿看了看隔区里的金属。每一种都被捆成堆，它们的前身便是汽车。我试着从这些碎片堆里想象汽车的模样，但无法想象。这就好像站在超市的肉类区，看着一包碎牛肉，想象牛的样子一样。

几个月之后，我回到佛山，寻找其他可以给离开休伦谷联合钢铁公司的美国汽车进行分类的地方。根据我这些年来掌握的情况，中国佛山之所以成为中国混合废金属贸易中心，理由有很多，最重要的是佛山富有创业精神。同样重要的是，佛山过去有很多穷苦的农民，他们需要挣现钱改善生活（这些农民富起来了，现在的劳动力都是想和那些农民一样致富的外来务工人员）。但是，还有一个最重要的原因，那就是，佛山的天气相当不错。

这样设想一下：你是想戴着手套还是光着手给红铜碎片和黄铜碎片进行分类？在中国北方的铜废料中心天津，温度降到零度以下时，工人们必须戴手套工作，这就意味着在漫长而寒冷的冬季，他们无法精确地完成工作。但是在佛山，天气和佛罗里达差不多（如果多些烟雾就一样了），他们一整年都可以光着手进行分类，这样准确度更高。由于附近的加工厂都在寻找被精确分类的铝、红铜、黄铜和其他金属，以便熔化浇铸成新产品，那么是选择一年四季都能得到精确分类的金属，还是选择一年只有七个月能得到精确分类的金属，根本无须多言。无论如何，他们都会选择佛山的金属。

我坐在朋友特里·吴（他恰好是休伦谷联合钢铁公司的老客户，二者关系很好）的越野车的后座上，汽车驶过佛山的大街小巷。特里是个说话温和的废金属收购商，他三十出头，中等身材，和那些随处可见的西装革履的生意人完全不同。他下身穿着宽松的牛仔裤，上身穿有领扣、但领扣没扣上的黑色紧身衬衫，戴着一副昂贵精致的眼镜，看上去更像一名小有成就的房地产经纪人，而不是一个每月花费数百万美元进口废金属的家伙。

我们一边开车一边聊天，他笑得很灿烂。为什么不呢？我2008年底见到他时，他的家族废品进口公司每个月要进口150个装载混合金属的船运集装箱。这里的数字不难算出来：共约2720吨金属，以美元计价。如今，三年过去了，他告诉我，他的公司现在发展到每个月要进口200个集装箱。

我也笑了。

我们的第一站是他的家族企业最新创建的回收站（以其他公司的名义经营），该回收站坐落在满是尘土的马路尽头，那地方感觉像是佛山的郊区。我下了车，走进被混凝土围墙包围起来的一片空间，那里几乎是空荡荡的。走到尽头时，只见顶棚下面，约50名工人正蹲伏在若干堆混合金属和橡胶桶面前忙活着什么。他们主要是从混合金属里找出铝，以便卖给当地的熔化厂。“他们还把铝卖给丰田集团。”特里告诉我。

“以供中国汽车业生产使用吗？”

“我想是吧，”他笑了，“我也不知道。”

我觉得这不奇怪。在2002年，当我第一次参观西格玛时，美国当时还是世界上最大的汽车消费国，日本则是最大的汽车出口国。所以，在某种程度上，美国的废金属出口到上海，最终又回到美国。但如今，中国成了世界上最大的汽车消费国，而中国最大的汽车制造商在距离这里没多少车程的城镇建造了工厂。美国人为特里的废品站提供的废金属并没有转一圈后回到美国。越来越多的废金属留在了中国，这个国家的新兴中产阶级车主需要它们。

走进这家废品站时，我注意到，和2002年西格玛的女工不同，这里没有年轻的女孩子。我看到的是肚子上有赘肉的中年妇女。偶尔还能看见男人。“年轻女孩再也不想干这种工作了，”特里叹了口气，“她们想做点更好的工作。”讽刺的是，现在这是份非常不错的工作：月薪已经涨到了400美元。大多数企业的工人不再住公司宿舍。他们自己租房或买房住，每天骑车上班。

特里带我走进一幢两层楼的房子，只见一楼摆放着六张绿色的、有着户外野餐桌椅式样的桌子和长凳。桌子上放着热水瓶和装有便餐的塑料袋。至少从门口望去，这里看起来相当正规，和任何其他地方的小型工厂餐厅没什么两样。

由于时间关系，我们不能再闲逛了。特里傍晚有约在身，我还想参观下重金属车间。

十五分钟过后，特里的越野车慢慢地开进重金属分类车间的大门。右边是一幢一层楼的办公室，上次来这里时，我和兰迪·古德曼想把镇里一个废金属收购商的女儿介绍给特里。

左边就是重金属分类操作室。那里和冰球场差不多大，可能还要稍微大一点，里面装满齐腰高的混合金属堆。在金属堆之间，约上百名工人蹲伏在那里，对白色袋子里的废金属进行分类，将各种各样的金属，比如红铜、黄铜、锌和不锈钢装进物料盒里，这些金属就是“重金属”。

我同样注意到，这里的工人年龄也比较大。他们的工资更高：一个月约500美元。但工资这么高是有原因的，因为金属碎片变得更小，工作难度也加大了。我在三个女工身边俯下身来，我猜想她们大概三十多岁。和其他废品分类公司的年轻女孩不同，这些妇女见到我，咯咯地笑起来。但是，当我拿起相机对准她们时，她们变得害羞起来，用手挡住了自己的脸。

这一次，我没有拍脸，而是拍下了她们的手和手头的废金属。那些废金属很细碎，长度不超过5厘米的电线碎片掺杂在邮票大小的银色金属碎片里。工人们动作很快，她们将银色的金属从红色的电线里分离出来。但和上海西格玛的那些给更大块的金属分类的女工相比，她们的动作要稍微慢一些。

我听说这个车间是佛山最大的重金属分类车间，这也意味着它也是全世界最大的重金属分类车间之一。我问特里这是不是真的，他只是耸了耸肩。公司的创始人不是他，而是他的父亲和其他家庭成员。他尊重他们的意见。目前，他只是尽自己最大的努力，把手头上的事情做好："我父亲说，现在公司交给我了，他的使命已经完成了。"

生意场总在变化，特里明白这一点。或许几年之后，中国废金属行业的劳动力价格要翻两番，到时特里就需要这类他父亲在20世纪90年代廉价出售的自动化装置。事实上，这一天可能会比任何人预想的都要来得快。中国日益攀升的劳动力价格使得政府监管部门意识到，中国向海外购买废金属可能不再具有竞争优势，所以他们资助企业发展技术，减少雇佣手工分类者。如果机器对决机器的竞争时代到来，中国在与休伦谷联合钢铁公司竞争时还能赢吗？或许会，而前提是中国对原材料依旧保持着大量的需求，而企业也愿意花钱想办法得到必不可少的原材料。只要这样的需求一直不间断，这样的进口商就会一直存在。

第十三章
风险投资

2008年11月8日，星期六，吃过午饭，我到酒店后面散步。一阵凉风迎面袭来，夹杂着来自蒙古内陆地区的尘土和北京数不胜数的建筑工地飘起的扬尘，我感到眼睛有些不适，遂决定回酒店的健身房运动。

回去的路上，我看到五六个收废金属的小贩围在一处卸货平台周围，他们又瘦又高，身体结实，推着自行车，背着帆布包，正为一堆从酒店收来的空易拉罐与卸货区经理讨价还价。双方各有各的理，争得面红耳赤，我停下来看了会儿。

2008年9月，雷曼兄弟公司破产，全球金融危机全面爆发，在随后六个星期的时间里，铝价暴跌一半还多。这很正常，作为一种原材料，废品价格对全球经济波动高度敏感。如果制造商不再生产产品，废品经销商会最先受到影响；其实，早在雷曼兄弟公司破产的六个月之前，废品价格就已经开始下滑了。同样，如果经济开始增长，废品价格也会最先开始回升（艾伦·格林斯潘任美联储主席期间，最常关注的经济指标之一就是废品价格）。在我家的废品站，我们通常能提前好几个月得知未来的经济走势。

关于2008年的市场形势，不同之处在于事情来得令人猝不及防，价格暴跌程度也令人瞠目，有些钢种的价格在几周之内就跌了80%。废品回收业的从业人员从未遇见过这种情况，就像谁也没经历过在此之前废品价格一路飙升了十年。这两种现象都受全球化驱使——就看废品出口商有没有能力满足废品进口商永远都无法满足的需求了。如果恐慌导致这种需求出现锐减，市场便会一落千丈。

酒店旁边那些邋里邋遢的小贩可能从未听说过雷曼兄弟，但他们比谁都清楚，北京的可乐罐市价比一周前跌了一半。因此，要么这个酒店的经理自动减少要价，要么他和酒店就得一起守着一堆臭烘烘的垃圾袋继续观望，等待不太可能出现的合适买家。

让我讶异的是，那位酒店的卸货经理，任凭那些小贩磨破嘴皮子，死守阵地坚决不松口降价。也许，他倔强地相信废品价格最终会回升，北京那些激起扬尘的废弃建筑工地很快就会恢复施工，然后，因为对窗框的大量需求，易拉罐的价格就会被抬高。不过，在2008年11月看来，这种情况不太可能发生。

在那个凉飕飕的11月，铝罐不是唯一一种被贬得一文不值的可回收废品。附近的拐角有一堆纸盒，孤零零地待在冬日的阳光里，它们曾经可是精明的北京废品小贩的宠儿，现在则在等待有人将它们带走。没有人会来：经济危机让美国人元气大伤，他们现在什么都不想买，而美国人购买的大部分物品都用纸盒包装，所以旧纸盒价格也随之暴跌。到了晚上，酒店这些旧纸盒就会被运去填埋或焚烧，所有人，收废品的小贩、环保人士和卸货区经理，都无计可施。

我受邀到酒店参加一场不同寻常的高级会议：下午2点钟，一些全世界最大、最富有的废金属买家和卖家会齐聚在12号多功能厅一张长桌旁，在这个酒店最底层的闷热狭窄的房间里，他们将开会解决各方在违反合同上产生的分歧，显然，违反合同现在已经威胁到金属回收行业的全球贸易。在所有与会者中，至少有两位亿万富翁，如果能公开公司市值的话，还有几位也绝对够得上这个级别的富翁。其他人的年龄从三十多岁到七十多岁不等，他们来自世界各国，中国、美国、海地、尼日利亚等，个个富得流油，那些衣衫褴褛、又干又瘦、忙着在卸货平台上讨价还价的小贩做梦都想不到这些人多么有钱——尽管他们从事着同样的行业，都想从别人手里低价买入废品，再高价卖出。他们的处境简直是天差地别，但很多时候又可以归结为一个简单的事实：小贩们在当地出售买来的废品，大亨们则把生意做到了全球。

2008年11月，并非所有在12号多功能厅开会的大腹便便的老板都在想这么复杂的专业问题。其实，他们中的大多数人要么非常生气，要么十分惶恐，因为他们眼睁睁地看着在过去的几周，一些废金属、废纸和废塑料的全球价格暴跌了80%。这种形势让中国的废品回收商傻了眼，尤其是很多人向美国、欧洲下单预定了大量废金属，他们认为原材料价格在中国发展的推动下会持续稳定上涨。中国的经济发展不可避免，国内越来越多的行业加入了发展大潮，所以金属价格只能一路上涨。

所以他们购买的废金属越来越多，通常情况下，他们要为每个装载1.8

万千克货物的集装箱预付20%的定金，而每个集装箱废品的价值约为10万美元，甚至更多。可当2008年秋天废金属价格呈自由落体状直线下降时，许多贸易商权衡再三，做出一个无情却十分精明的决定：损失20%总比损失更多好，这个"更多"可能多达50%。所以，从9月开始，尽管装有废金属的集装箱早已驶离欧洲和美国的港口，但数百名中国废品买家拒绝支付余额。他们违反了合同。到11月初，数以千计贬值的美国废金属集装箱密密麻麻地拥堵在中国的码头上，无人前来认领，更无人付钱。一周前，我去了中国南方的港口城市宁波，那里的集装箱像儿童的玩具积木，一个摞一个，堆得到处都是，不管来访的废品收购商是外国的还是中国的，怒气冲冲的港口工作人员逮着谁就向谁咆哮，见谁就跟谁抱怨。

那些富有的外国出口商聚在12号多功能厅是为了赚钱，那些富有的中国废品贸易商——他们中许多人都有巨额存款——是出于省钱的目的想重新协商合同条款。在这个场合下，不讲社交，不讲礼让，十多年来建立的友谊和合作伙伴关系就算没有彻底破裂，也濒临破坏；因为缺少市场来接受发达国家的电话、电缆、洗衣机、电视机和粉碎的美国汽车这些可回收物品，美国和欧洲各地的回收品存放仓库都堆满了废金属和旧纸箱。

美国人和欧洲人勤勤恳恳地将垃圾分门别类，挑出可回收的垃圾放进蓝色和绿色的回收桶，到11月初，这些垃圾跟被丢在中国港口的成箱废金属和废纸一样不值钱。美国和欧洲的废品回收站经理看到他们仓库里纸箱"横流"，着实走投无路，只好做了唯一可行之事：将纸箱送去填埋和焚烧。

12号多功能厅的会议由中国有色金属工业协会再生金属分会（CMRA）召开，这个组织身兼多职，既是行业协会，又是政府机关，还负责废品交易事宜。中国国内很少有人听说过这个组织，更别说外国人了。但如果在过去的十年间，你参与过交易额为数十亿美元的跨太平洋废品贸易，你就不可能不知道在中国谁掌握着废品行业的生杀大权。该组织的权力范围覆盖整个行业，从政策制定到政策实施；如果港口出现问题，这个组织就会听到消息，并小心谨慎地解决问题；当中国政府的最高领导层决定将废品行业与石油产业等位视之，确定为“战略产业”时，他们会让这个组织制定产业规划并推动规划的实施。该组织并非无所不能，但毫无疑问，这个组织一直是个敏感、灵活的部门，三分之一进入中国一流制造业的金属都由这个组织管理。

有关方面是临时决定召开这次会议的，也是最后一刻才敲定下来：大多数全世界最主要的外国废品贸易商来北京参加CMRA召开的再生金属国际论坛，这个会议每年召开一次，今年已经是第七届了。往年，这个论坛都是一场极尽奢华的盛会，人们在酒宴上、舞会上洽谈生意，酒足饭饱、载歌载舞之后，会有一场无聊至极的讲话，往往与会者寥寥。每每这时，大厅里、酒吧里熙熙攘攘地挤满了买家和卖家，交换名片，讨价还价。出了酒店和会议厅，中国的废品贸易商一掷千金，备下昂贵而又精致的饕餮盛宴，他们下这么大的血本，就是为了和别人抢生意，说服少数几个外国废品贸易商把废品卖给他们。

可是金融危机突然给这些繁荣发展的生意画上了句号。2008年，不说别的，单与2007年相比就相差甚远。再也没有中国台湾废品商在大厅里悄悄询问戴着代表牌的白人男性“要找位女士来陪陪你吗”，这么做只为了让这些白人卖给他们一集装箱旧洗衣机电动机；再也没有人邀请外国贸易商去吃新鲜的龙虾生鱼片，去有“中国夏威夷”之称的海南免费游玩。相反，废品市场形势持续走低，还有确切消息报道说南部一家废品公司因为商业争端绑架了一位英国废品贸易商，在这种情况下，气氛变得紧张，人心惶惶，哪里还有那种欢声笑语的融洽气氛。我看到过一位中国买家失信于一位美国卖家，然后转身疾步离开；我还见过一位与我有过一面之缘的中国买家改头换面，公司换了个新名字——代表牌上的个人姓名也更换了新的。有几个与会者为以防万一，带着私人保镖前来开会。到12号多功能会议厅的“特殊会议”开始召开时，出现了外国卖家只跟外国卖家交谈，中国买家只跟中国买家交谈的局面。

我作为一名记者，受邀到12号多功能厅参加会议。但在CMRA负责人的眼中，我不是普通的记者，也不仅仅是道琼斯或者彭博资讯中熟知金融事务的一名普通员工，在过去的六年里，我受全球废品行业两家最重要的杂志

《废弃物》和《国际循环再用》(*Recyching International*)的委托，是唯一采访过亚洲废品贸易的记者；这让我有了接触12号多功能厅里的人物的绝好机会。我参观过他们的工厂，见过他们的孩子，参加过他们的鳄鱼酒会，跟他们一起唱过卡拉OK，时机适当时，我们还相互交换过信息。我能在特殊会议的会议桌上有一席之地，而不是局促地坐在那几张靠在墙边的别扭的椅子上，部分原因就在于此。废品商和中国官员一般都不喜欢外国记者，不过一旦他们接受了我们，就会对我们非常好。我很确定，CMRA的人有时不太满意我对中国废品行业的报道，但是他们渐渐地相信我——作为目前唯一一名对他们的产业很上心的人——起码还是比较准确的。就是因为这一份基本的信任，我与他们的关系越来越近，也获得了很多场合的“通行证”。

12号多功能厅的气氛正式有度——让与会的美国人感到既惊讶，也无礼，尤其是，他们中的很多人天真地(尽管他们与中国有几百万美元的贸易往来)以为会有一场无拘无束、各抒己见的讨论，之后还会有个圆满的解决方案(当然是对他们有利)。一张长长的会议桌，一侧多为中国人，另一侧多为外国人，如此安排可能是想制造出一种双方和好如初的假象。换句话说，这种安排是为了表明，尽管他们违反了数千份合同，中国的买家仍然能够心平气和地坐下来与被他们摆了一道的美国卖家商谈，甚至还可以继续做买卖。而且你知道吗？两年后，美国和欧盟出口到中国的废品总量几乎又恢复到了2008年的水平。

但是在2008年的11月，我不太确定那些卖家是否看到了重修旧好的可能。

12号多功能厅的特殊会议并没有一开始就进入讨论，CMRA的官员和经济学家发表了几篇措辞严谨、字斟句酌的讲话，讲话内容无非就是说中方也面临很多问题。他们没有道歉，连眼前明摆的事实——那么多中国买家对他们的贸易伙伴失信了——也没有承认，这种做法当然没法安抚众多面临几百万美元损失的出口商。

部分中国企业主的公开言论和行为更是无助于解决问题。宁波一家专营进口铜材料的大型私营企业，其总经理从座位上站起来要话筒。过去几周的时间里，到处都在传言他的公司与12号多功能厅里的许多与会者撕毁了价值几百万美元的合同，给合作伙伴造成了巨大的损失。据说，为了减少自己单方面的损失，他关闭了旗下的工厂，并向政府寻求帮助。他是个骄傲的中年男人，头发有些秃，因为常年吸烟，整个人显得面黄肌瘦；他苦笑着站起来，显得有些紧张，他花了好几分钟详细叙述了他们公司二十年的辉煌发展史和良好声誉。“我很清楚，坊间有些传言说我们违约，”他轻声说，旁边有个翻译接着把他的话翻译成英语，“自从公司建立，无论市场高涨还是低迷，我们从未赊欠过账单。”在等着译者翻译时，他勉强笑了笑；但他的笑容一闪即逝，因为他的话引起一片不满的抱怨、叹息和愤怒的指责。

鲍勃·亚历山大，是废品回收行业协会的商品部主任，他拿过话筒，转身正对着发言者，打断他的话说：“你所谓的传言是事实。”

相隔两个座位的萨拉姆·谢里夫正怒气冲冲地坐在座位上前后摇晃，他相貌英俊，蓄着胡须，总是穿得十分考究，他是谢里夫家的少爷，也是中东谢里夫五金公司的主席；谢里夫五金公司的废金属王国版图从约旦开始，扩展至沙特阿拉伯半岛、也门和索马里这些海湾国家。谢里夫家的废品循环再利用生意正做得风生水起，他们收购海湾地区富人丢弃的废品，一直红红火火的石油产业产生的废品、子弹壳和来自境内以及附近地区的其他战争遗留物（所谓的“冲突废品”，反正总会有人做这种生意，为什么谢里夫不做呢）。萨拉姆·谢里夫夺过话筒，提醒这位总经理，中东从中国进口大量像 iPad 这样的成品。“种瓜得瓜，种豆得豆，”他警告说，“这个问题必须得解决。”这次会议召开几个月后，谢里夫成立了“中东废品回收商协会”，据说，不仅违约的中国买家上了他们的黑名单，就连与那些违约中国人做买卖的人也遭受池鱼之殃。

下一个发言的是身体壮实的罗伯特·斯坦因，他是哲学系研究生，后来成了北美最大的废品回收公司之一的奥尔特贸易公司的副总裁（从出口数量来看，也是北美最大的出口商之一）。他拿过话筒，看着中国北方的一位主要的废品进口商莱斯特·黄（一年前我参观他的办公室时，他还自豪地给我看了挂在墙上的斯坦因的照片）。“非常不幸，中国的买家和外国的卖家建立起的信任在一个月的时间里就被破坏殆尽，”他严肃地说，“你们无法凭空制造出金属产品。”

他的威胁中包含一个无可争议的事实：过去二十年来，中国的制造商严重依赖美国和欧洲的废金属，如果这个来源突然被切断，他们就得再寻找新的原材料供应渠道。就算废金属买家不懂事看不到其中的利害关系，中国政府也一定不想惹毛他们的废品出口商。

12号多功能厅的会议结束时近4点30分了。什么问题也没能得到解决——至少从表面上看是如此——长达数小时的冗长解释不时被众人愤怒的咆哮所打断，翻译们被左右夹击，完全跟不上节奏。会议形势越来越乱，最后双方都扯着大嗓门唾沫四溅地争吵，只有他们各自的同胞才听得懂他们在吼些什么。翻译们被远远地甩到后面，只能无助地看着他们吵，不过双方要传达的信息都很清楚：老外想要钱，中国人想要重新谈判。大家都不开心，整个下午算是白费了。唯一的解决方案就是时间。

一年前，全球循环再利用贸易是稳稳的卖方市场，谁出价比上一个人高谁就是讲诚信的商业好伙伴。需求量大，竞争激烈，美国和欧洲的废品卖家从数百家公司里挑选他们的合作伙伴，所以出现下面这些情况也不足为怪，有些比较现实的中国公司换下年轻的男性销售代表，然后起用一些魅力四射的年轻姑娘。

我走进一条空荡荡的走廊，坐在一条舒适的天鹅绒长椅上。附近，一个说话带着香港口音的中国人正轻声与两个欧洲废品贸易商交谈。我无意中听到，那个香港贸易商想购买欧洲贸易商原来的客户遗弃在港口的集装箱。那两个欧洲贸易商看起来不是很高兴，但他们也没得选，毕竟损失一大笔钱比损失全部的钱要好。香港的买家不是在做慈善，他们知道，美国人总有一天会再开始购买，然后再循环再利用，他们以极低极低的价格买进，日后再以高价卖出，好让美国人再买，再扔。如果美国的经济不恢复，没关系，中国的经济正在发展，他们有大量的中产阶级消费者想购买用美国的废品制成的汽车、电脑和iPad。

相比美国人和欧洲人，好像有很多中国人认清了一个现实：废品回收行业的停滞不前只是暂时的。他们知道，美国人纵然恼怒中国人违约，还是会跟中国人做生意，不管他们喜欢不喜欢。“美国现在没有制造业。”詹姆斯·李嘲弄道，他是我的老朋友，是个商人，在中国和美国拥有多处房产，就是他把我介绍给了西格玛公司。“所以美国人总得将废品卖出去。经济危机一结束，中国会再次成为最大的买家。”

2012年，美国向全世界160个国家出口了4600万吨废金属、废纸、废橡胶、废塑料，据美国政府统计，出口贸易额达392亿美元；但这个数目肯定是保守估计，因为还有很多为避免关税和监管走私的废品没能计算在内。不管数字是多少，自从20世纪90年代后期中国经济开始高速发展，美国和其他富裕的发达国家出口的废品数量就以指数方式增长，以废铝为例，从2000年到2011年的增长速度高于900%。

21世纪初，当我开始在中国参加类似CMRA召开的这种废金属会议时，亲身感受到这种巨大的需求。这种会议一般能吸引几百名中国废品贸易商和加工商前来参会，他们感兴趣的是，可以见到并且游说寥寥几个为扩展人脉而参会的外国废品出口商。一般来说，这些出口商不难发现：在乌泱泱几百张中国人的面孔中，他们通常是那些长着白人面孔、大腹便便的中年男性，很容易辨认。我既不胖，也不是年届中年，但却长着一张白人面孔，所以让我不受打扰地开完一场废品大会简直不可能，至少会有一两个迫切的进口商拿着商业名片和宣传册向我冲过来，嘴里千篇一律地念叨着：“能给我一张您的名片吗？我对废铜感兴趣（一些铜制的零碎东西）。”

对于一个记者来说，这种活动也有一定的好处，这些急需得到废品的贸易商迫切地想上我工作的杂志，而我迫切地需要采访源。但是收集了几年新闻资料后，我实在无法再忍受他们这种冒冒失失的行为。所以，在2006年的一次会议上，我请一位中国朋友在我胸牌上的名字下面写了“我没有废品”几个字，希望这样可以节约我和贸易商们的时间，也省得我们都生气。

但这没起什么作用。

第十四章
坎顿与广州

现在是2011年秋，约翰逊·曾正驾车在77号州际公路上一路向南，途经西弗吉尼亚州，而且始终以每小时超速8千米的速度行驶着。卡车从我们身边驶过，小轿车从我们身边驶过，可约翰逊一直维持着这样的稳定速度。今天一早，他就以这种速度从辛辛那提去了俄亥俄州坎顿市，现在他又以这样的速度前往卡罗来纳州。他一直是这样开车的。他突然问了一个问题："为什么英语里要把广东叫Canton（美国俄亥俄州坎顿市也为Canton。——译者注）？"

这个问题有点出乎我的意料。

从历史上来说，Canton是广东省省会广州市的英语化名称。而约翰逊就是广东人。同样的，Cantonese（意为广东话或广东人）这个单词则是该地区所讲语言的英语化名称。然而，我并没有回答他们的问题，而是说出了内心的疑惑："广东人是不是说他们是'Cantonese'？"

"不是，"他认真地摇了摇头，还带着一点家乡的自豪感，"他们用的是汉语拼音的拼写方式Guangdong。"

我看着他，只见他表情严肃。我没想搞笑，而且显然我也没有带来搞笑的效果。尽管现在拥有加拿大国籍，还过着四处流浪的生活，可约翰逊清楚地知道他是广东人，俄亥俄州的一个城市可没法改变这一点。

事实上，我俩都不太喜欢俄亥俄州的坎顿。那天早些时候，约翰逊本来和那里的一个废品站的人约好了见面，我们本来打算去北卡罗来纳州的，但为了赴约，只能改道，开车四个小时到达目的地后，却发现那个废品站的经理已经在前一天把所有用来出口的废金属都卖掉了。"废品站的老板和经理应该打电话说一声废金属都卖出去了，"约翰逊告诉我，他很少像这样表现出泄气的样子，"可他们很忙。要是我也会这样——卖方市场。"

现在已经是下午3点左右了，我们还要开六个小时才能到北卡罗来纳州的斯特茨维尔，我们原本是要去拜访那里的废品站。"中国废品回收商的典型一天，"约翰逊叹道，"开了很长时间的车，却一无所获。"这多少有些言过其实。几个小时之前，就在坎顿那个废品站的停车场里，我们早些时候去拜访的那家辛辛那提废品站打来电话，敲定了一笔两个集装箱价值约7万美元的生意，这样一来，他就向着本周花100万美元收购废金属的目标又迈进了一步。“不过，我本来的计划是四个（集装箱）。”他也承认道。

如果和一个中国废品回收商一起在路上待了好几天，你就会不由自主地开始认为运气和美国废金属交易商总是与这个人对着干。失约、存货被卖掉、种族歧视等，这些仅仅只是普通的问题而已，更糟糕的事情还多着呢。

据约翰逊和其他总是出差的商人说，废品出口商本来答应很快出运废金属，结果却说话不算数，这种情况很多见，特别是有些时候市场看涨，他们会把废品卖给别人，以便赚到更多的钱。“可等到价格跌了，他们又迫不及待地把废金属运到中国！”约翰逊悲哀地说道，“而且，价格上涨时，他们还会缺斤短两，根本不会交齐1.8万千克（一个13米左右海运集装箱可以装1.8万千克废金属）。我打电话投诉，他们总是说怕超重，因为高速公路规定中明确写明了运输到铁路站场或港口的废金属限量。可是等到市场跌了，就没有高速公路规定了，我们收到的集装箱总是超重！”

这样的抱怨我听过不止一两次了。东泰废品站总经理乔·陈回忆他在20世纪70和80年代到处收购废品时也经常有这样的怨言：“他们装在集装箱里的东西根本不是我们要买的废金属。”2009年11月，我和乔坐在他的奔驰车后座，在佛山市飞速穿行，那时他这样对我说道。

“如果我们看好了一堆废金属，即便我们在那里监督装箱，他们也会混进其他东西。”

我问乔为什么这种事总是发生在他到处去买货的日子里，是不是因为种族歧视，或是基于人为的假设，认为所有外国人都是白痴？“没错。你说对了。”

我觉得很对不起乔，不过我也知道这些伎俩并不是美国废品回收商的“专利”。欧洲人是这样，日本人是这样，就连中国人也是这样。大多数废品回收商称这种伎俩为“游戏”，不管在哪里做废金属生意，“游戏”都是一部分。约翰逊和其他经常在路上的废品回收商只是运气不好，在异国他乡遇到了这种情况。但请相信我，就算约翰逊是在中国的高速公路上，也会有相同的境遇。

约翰逊开车时收到了两个中国买家从亚利桑那州打来的电话。他们刚刚做成了一笔交易，所以希望约翰逊能帮忙安排集装箱和物流。这对约翰逊夫妻二人来说是个新生意，他的妻子近来辞掉了在温哥华的工作，开始夫唱妇随，全天候和他一起工作。刚挂断那个电话，他就给妻子打电话，叫她安排出运亚利桑那州废品站的集装箱以及刚刚与他达成交易的辛辛那提废品站的集装箱。等晚上在旅馆安顿下来后，他会把详细信息提供给她。

安排物流赚得其实并不如废金属交易那么多，但风险要小得多。约翰逊今天早晨在辛辛那提买的废金属必须装进集装箱里，然后运到铁路站场，再装上集装箱船，运过太平洋。四十五天之后才能抵达香港。在运输期间全球市场可不会保持平稳：可能上涨，也可能大幅下跌。毕竟在2008年的秋天，市场的跌幅达到了一半多。

我们继续向南行进，夜幕渐渐降临，当我们从一辆警车边经过时，看到警车就停在一辆前轮胎爆胎的汽车后面。“美国的警察都很好，”约翰逊叹道，“他们会停下来帮你换轮胎。”

随着天色变暗，我们又聊起了废金属。他告诉我，废金属的进口税越来越高，确实非常棘手，但这并不是进口商最大或最近才遇到的问题。最麻烦的是小偷，这些人会在集装箱从香港运给霍默的途中把废金属偷走。据约翰逊和后来我联系的其他两个出口商说，即使集装箱处在中国海关的监控下时，也会有人把值钱的废金属偷走。

因此造成的损失可能达到数百甚至数千美元，无须多言，这是有可能的。没有人能肯定是谁干的，或事发地点在何处。但推测却很多，最有可能的一个推测是这样的：通关的时候，各种混杂在一起的废金属会被从集装箱里卸出来进行评估和称重，在这个环节出了问题。

几个星期之后，我和一个受尊重的大型美国出口商聊天，他告诉我，情况其实比约翰逊暗示的还要糟糕。举例来说，他告诉我，他的公司最近“丢”了一捆铜，其零售价大约是2万美元，丢失地点就在香港和大陆之间的某个地方，虽然他早已做了预防措施，但这也没能阻止小偷偷东西。

然而，后来我还是禁不住想知道：为什么约翰逊和这位出口商会惊讶呢？广东的废金属交易一直以来充其量也只能算是准合法行为而已。就算涉及犯罪行为，也不应该有人会为此感觉惊讶。

夜深了，约翰逊在黑暗中开着车，我们说起了我在中国、他在美国的经历。一轮明月当空照，满天星斗闪烁光辉。“满月总是在异国更大更漂亮，”他告诉我，“在中国，满月象征着吉祥。可在你的国家，满月却是不吉利的标志。”

“这倒是真的。”

“为什么呢？”

我想到了狼人：“我不知道。不过晚上看到满月感觉真不错。”

几周以后，我了解到约翰逊说的是一句中国格言，翻译过来的大致意思是：“相比在中国，在外国的土地上看到的月亮似乎总是更圆。”至少在传统意义上来说，这是在提醒人们不要到处流浪，不要背井离乡。

一大早，我们结账离开超级8旅馆，驱车不到两千米就来到了戈登钢铁金属公司，这是一家历史悠久的废金属加工商，位于一片狭窄却很长的区域里，周围环绕着浓密的绿色植物和参天大树。这里的人把约翰逊当作老朋友一样接待。前台的女接待员看都没看他放在前台的名片，就用甜美的声音直接喊出了他的名字和他打招呼——“嗨，约翰逊。”

一位接待员把我们带进了理查德·戈登的办公室，这里很狭窄，没有窗户。戈登本人五十多岁，他的家族创建了这个已有一个世纪历史的古老废品站，现在依然负责经营这里，戈登显然是这个家族第四代里的中流砥柱。他正在打电话，并竖起了一根手指，表示他一会儿就好。我们站在那里等着，这时仓库经理斯科特·贝格迈尔奉命过来带约翰逊到仓库里转转，这人又高又瘦，留着不是很浓密的大胡子。戈登看上去很忙，我们只好离开他的办公室。

“你们今天的价格怎么样，约翰逊？”我们穿过车道向仓库走时斯科特问道。

“很好！”他答道，“这个星期有中国的买家来吗？”

“你是第二个。”

我别过脸笑了。这段简短的对话很好地体现了三十年来中美两国废品回收商是如何打交道的：太多中国人在追求有限又昂贵的废金属。

仓库里堆满了废金属，约翰逊穿行其间，不停地拍照，这里有一大捆一大捆的圣诞树彩灯电线、绝缘铜线、很粗的黑色通讯电缆、金属标志牌和一盒来自机械车间的黄铜磨屑。在看到最后一种废金属时，约翰逊拿出了一块磁铁，在上面扫过，以便检查里面是不是含铁。斯科特指指满满一盒子报废的机械钻，约翰逊摇了摇头："还是等霍默来吧。"显然需要曾经拆解过机械钻的专家才能知道其中的金属价值。

"税率提高了，价格却在下跌。"斯科特慢吞吞地说道。

我扭头看着他，以为他说的是美国税率。可其实并非如此。他竟然是指中国的进口税率上升了。十年前，做废品回收的美国人根本不会用广东省的海关程序来刺激中国买主，但现在，就连一个仓库经理都会这么做。"你们总是来这一套，"他说道，"这样你们就什么都别想买到了。"

回到办公室，只见理查德·戈登依然在打电话，不过他指了指椅子。这个狭小且杂乱的空间里有两个东西很醒目：一个是北卡罗莱纳大学蓝白色挂钟，另一个是窗户上贴的卡罗莱纳黑豹队"会员席"贴纸。"多重？"他大声问另一个房间里面的人（可能也是对电话另一头的人说的）。

"7.2吨。"有人答道。

"7.2吨？"理查德把什么东西扫到了办公桌上的计算器上，因此停顿了一下，然后抬起头来，"23美分！"接着继续讲起了电话。

与此同时，约翰逊打开公文包，开始写采购订单。他一边写，一边反复通过黑莓手机查看伦敦金属交易所的实时价格。

"打扰一下？"

我们抬起头看到一位前台接待员小姐站在门口。

"约翰尼打电话找您。"

理查德按了电话上的一个键，保持现在这通电话，然后接通了约翰尼的电话，立刻开口说道："约翰尼，我要给你报一个好价钱，68美分。"接下来他停顿了很长时间。"他给你这个价钱？那好吧，我出70美分。"

情况就是这样，后来约翰逊把他写完的采购订单交给理查德。理查德飞快地看了几眼，然后说约翰逊的竞争对手对“某些产品”给了更好的价格，而且市场开始上涨了。红铜的价格尤其低，可约翰逊开始流露出垂头丧气的样子，我感觉他给不了更高的价格。接下来发生了一件有趣的事：理查德告诉他，他的库存很多，可以装满一个集装箱，也就是说，黄铜的存货数量足够装满一个集装箱。

“真的吗？”约翰逊立刻来了精神，“我给霍默打个电话。”

这个电话持续了二十秒，打完电话后，约翰逊抬高了报价。让我惊讶的是，他还解释了原因：“这样报关比较容易，最近，混合废金属在通关时很麻烦。”换句话说，如果一个集装箱里只装一种废金属，就不需要把货物从集装箱里搬出来检查，这样在从香港向大陆地区运输的过程中，废金属丢失的概率就降低了。从约翰逊的角度来看，这就值得他每千克多花几美分。我心算了一下，约翰逊和霍默买这一集装箱货大约需要10万美元。

在我听约翰逊和理查德谈生意的时候，戈登家族的第五代成员路易斯·戈登过来做自我介绍，我们聊了起来。我估计我俩年纪相仿，而且背景完全相同。不过和我不一样的是，他确实是在做这一行，而不是在写这一行。在他办公的地方，他的家人就在一条很短的走廊里走来走去，走廊两侧摆着的杂志上详细介绍了戈登家族在生意上取得的辉煌成绩，我羡慕极了。我真心希望能一辈子从事这样的行业，周围环绕着家人和“废品”。

接下来他提醒了我一件事：“现在利润太薄了。生意不好做啊。”

“我有所耳闻。”我告诉他几天来我一直在和约翰逊到处收购废金属，已经了解到生意确实难做。接下来我突然想到要问他一个问题，在我从事这一行的时候，这还不是个大问题。“如果不能向中国市场出口废金属，情况会怎么样？”

他耸耸肩：“那很多废金属就只能进垃圾填埋地了。”

我回头看了看约翰逊，他正为了一批绝缘线艰难地讨价还价。他们正在谈两个集装箱的货，据我观察，他很可能会把这些货拿到手。但如果他拿不到，无疑也会有其他中国买家把货买走。

第十五章

废物星球之都：中国

在动笔写这最后一章的时候，我的书桌上放着一部 iPhone4S 手机。这是一部功能强大的手机，很多功能我都用不到，可是，和世界各地的高端消费者一样，我也知道现在市场上出现了更新、更好的手机：iPhone5。不管我需不需要更高级的苹果手机（我确实不需要），我都想要更高级的。然而，出于两点考虑，我压抑了换手机的冲动。首先，手机很贵；其次，我很了解生产新的电子产品和处理旧的电子产品需要付出巨大的环境代价。

苹果公司似乎并没有花太多时间去担心人们对其定价策略的怨言，但是，多年以来，处理人们对其生态足迹的投诉一直是这家公司的头等大事。确实，值得赞扬的是，苹果公司一直走在科技行业前列，致力于使用更少和更绿色的材料来生产电子产品（一直以来他们制造的产品让个人越来越难以修理和翻新，在本章后面我会说到这个问题）。还有一点更加值得称赞，苹果显然正在致力于翻新他们自己生产的产品，而且在必要时，还会循环再用他们自己的产品。

当然了，苹果公司并不仅仅是为了保护地球环境而采取这些有利环保的措施；他们这样做是因为他们知道，如果一家手机制造商承诺回收和循环再用旧手机，就更有可能吸引像我这样具有环保意识的消费者。

此刻，我的索尼笔记本电脑屏幕上显示的是苹果在美国的回收计划网站。网站上是这样写的："参加苹果回收计划，把仍可使用的电子产品送进二手电子产品市场，延长其使用寿命，为环保出一份力。此外还有一点可以得到保证，我们将以对环保负责的方式在北美循环再用已经无法继续使用的产品。"

这段话的措辞很有意思：只说明了苹果公司将在北美循环再用，却未指出会在哪里进行翻新和销售翻新后的设备。翻新加工多半会在北美以外的地方进行（苹果公司回复了我的询问，但没有说明翻新设施的地点），这些地方既要有廉价劳动力，这样苹果才能负担得起，还要有大量需要低价苹果产品的消费者。我并不反对这种做法：向贫穷国家的人提供技术工作是一件好事，向买不起新电子产品的人提供翻新产品更是件好事。

我把我现在这部手机的信息输入了苹果回收计划的网站，网站上显示，作为回报，他们将送我一张价值215美元的礼品卡，这样我买 iPhone5 时就能省215美元。对我来说这是一项不错的交易：买新手机时既省了钱，又能知道我做了一件绿色环保、有助于可持续发展的事情。但是，对于地球来说，这项交易真的有那么好吗？

2013年1月出版的《消费者心理杂志》(*the Journal of Consumer Psychology*)刊载了两项试验结果，无论是谁，只要他认为循环再用可保护自然资源和促进可持续的生活方式，这些试验结果应该就会引起他们的担心。

在第一个试验中，研究人员请研究对象在设定好的不同情境中通过剪纸评估剪刀新产品的好坏。半数研究对象在有垃圾桶的环境中进行评估，另外一半则在有垃圾桶和回收桶的环境中做评估。结果令人担忧：相比只能把多余的废纸扔进垃圾桶的试验对象，在有回收桶的环境中完成任务的试验对象用掉了两倍的纸。“这表明，有了回收桶，会导致资源消耗量的增加。”作者杰西·卡特林和王毅同(音译)写道。

第二个试验在一个较为自然的背景下进行：一所大学里的男厕所。研究人员在十五天内观测每天会有多少手纸被扔进水槽旁边的垃圾桶里。然后，他们增加了一个回收桶，并设立了一个“标志牌，指明一些大学内的厕所正在参加手纸循环计划，把用过的手纸扔进回收桶，就能让它们得到循环再用”，然后他们继续观察。十五天后，研究人员整理数据后发现，相比只有垃圾桶的时候，在增加了回收桶后，去厕所的人用掉的手纸数量差不多多了一半。这看似并不多，但这样想一想：平均每天有100人去厕所，也就是说，一般来说，有了回收桶(和引导标识)，人们每天就会多用掉50张纸。每一年有250天这个厕所都有人使用，所以，从理论上来说，在这个大学的厕所里，人们会向回收桶里多扔掉12500张手纸！

循环再用难道不是应该有助于保护自然资源、保护环境吗？为什么多了一个回收桶，人们用掉的手纸反而更多？这和我近来打定主意去买一部我并不需要的新 iPhone 来替代我现在这部 iPhone 有什么关系吗？这项研究的两位作者提出了一个假设：“我们在研究过程中发现的消耗增加现象在某种程度上或许是因为消费者都被灌输了一个概念：循环再用有利于环境；然而，循环再用的环境成本（比如在循环设施中使用的水和能源）并没有那么凸显。”同样地，消费者可能只关注循环再用的积极一面，认为循环再用可以抵消因浪费资源而产生的负面情绪，如内疚感，并且（或者）将之视为增加消耗的合理借口。两位作者在文章中还写道：“我们认为，循环再用更像是一张‘免费出狱卡’，它告诉消费者，只要循环再用旧物，就可以去消耗新产品。”

但两位作者并不反对循环再用。他们欣然承认，相比挖矿或钻井开采新资源，循环再用对环境有利得多。可他们并不认为“尽可能广泛地推行循环再用是保护环境的最好做法”。相反，这只能算是第三佳做法，排在前两位的是减少消耗和重新使用已经买到的东西。

减少使用，重复利用，循环再用。

毫无疑问，如果每一个人都不再大量消耗，我们的环境会好很多（不过发展中国家没有多少东西可以消耗的人可能认为，相比“保护环境”，通过增加消耗来提高他们的生活水平要更加重要）。但这种可能性几乎为零。在我这些年去过的国家中，不管是美国，还是其他地方，对绝大多数我见过的人来说，相比注重可持续性，他们更在乎便利。就拿星巴克咖啡杯外面套的硬纸套筒来说。在我的书桌的电脑边上就有一个包着套筒的星巴克咖啡杯，我知道85%的套筒都是用回收纤维做成的（也就是再生纸和纸板）。我这样一个废品循环专题记者该为这样的事实开心吗？又或者，我和星巴克应该干脆停止使用纸杯和套筒，即便这样就不那么方便和舒服了？那些可循环再用的纸板就没有更好的用处吗？

就连我们这些应该更清楚过度消耗坏处的人也不能控制自己。2010年11月，我去香港参加一个废品循环再用会议期间遇到了环保活动家吉姆·帕科特。2002年，他做了一份具有里程碑意义的纪实报道《出口的危害》（*Exporting harm: The High-Trashing of Asia*），使得中国广东的电子垃圾再生行业立刻成了全世界注意的焦点。吉姆当时拿着一个塑料袋，里面装着几件全新的数码产品，在我的目光落到这个袋子上的时候，他开玩笑地说他刚刚“买了一些未来的电子垃圾”。

总有一天，在失去了使用价值后，吉姆这些未来的电子垃圾很可能会被送进美国的废品循环厂，在那里被切割成碎片。有些碎片会留在美国，但其中大多数的最后一站则在亚洲，几乎可以肯定的是，到了那里，在不符合美国安全和环保标准的加工厂里，工人会用手对它们进行分类。不管废品去往何处，通过何种方式循环，都需要我们付出代价。

对于如何以及为什么全世界的消费者都是宁愿图方便也不去重视可持续性这个问题，还是留待其他人来写吧（有一个说法是这样的：消费比保护更有意思）。在此我只是重复一遍在本书开头指出的：从1960到2010年，美国人从家庭中收获的可循环再用废品从560万吨上升到了6500万吨。这听上去很不错，不过请注意：在同一时期，同样是这些美国人制造的垃圾数量从8110万吨上升到了2.499亿吨。美国人和世界上其他国家的人消耗和循环再用的数量都增加了。显然，除非我们能更为精确细致地了解循环再用的利弊，否则循环再用率的提升并不会降低垃圾的数量。

在我和不同的废品循环组织聊天时，他们的第一个问题往往是：我们怎么做才能提高循环再用率？我有两种答案，第一种是：如果目标是保护环境和资源，那么与其促进循环再用率的提升，不如鼓励降低整体消耗，这包括可循环再用的废品和不可循环再用的废品。正如我在前文中指出的那样，循环再用往往只能是让收垃圾的人来得晚一点而已。

纸板和纸张不能无限次地循环再用。把废纸制成新纸箱和新纸张，需要进行高耗能加工。取决于纸张的类型，单根纤维只能经过六到七次这种加工过程，否则就会受损。同样地，很多塑料也只能被循环再用一次，然后就不得不进行“下降性循环”，制成不可循环的产品，如铺在后院露天平台里的木塑复合地板。

废金属就是另外一回事儿了。从理论上来说，铜线可以无限次循环再用，但前提是铜线必须容易“收获”。从电力电缆中提取铜是一个相对简单的加工过程；从iPad中提取铜就非常难了，往往还会造成损失，尤其是发达国家的回收商使用切碎机和高科技技术把铜线和其他材料分开，铜的损失率就更高了。然而，即便是相对简单和常用的循环加工方法，比如把旧啤酒罐制成新易拉罐的加工工序，也会造成金属的损失；比如运输过程中易拉罐从卡车上掉落，或者在熔炉中煅烧之际出现的金属汽化。

有些东西，我们以为是可循环再用的，但事实并非如此。比如说苹果手机的屏幕。一般来说，玻璃这种物质很容易循环再用，但其实往往不是这样，原因很简单：其基本原料沙子很便宜，企业无利可图，也就不会寻找方法再熔化用过的玻璃。当然了，制作苹果手机触摸屏的玻璃和制造啤酒瓶的玻璃是不一样的。它含有一些所谓的稀土元素，其中就包括铟，这是一种价值很高的矿物，在我写这一章的时候，其价格要超过每千克400美元。可惜现在没有有利可图的可行方式从触屏玻璃中提取铟，未来也不太可能有这样的方式（触摸屏里只含有微量的铟，因此提取铟能否赚到钱还属未知）。在可以预见的未来，铟这种最稀少的元素之一只可能通过开矿获得，而且只能用在一部苹果手机上，不能循环再用或重新使用，等到手机没用了，铟也会被彻底扔掉。

没有一样物品是百分之百可循环再用的，有很多东西，包括我们认为是可以循环再用的东西，其实都无法循环再用。每个人，从当地的废品站、苹果公司到美国政府，如果能够停止暗示所有物品均可循环再用，并且指出更为实在的事实，表明循环再用的利弊，我们的地球将受益无穷。

当然了，如果苹果公司在那个循环项目的网页上列明这些信息，可能就不会收到那么多旧 iPhone 送去循环再用了，也不能把这么多新 iPhone 卖给像我这样关心可持续发展的顾客了。《消费者心理杂志》（*Journal of Consumer Psychology*）刊载了一篇关于两项循环再用实验的文章，两位作者杰西·卡特林和王毅在该文最后一句话中就提出了这样的观点：“因此，重要的是想到办法，既可以让消费者多多循环再用，还可以让他们意识到循环再用并非完美的解决办法，要让他们知道，减少整体消耗才最可取。”

本书的目的并非对政府提供政策引导，也不是为了给人们解惑，告诉他们该把已有二十五年历史的录像机扔到何处。然而，有些人带着一颗环保之心来看本书，希望提升他们所在社区的循环再用率，对于这些人，我想不出比上面那句话更好的建议了。作为一个自豪的废品站小孩，我最希望看到的就是一批批废金属在废品站里进进出出。作为一个自封的环保人士，我希望看到废品的数量越来越少，尤其希望看到制造废品最多的富有国家减少消耗。要想实现后面这个目标，就要让消费者了解，循环再用并非是允许他们肆意消耗的“免费出狱卡”。

然而，如果目标是为了打造一个实事求是的、可持续发展的未来，就需要着眼于找到办法，延长我们不可避免地要购买的产品的使用寿命。因此，对于如何提升循环再用率这个问题，我的第二个答案就是：要求各个企业开始设计生产便于修理、重新使用和循环再用的产品。

就拿苹果超薄笔记本电脑来说，这款铝制外壳的电脑可以说是现代设计的奇迹，厚度只相当于装有几份文件的马尼拉纸文件袋。乍一看，这款电脑似乎配得上可持续发展这几个字，因为用掉的原材料比较少，功能却很强大。但这只是个假象：事实上，苹果笔记本电脑之所以拥有超薄机身，都是因为记忆芯片、固态硬盘和处理器等元件都密集地安装在铝壳内，根本没有空间可供升级（这一点可理解成制造商使用特制螺丝来固定电脑外壳，这样用户想在家里修理就更难了）。更糟的是，从循环再用的角度来看，超薄机身（和挤在一起的内部零件）意味着在把这款电脑送去循环再用时，特别难以将之拆解成单独的零件。事实上，苹果笔记本电脑是一种注定会被切割成碎片的机器，不能修理、升级和重新使用。

从理论上来说，应该有可能造出称心如意的超薄电子产品，既方便维修，又比较容易拆解和循环再用。举例来说，人们比较容易随着科技的发展拆掉传统台式电脑上的旧元件，更换上新元件——新的内存条、新的硬盘和新的视频卡——只要有螺丝刀，谁都能安装这些东西。这可以省钱，还可以减少（而不是消除）对制造全新机器所需原材料的需求。最后，到了把电脑送去循环再用的时候，也比较容易就能把废旧标准化台式机拆解成零件。

对于想要解决全世界电子垃圾数量快速增长这一问题的消费者来说，如果能要求制造商设计和生产可循环再用的新产品，这对让电子垃圾在长期内远离垃圾填埋地可谓大有帮助。同时，消费者还可以购买翻新产品，从而倡导重新使用。戴尔、苹果等电子产品主要制造商都在出售翻新电子产品，而且提供整机保修服务；下一次你到市场上去购买新产品，为什么不考虑一下翻新产品呢？

当然了，并不只是笔记本电脑和手机应采用可循环设计。想想象废品管理公司那样的公司在自动化城市废品处理厂里用来探测塑料的那种昂贵又复杂的传感器吧。如果一个汰渍牌洗涤剂的瓶子进入这样的装置中，而这个塑料瓶子上还覆有一个大标签，这个标签的材质和瓶身的材质并不一样（可能是纸质，也可能是另一种塑料），那么传感器就可能出错，把纸质或塑料标签当成实际的包装材料。如果出现这种情况，塑料瓶就可能被送进纸堆里，甚至还可能进入垃圾堆。或许这个瓶子最终能被拣出来，并放进适当的地方进行循环再用。但即便这个瓶子最后进入了专门存放废旧塑料的回收箱，纸质标签依然不能得到循环再用，只会在塑料循环再用的过程中被溶解掉。

这只是很小的损失，但这也是前文中所提及的一个较为严重的问题：生产一个产品用掉的原材料越多，这个产品就越发难以循环再用。

想一想我现在用来记笔记的米德五星笔记本。这是个很简单的产品：用钢卷把两百页白纸装订在一起，封皮是塑料的，封底是纸板做的。钢、塑料、纸板和纸，这个本子的每一个部分都可循环再用。但由谁或者哪些设备来把塑料封皮和纸板封底从钢卷和纸张上撕下来呢？如果我把这个笔记本扔进美国的回收桶，它很可能会被送到废品处理厂的传感器上去接受感应，然后被送进造纸厂（假设传感器判断这个本子都是纸质的），到了造纸厂，本子就会被切成碎片。塑料封皮则可能和其他塑料混杂在一起，进入垃圾填埋地（在发达国家，人们不会使用混合塑料制造新产品），钢则会被送进废品站，纸和纸板会被制成较低品质的再生纸，如果能把它们分开的话，就可以制成新纸板和新纸。这当然也是循环再用，却是低效率的循环再用：或许除了钢，其他部分的循环再用效率都比不上在把本子送去造纸厂之前，用人工把不同部分进行分类达到的循环利用效率。

但如果米德公司改为使用纸和纸板制造五星笔记本，用可以和纸一起循环再用的纱线来装订（这有些不切实际），会怎么样呢？纸板和纸可能依旧会被混合在一起，但不会产生废旧塑料，浪费在钢铁循环再用方面的能源则可被用到其他地方。这是一个简单的例子，却适用于各种产品和行业。

在和废品循环组织沟通时，我被问及的第二个主要问题往往是这样的：我们怎样才能不让我们的可循环再用废品流入中国和其他发展中国家，以免他们使用污染和危险的方法进行循环再用？如果前文已经起到了应有的作用，事情就应该开始明朗起来：这个问题和第一个问题（“我们怎么做才能提高循环再用率”）密切相关。毕竟，提升循环再用率是一个值得赞美的目标，但如果没有人愿意去循环再用我们从回收桶里“收获”的所有东西，这就没有任何意义了。

在现在和可以预见的未来，美国可以循环再用大部分（约为三分之二）本土产生的可循环再用废品。但因为美国制造商（延伸来看就是美国的消费者）暂时用不到某些原材料，所以依然有千百万吨美国废品回收公司不能循环再用的废品。或许在未来的某一天，美国制造业会扩充，能使用所有圣诞树彩灯和其他低级废品，而在中国和其他发展中国家购买这些废品之前，美国人只能把它们送去填埋。但这就和让美国人厉行节俭、不再买更高级的iPhone电话一样不可能。

如果人们的目的是最大化循环利用美国人扔掉的东西，那就应该允许美国的可循环再用废品流入最需要它们的地方。换句话说，如果美国人想要圣诞树彩灯，中国的企业需要铜来供应电线，从而制造圣诞树彩灯，那么就应该允许甚至鼓励这些中国企业进口废旧美国圣诞树彩灯，以免这些东西最终进入美国的垃圾填埋地。同样地，如果中国人想要从美国的废旧电脑中收获记忆芯片去重新使用，那么他们就应该可以进口这些电脑。毫无疑问，循环加工这些圣诞树彩灯和记忆芯片的设施肯定连美国政府关于健康、安全和环保的最低标准都达不到。但是，禁止向发展中国家出口可循环废品根本无法改善这些设施的标准。糟糕的环境只能是随着生活水准的提高而改变，而每一个发展中国家都面临着更为严峻的问题，比如食品安全、营养充足和洁净水源等，他们需要首先解决这些问题。

现而今，废品回收业全球化是世界经济的一个永恒特征，与智能手机制造业全球化毫无区别，持久性也毫不缩水。因此，只要物品在一个地方被制造出来，在另外一个地方被消耗和扔掉，就会有专业企业把这些废品转移到某个地方，在那里，废品作为原材料可以发挥最大价值。这些企业多半属于我祖母口中的废品回收业。

我被问及的第三个也是最后一个关于循环再用的问题往往是由我的朋友们提出的。这个问题是这样的："我应该在什么地方循环再用我的东西？"这个东西可以是一台旧电脑、一袋子旧报纸、一箱子旧红酒瓶、车库里的一堆旧轮胎，或者后门廊的旧金属纱门。但并非每次皆如此，他们往往会补充一句："我确实想做适当的事。"

如果涉及的物品很简单，比如易拉罐、纸板、旧报纸、塑料瓶和其他家庭可循环之物，我往往会建议他们把东西送到最近的废品站去。这类可循环之物的市场效率极高，需求往往也很旺盛，不管这类废品是从何处进入全球废品循环体系的，可能是一辆印有"收废品"字样的小型货车，也可能是一个大废品站，有一点可以肯定，这些废品最后都将通过人工或机器循环再用，贡献出最大价值。更妙之处在于，你的可循环再用之物还能让你从中赚钱（如果你只是把可循环之物送给当地政府的回收卡车，那就得不到经济补偿了）。你的汽车也是一样：不论是将之卖给废品站还是拖吊车的司机，部分零件最终都会被运往中国，在那里，就算是再微不足道的可循环再用零件最后都能得到可循环再用。

电子产品和其他复杂设备则是另外一种难题。仍能使用却已过时的电子产品在许多发展中国家很受欢迎，有大量组织和回收公司从事这些产品的出口生意。随便翻翻黄页电话号簿或上网搜索，准能找到。坏掉的电子设备就另当别论了。一般来说，美国和欧洲的电子产品回收商会对旧设备进行测试，如果发现了坏掉的机器，就会把它们送到切割厂（修复需要花很多钱，划不来）。在我看来，这么做并不恰当：坏掉的电子产品通常都能修好，就算修不好，里面也有可以重新使用的元件。即便没有可以重新使用的元件，也还有这样一个简单明了的事实存在：相比切割厂使用磁铁和涡流，发展中国家的回收商通过人工能从设备中收获更多的可循环再用材料。对于各家各户负责循环废品的人来说，这就需要他们做出选择了，可以选择发达国家里的循环，也可以选择发展中国家的循环，这二者都必不可少。本书为你提供了必要的信息，助你做出对你、对环境和对亿万全球废品回收业从业者来说都适当的选择。

然而，最重要的是，我鼓励人们思考循环再用的意义何在，在购买最终会被你扔掉的产品前，做出一个身为消费者应做的聪明选择。循环再用是一项具有道德复杂性的行为。对于那些一味追求黑与白的人，当地的废品站则是各种深浅不一、令人泄气的灰色，在那里，“绿色”往往是指零用现金抽屉里的绿色美钞。但正如我在前言中所写的那样，如果这个世界能变得更美好，更干净，废品站就会成为更有意思的地方。我可不愿意生活在一个没有废品站的星球里。

8月的一天，烈日炎炎，伊利诺伊州乔利矣特的第一美国金属公司看上去就像所有美国的机械工厂一样。这家公司坐落在一个死胡同尽头，周围环绕着碧绿的草地，一根高高的旗杆显得特别突出，美国的星条旗在旗杆上迎风飞扬。从表面上来看，根本看不出这里是美国最成功的中美联合所有和经营的废品站之一。事实上，大部分人都不知道，在中国拥有广泛人脉的废品回收商正在不声不响地收购全美的废品站，这些人几乎都是男人，收购之后便成了废品站的经营者。他们这样做的动机不难了解：他们想要省去中间人这一环，也就是美国的废品站，而废品站的一边是中国的原材料进口商，另一边是把废金属和废纸扔进回收桶里的美国人。正如很多中国废品回收公司发现的那样，这件事说起来容易做起来难，但如果能成功，回报将是巨大的。

我的老朋友詹姆斯·李是乔利矣特这家废品站的所有人，他本是中国杭州人，后来加入了美国国籍，2002年的时候，他带我去了上海西格玛公司，现在，他正带我参观他的仓库。我们在一箱家庭食品加工器残次品边上停留了一会儿。詹姆斯拿起了一个已经拆解开的加工器，让我看里面棒球大小的电动机。要想拿到里面的铜，最好的办法就是让工人使用钳子，或许还要用上锤子和螺丝刀，进行手工提取。这种加工工作根本不可能在美国进行，因此，在那里，只需付出很低的成本，就能完成加工。

詹姆斯在另一个箱子边停了下来。“知道这是什么吗？”他笑着问。

我探头向里看，只见一些油腻腻的灰色混合金属碎屑。工厂把一整块金属切割成圆形的时候就会留下这样的东西。“不知道。是什么？”

“钛。”

钛这种金属价格昂贵，极其坚硬，而且很轻，常用于航空航天领域和高尔夫球俱乐部。很多年前去中国台湾时，我曾参观过岛上最大的钛金属回收工厂。那是一段令人难忘的经历：我看到了钛金属薄片，人们用这些薄片冲压出高尔夫球杆的杆头，就像是用生面团做饼干一样。然而，第一美国金属公司的这些废旧钛金属更像是油腻腻的纸屑，而且我估摸不太容易为这些东西找到买家。但詹姆斯说出了一件让我很惊讶的事。“烟花，”他告诉我，“钛燃烧会发出白光。所以卖给烟花制造商正合适。他们用钛可以制造出白色烟花。”

我又看了一眼那个箱子。“烟花？”那些碎屑可能是在制造喷气式飞机发动机零件的过程中被磨掉的，而那飞机也许就是一架波音飞机。不管来源如何，它们都将被送到中国大陆的一家烟花制造厂，在那里被装入弹筒之中，然后在天空中释放出亮白色的光。“你是如何找到那些烟花厂买家的？”

“我知道到哪里去找，美国废品商就不知道。”

这话不假，美国废品商根本联系不上中国偏远地区的烟花厂，而且美国的钛碎屑之所以自然而然地流向詹姆斯的废品站，而不是美国的废品站，这也是一个原因。毕竟，成功的循环再用，在这个案例中则是重新使用，并不仅仅是价钱的问题，还需要知道谁需要这些废品。

詹姆斯带着我穿过仓库大门，走进了一片安静的办公区域，这里曾经可能是一家小型房地产公司。“表面上看这是一家美国公司，”我们从只能供一人行走的走廊里经过时詹姆斯解释道，“但办公区则是中国人的天下。”

确实如此。接待员是个美国白人，但接待员后面的小办公室里都是中国人，说的也都是汉语。我们悄悄走进会议室，詹姆斯让我坐在长会议桌的首席座位。他在我下首找了个座位坐下，与我之间隔了几个座位，然后向后靠，一边膝盖抵在会议桌上，他开口问起了我的家人。我就快结婚了，而且肯定会邀请他。“生意怎么样？”我问。

“还不赖，”他说，“总是有这样那样的问题，不过还算过得去。”

据詹姆斯说，第一美国金属公司每年输出1450吨废金属，在以农业为主的美国中西部地区，按照重量来算，是非农产品五大出口商之一。詹姆斯收来的废金属中只有3%～5%留在美国，大部分都卖给了汽车零件制造商。他认为美国的汽车零件制造业已经式微。“美国汽车制造商大量进口材料和零件。许多本土零件制造商就没有了生存空间。”换句话说，中国低成本汽车零件制造业发展了，使得詹姆斯的所有废金属都流向了亚洲，那里的需求更强，价格更高。

我们聊了一个多小时，在谈话接近尾声的时候，我问他他的美国本土员工有没有不满情绪。毕竟，他从美国人根本不愿意要的东西里赚了大钱。他笑了：“我不知道。我不知道他们心里有什么想法。”

于是我问詹姆斯，我能不能采访一位美国员工。

他同意了，这有点出乎我的意料。“我其实对这件事也很好奇。等一下。”他走出会议室，几分钟之后便回来了，和他一起来的是谢恩·吉尔伯特森。谢恩有一头浅金色头发，三十多岁，是这家公司的场站经理。一身肌肉的他很帅气，穿一件油腻的绿色T恤衫，戴一顶棒球帽，帽檐冲后。

“你为什么会做废品回收这一行？”

他告诉我，他大学毕业后先在巴诺书店做职员。21世纪的头几年，他开了一家金融服务公司，专做房屋抵押贷款。后来房市泡沫破裂了。“你知道当时的情况有多糟。”他叹了口气。他说第一美国金属公司里有很多员工都和他一样，“都很高兴找到这份工作”，特别是在经济不景气的时候。

我问他在进入这一行之前，对废品回收业有怎样的了解。谢恩笑着告诉我，他是一个“前农场主的儿子”，这样的环境帮助他树立了人生观和世界观。在他只有十几岁的时候，一天下午，他和他的祖父把一个旧干草架送到废品商约翰那里去卖。用谢恩的话来说，废品商约翰看上去一点儿都不像有钱的样子，甚至看上去坏坏的。少年谢恩自然对这个人没有好印象，他在祖父面前对约翰“品头论足”了一番。祖父显然是个有阅历的人，于是祖父纠正了他的看法。“他告诉我，‘这个人比你认识的所有人都有钱。’”

时光荏苒，现在我很肯定是詹姆斯·李比谢恩·吉尔伯特森认识的所有人都有钱。然而，谢恩似乎对此毫不介意。我问他，看着这些大有用处的美国废金属装船运到中国，他有何感想，听了我的问题他双臂抱胸，“我觉得这是美国经济的瑕疵。我认为，我们回收来的很多东西其实都可以在美国使用。”

“为什么事实并非如此呢？”

“我们都有这样一种心态，我们这一行能造福某些行业。与此同时，我们让某些东西不必流入垃圾填埋地，但不知怎么搞的，人们觉得我们这一行并不体面。”

很遗憾，谢恩并没有太多时间和我聊天。下班时间快到了，他要去仓库干活了。“我们有很多整理工作要做。我在这里还是个新人。”

谢恩离开后，他说的一些话依然萦绕在我的心头：“我认为，我们回收回来的很多东西其实都可以在美国使用。”一开始，我以为他的意思是可以在美国循环再用，而不是都送去出口。但后来我意识到谢恩其实触及了某些深层含义，他说的其实是约翰逊驾驶租来的车辗转美国各地时谈到的“浪费大国”这个概念。巨大的浪费造成了大量可循环使用的废品，而所有这些废品都流向了他国。

2012年7月末，我和贝利·冯坐在一辆面包车里，他是中国大陆一家废金属设备制造加工商的海外销售经理。贝利是个真诚的人，四十岁左右，个子不高，胖乎乎的，是个乐天派。他还是个很自信的人：中央高层在政策和财政上支持他们搞清洁循环项目。他所在的公司取得了很多引人注目的成就，完成了很多大项目，现在他们负责设计和制造升级技术设备，以改造广东的电子垃圾再生行业。

我看着车窗外缓缓流淌的汨罗江蜿蜒穿过美丽的湖南省西北部地区，这片内陆地区距离上海有1000多千米远。这里景色优美，有很多梯田，小村庄借着当前经济繁荣的东风得到了发展，正在扩张。

我们向左拐，开到了一条还在建设当中的公路上，柏油路面上有一块块湖南省特有的红泥，然后到了一片山麓小丘下，在我们的右边就是贝利公司所有的14公顷土地。那里有两座和购物中心一样大的仓库，其中一个仓库边上有一栋四层办公楼。下雨了，轮胎下和水沟中的红泥都变成了红棕色的泥水。

从车内走出来，我立刻就被眼前的景象吸引了：一个至少占地1公顷的仓库的装料门敞开着，透过大门，可以看到里面有用成千上万台旧电视堆成的电视墙，每堵墙都堆有五六层电视。

我们一起穿过装料门，在由旧电视组成的“峡谷”里穿行。有些电视机就像饭盒那么小，其他的都如同手提箱这么大；外壳有红色、白色，大部分都是棕色和黑色；屏幕完好无损，频道调节器还能转动，电源线也连在电视机上。但最重要的是，所有的一切都生生不息，旧电视得到循环再用，到最后，尘归尘，废品归废品。

贝利告诉我，很多电视机其实还能用，但中国人都不愿意要一台已有二十年历史的黑白电视。即便是在中国的二手电子产品市场，大的彩色电视也很常见，而且价格便宜。

我看到两个身着蓝色工作服的工人推着一辆嘎吱嘎吱响的手推车向其中一排电视墙尽头走去，车上堆着六台刚刚送达的旧电视。他们在尽头附近停了下来，然后一起把旧电视搬到电视墙上。

我感觉像是发现了所有中国旧电视走向终结的地方。但这么形容并不完全恰当。据贝利说，在这里循环再用的，只是人口分别为700万和500万的长沙和岳阳两座邻近城市中的一部分旧电视。这些电视是从两座城市里收来的，而这两座城市的人口只占中国人口总数的0.92%。中国其他地方的旧电视则曾经属于另外99.08%的人。

有些人可能会从这个统计资料里看到环保问题；还有人可能会称之为商机。在这个得到政府支持的公司里，这些旧电视既导致了环保问题，又带来了商机。

在这个新建仓库里有一条拆解加工线，用来循环再用电视机及其相关的电子垃圾。拆解线非常复杂，但我首先注意到的则是在仓库里的很多地方，工人正把电视机拆解成不同的组成部分，比如玻璃、铜和塑料。随后，一些材料会被直接运给回收商，有些则被送进了切碎机。简言之，这意味着贝利所在的公司有能力在旧电脑显示器被切割成碎片前，提取和分类很多非铁金属，这样一来，切碎后进行进一步分类工作的需要就降到了最低。并不只是贝利所在的公司采用这样的方法：在印度和其他具有廉价劳动力的发展中国家，我都见过有人使用这种办法，这些劳动力可以分类那些会被美国和其他发达国家切碎的废品。

换句话说，如果你和我一样有一台旧电视，而且希望看到这台电视以对环境最无害的方式得到循环再用，最大限度地提取出其中的零部件，那么，湖南省或许就是这台旧电视的好去处。

这就是未来的趋势吗？美国和欧洲的旧电视最终会被送到汨罗江畔进行绿色循环再用吗？据政府的高级决策者称，对于这个问题，中国马上就要给出肯定的答案。为什么不呢？如果中国成了世界上最大的垃圾生产国，而这一点似乎不可避免，它为什么不该成为最大的回收国呢？如果中国一直是世界上最大的制造国，它为什么不该成为从他国废弃物中提取原材料的最大收获国呢？中国为什么不该成为废物星球之都呢？

后记

2012年4月，我从上海前往拉斯维加斯，参加美国废料回收工业协会的年会。克莉丝汀陪我一同前往。她以前从未参加过关于废品的会议，我只能说她并没有感觉特别兴奋。不过她去参加会议还有其他原因。

几个月前，克莉丝汀的母亲告诉我们，会议期间的4月18日（星期三）是中国农历中一个特别好的黄道吉日。凑巧的是，那一天也是犹太历中一个特别好的日子。因此，作为犹太人和中国人，我们认为4月18日是一个适合结婚的好日子。我们邀请的宾客不多，他们来自世界各地，都是做废品回收这一行的：其中包括一对荷兰夫妇、一个巴西人、两个美籍华人和两个土生土长的美国人（所有这些人当然都登记参加了会议）。我们找了一辆豪华大轿车，并将拉斯维加斯大道作为我们的结婚地点。证婚人是《废弃物》杂志发行人肯特·凯瑟。

基于很多原因，我们都喜欢我们的婚礼和我们的客人，但最重要的一个原因是他们代表的这个行业覆盖了全世界的各个国家，而我自小是在废品站长大的，现在则在报道这一行。我没有买卖废品，但我的很多朋友都在做这种生意，而且，这些人际关系，这些遍及世界的人际关系，正是废品得以在全球市场上自由流通的绝对关键因素。

但事实并不总是如此。

2011年夏天，为了搜集写作本书所需的历史资料，我用了好几天时间翻找美国废料回收工业协会的档案。我找到的最有意思的档案是这个行业协会的前身所举行年度晚宴的照片和资料。比如说，国家废弃物交易商协会通常在纽约的阿斯特酒店举行年度晚宴。我找到了一张1924年晚宴的照片，从中可以看出活动极为奢华，占了整个舞厅，摆有几十张桌子，彩带足有百米长。但从九十年后的角度来看，最惊人之处还是出席者都差不多：这是为穿着燕尾服的白人（大都是犹太人）举行的晚宴。

这可不仅仅是人口统计数据（不过显然正是因为这一点，现如今，在美国废品回收业里，当家做主的都是东欧男性移民）。国家废弃物交易商协会的年度聚会里都是男人，这个传统一直延续到了20世纪80年代中期。

现在时代变了。

现如今，美国废料回收工业协会是一个国际组织，会员来自世界各地，该协会的会议也是一项国际性活动，参会代表多达5000人。中国废品回收商、印度废品回收商、非洲废品回收商，所有人都忙着找废品供应商拉关系。在会议上，女性依然是少数，正如这个行业里女性从业人员也不多那样，但她们的人数在增加，影响也在扩大（香港和洛杉矶尤为如此）。毫无疑问，废品回收业依然是以男性为主导的行业，至少管理层是这样。但我认为二十年后这种情况也会改变。

但我知道，这个行业以外的人，特别是环保团体，并不热切支持废品回收贸易全球化。他们认为这是转嫁问题，是倾倒，是在鼓励污染。我很了解他们的担心：发展中国家的回收商通常都不符合发达国家执行的标准。在某些情况下，他们根本没钱升级改造；而在中国的某些地方，他们有钱改进，但政策和这个问题的严重程度却不允许这么做。然而，问题在于：他们能够实现更大程度的保护吗？相比广东从电子垃圾中提取黄金、铜和金是更好，还是更差？在中国重新使用电脑芯片，在北美的仓库里将它们切碎，哪个更好？

归根究底，这些问题不应该由发达国家富有的废品循环商来回答。而是应该由发展中国家需要原材料的人来回答。

循环再用对环境来说比较好，我不会说"循环再用对环境有好处"。但没有了经济利益，没有了原材料的供需，循环再用不过是美化垃圾的行为而已，毫无意义可言。毫无疑问，循环再用比把废品扔进焚化炉好，但比不上把可以翻新的废品修理好。如果你受不了把废品填埋，那么你就应该这么做。把盒子、易拉罐或瓶子放进回收桶并不意味着你做了循环再用，也不能让你成为更好、更环保的人：这仅仅代表着你把你的问题转嫁给了别人。有时候别人在你家附近解决了你的问题，有时候问题被送到了外国。但不管去向何处，全球市场对原材料的需求才是终极裁判。

幸运的是，如果这个认知让你感觉很不舒服，你依旧拥有别的选择：从一开始就不要购买那么多会成为废品的新产品。

我和克莉丝汀在家中并不会做循环再用。我们把所有塑料瓶、易拉罐和纸板都放在一个桶里，然后交给为我们服务多年的亲爱的管家（按照中国人的说法是阿姨）王群英（音译）。她是一个非常有趣的女人，她经历了20世纪中叶中国的一系列革命性剧变，现在过着半退休式的生活，为像我们这样的外国人做保洁工作。她一周做两次废品整理，这是她的额外奖金，她会尽可能收集更多的废品送去循环再用，这是她义不容辞的责任。

因此，她一周里会有两次拿着一两个袋子离开我们家，而我在美国的朋友则会将袋子里的东西称为"可循环再用的废品"。这些废品被带下七楼，街上的废品回收小贩会出钱买下这些废品。我们从不把钱要回来，但偶尔我会问一下易拉罐或塑料瓶的市价。

从废品回收商的角度来看，如果我们有特别的东西交给她去卖，事情就变得有趣起来。举例来说，在我和克莉丝汀从拉斯维加斯回来几个星期后，厨房里的洗涤池出了问题。想要解决，就得换掉一根大约4千克重的铸铁排水管。我把管子交给王阿姨，她不由得瞪大了眼睛：这真的很值钱。我告诉她，她可以把管子卖掉并把钱留下，唯一的条件就是我得和她一起去找楼下收废品的小贩，看着他们买卖。

听了我的话，王阿姨扭头看着我的妻子，脸上露出了担忧的神色："要是收废品的小贩看到了外国人，准会降低价格。"

"为什么？"

"他们认为你们不了解真正的行情。"

我哈哈大笑：“那么你就自己去吧。记得卖个好价钱。”

十分钟之后她回来了，手里拿着几块钱。她把卖价告诉我，我立刻就去中国废金属实时价格网站（只有几个这样的网站）上查了查铸铁废料的价格。事实证明，她拿到了市价的30%，这还不赖。如果想拿到市价，就意味着你要有一家炼钢厂和大量钢铁废料，还要解决连带的问题。

那天晚上晚些时候，一个在一家美国废品回收公司工作的老朋友给我打来电话。他为我的书提供了一些信息，但在此之前，他问了一个问题：“关于现在的钢废料价格，你有什么消息吗？我们听说现在的价格在下跌。”

我看了一眼我的笔记本，上面记着王阿姨告诉我的价格。“事实上，我今天刚和上海的一个钢废料贸易商沟通过。”我告诉他。

致谢

2002年，时任《废弃物》杂志编辑、现任杂志发行人的肯特·凯瑟委托我写了我的第一篇关于废品的杂志文章。反响还不错，很快，肯特就开始经常找我写关于中国废品的文章。多年以后，《国际循环再用》（*Recycling International*）杂志发行人曼弗雷德·贝克也开始找我写文章，通常他都是和肯特一起向我约稿。从一开始，这两位发行人就不过问费用，也不管故事本身是不是吸引人，都会为我开绿灯，让我去参观世界上一些最无聊的废品站。大多数记者都梦寐以求得到这样的支持，却从不曾得到过。感谢肯特和曼弗雷德给予我这样的支持，正是因为他们的支持，本书才得以问世。

衷心感谢我的代理人温迪·谢尔曼相信我、我的文字和这本书；衷心感谢布鲁姆斯伯里出版社的彼得·金纳接受了这本书，并在本书问世前给了我很多指导；还要衷心感谢布鲁姆斯伯里出版社的皮特·比蒂明确了解这本书需要涉及哪些内容，并引导我写出这些内容。

我非常感激华盛顿美国废料回收工业协会。特别感谢罗宾·维纳和斯科特·霍恩在过去十年里和我分享的深刻见解和丰富渠道；特别感谢鲍勃·盖里诺和乔·皮卡德，他们对市场有着深刻的了解，在统计数据方面为我提供了宝贵的帮助；还要特别感谢汤姆·克兰整理并和我分享了美国废料回收工业协会档案这一珍贵宝库。

在此向我在中国有色金属工业协会再生金属分会的朋友致以最诚挚的谢意，特别感谢才华横溢的马宏昌（音译）多年以来一直和我分享他对中国废品回收业的深刻见解。

在过去的十年里，我参观了全世界100多家废品站，很多人让我参观，和我分享深刻见解，抽时间接待我，在此我要感谢他们，他们做这些没有任何回报，而我只能答应他们公平报道。一些企业和组织邀请我前去参观，接受采访，让我为本书收集资料，我要特别感谢他们，还要感谢多年以来我参观过和见过的企业和个人，以及那些出现在本书之中的人。按照字母顺序，我将他们的名字列明如下：

联合服务公司、阿尔珀特 & 阿尔珀特公司、阿姆柯可再生金属公司、凯什废金属及钢铁公司、柯兹合伙人公司、顶芳有限公司、第一美国金属公司、自有金属公司、边界水域之友、弗氏企业、通用汽车公司、GJ 钢铁公司、好点回收公司、绿色菲尼克斯代理公司、湖南某公司、休伦谷联合钢铁公司、金盛铜业、索罗肯有限公司、俊龙废金属回收公司、贾伊瓦鲁迪企业、雅耶斯进出口有限公司、戈登钢铁金属公司、莱德兄弟公司、美卓林德曼公司、中卡罗莱纳循环公司、围网公司、纽氏企业、欧姆尼资源公司、普莱姆进出口公司、波亚企业、清远某公司、拉玛造纸厂、斯凯普废金属回收公司、谢里夫五金公司、施莱德分解机公司、西格玛集团、日升金属回收公司、台州某金属工业有限公司、毒物链接环保组织、东泰废品站、环宇集团、万斯化学品公司、废品管理公司和永昌加工厂。

还有对我帮助很大的约翰逊·曾，以及在中国每天走街串巷的数百万收废品的小贩和企业家们，他们的智慧和辛勤工作给了我莫大的鼓励。

最后，我还要衷心感谢许多从事废品回收行业的男男女女让我了解了废品回收这一行，帮助我完成了本书，而他们却一直不愿意透露姓名。

另外要感谢凯瑟琳·布朗，罗伯·施密茨和勒诺拉·楚，吉姆·法洛斯和德布·法洛斯夫妇，海尔格·弗雷森，米切尔·戈登，托宾·哈肖，安德鲁·希尔和辛迪·希尔夫妇，玛拉·赫菲斯坦道尔，史蒂夫·卡普兰，莎拉·凯斯勒，本杰明·洛奇，M. D.“玛什”·奥伯曼，瑞秋·波拉克，斯科特·萨特菲尔德和维平·萨特菲尔德夫妇，以及我的姐姐吴叶（音译）。

在创作本书的过程中，我很幸运，因为在我报道和写作的地方，家人和朋友都欣然招待我。虽然创作本书时常令我泄气，但那些日子（一个又一个星期，一个月又一个月……）却也是我最快乐的时光，这在很大程度上是因为招待我的人都是与我最亲近的人。我按照字母顺序把他们的名字列出：艾米·明特和麦克尔·巴克拉克，布鲁斯·格伦和乔安妮·格伦夫妇，埃里克·奥贝格和乔迪·莱尔，史蒂夫·西蒙和莱娅·西蒙夫妇，约翰·谭和米歇尔·谷，以及泽曼一家（艾德、简、雷切尔、马修、麦克斯和贝蒂）。特别感谢谭先生把他的办公室借给我，感谢谷女士、林瑞旺（音译）和JCMS好女联合会的热情款待（以及为我准备的美味椰浆饭）。

最后，我要感谢我亲爱的妻子克莉丝汀，感谢你给予我的坚定支持，感谢你愿意倾听我的倾诉，感谢你告诉别人“是亚当·明特让我了解了废品，遇到他之前，我对此一无所知”。你是上天给我的恩赐，是我的心上人，是隐藏在满是桦木/悬崖的仓库里的一箱大麦。